高等职业教育"十三五"精品规划教材

应用数学（第二版）

主　编　刘丽瑶

副主编　黄晓津　郭　辉

中国水利水电出版社
www.waterpub.com.cn
·北京·

内 容 提 要

本书是作者根据高职教育人才培养目标，结合自己在多年的教学中积累的丰富经验而编写的。内容包括预备知识（三角函数与复数）、函数与极限、导数与微分、导数的应用、不定积分、定积分及其应用、常微分方程及线性代数初步。

书中各章内容之间具有相对的独立性，授课教师可根据专业需要自行选取。各章均配有小结、习题、测试题，方便学生自测及教师组卷。

本书可作为高中起点和中职起点的高职高专各专业通用数学教材。

图书在版编目（ＣＩＰ）数据

应用数学 / 刘丽瑶主编. -- 2版. -- 北京 : 中国水利水电出版社，2017.8（2018.7 重印）
高等职业教育"十三五"精品规划教材
ISBN 978-7-5170-5513-6

Ⅰ. ①应… Ⅱ. ①刘… Ⅲ. ①应用数学－高等职业教育－教材 Ⅳ. ①O29

中国版本图书馆CIP数据核字(2017)第138206号

策划编辑：周益丹　责任编辑：封　裕　加工编辑：郑秀芹　封面设计：李　佳

书　　名	高等职业教育"十三五"精品规划教材 应用数学（第二版）YINGYONG SHUXUE
作　　者	主　编　刘丽瑶 副主编　黄晓津　郭　辉
出版发行	中国水利水电出版社 （北京市海淀区玉渊潭南路 1 号 D 座　100038） 网址：www.waterpub.com.cn E-mail: mchannel@263.net（万水） 　　　　sales@waterpub.com.cn 电话：（010）68367658（营销中心）、82562819（万水）
经　　售	全国各地新华书店和相关出版物销售网点
排　　版	北京万水电子信息有限公司
印　　刷	三河市鑫金马印装有限公司
规　　格	170mm×227mm　16 开本　17 印张　290 千字
版　　次	2012 年 8 月第 1 版　2012 年 8 月第 1 次印刷 2017 年 8 月第 2 版　2018 年 7 月第 2 次印刷
印　　数	3001—5000 册
定　　价	36.00 元

前　　言

目前，随着高职教育跨越式的发展和高职教育人才培养目标的确定，以及不同专业对数学要求的差异，传统的高等数学教学模式已无法满足新形势下的要求。本书在第一版教材的基础上，按照新形势下高职高专学生学习、考核特点，结合教师多年在教学中积累的丰富经验和对高职高专教学改革的独到认识进行了认真的整理和修订，从而确保了新教材的质量和自身特色。

在教材的整理和修订过程中，仍然贯彻以"应用型"的人才培养目标为主线，并遵循"必需、够用"的原则，强调应用，弱化理论。

本书有以下特色：

1. 广泛征求了专业课教师的意见，保留了三角函数与复数的内容，为专业基础课程教学打下坚实的基础；

2. 结合高职教育的人才培养目标，淡化理论方面的定理论证，强化图形与实例说明；力求理论联系实际，书中配有大量的实际案例与实际问题，有助于学生对概念的理解，使学生树立正确的数学观念，增强教学趣味性；

3. 教材结构清晰，每章开篇都有学习导引，为使学生快速掌握各章主要内容，每章均附有小结，每节课的内容都配备课后习题，章末有测试题，并配有习题与测试题参考答案的二维码，方便学生自测及教师组卷；

4. 根据高职院校不同专业群对数学需求的不同，精选内容，增设选学章节（本书中带*号的部分），可供不同专业群选择，增强了数学为专业服务的针对性和实用性。

本书主编为刘丽瑶，副主编为黄晓津、郭辉。

参加本书编写的作者为：刘丽瑶（第三章、第四章），黄晓津（第六章、第八章），郭辉（第一章、第二章），陈雄波（第七章），郭文池（第五章）。

在本书编写过程中，得到了湖南铁道职业技术学院有关部门及陈承欢、刘志成、王新初、张杰、李寿军、刘东海、杨茜玲、林东升、朱彬彬、陆丽宇等同志的大力支持，在此一并表示衷心感谢。

由于编审人员水平有限，书中难免存在不妥之处，希望使用本书的教师及学生对书中的错误和不足之处提出宝贵的意见和建议。

编　者
2017 年 5 月

目　　录

*第一章 预备知识

§1-1 三角函数

一、任意角的三角函数

1. 三角函数的概念

如图 1-1,设 α 是任意大小的角,角 α 的终边上任意一点 A 的坐标是 (x,y),它与原点的距离是 $r(r>0)$,则角 α 的正弦、余弦、正切、余切、正割、余割分别是

$$\sin\alpha=\frac{y}{r}, \quad \cos\alpha=\frac{x}{r}, \quad \tan\alpha=\frac{y}{x}, \quad \cot\alpha=\frac{x}{y}, \quad \sec\alpha=\frac{r}{x}, \quad \csc\alpha=\frac{r}{y}.$$

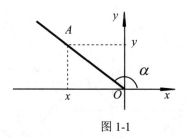

图 1-1

2. 三角函数的诱导公式

（1）负角的三角函数公式

$$\sin(-\alpha)=-\sin\alpha, \quad \cos(-\alpha)=\cos\alpha,$$

$$\tan(-\alpha)=-\tan\alpha, \quad \cot(-\alpha)=-\cot\alpha.$$

（2）终边相同的角的三角函数关系

$$\sin(2k\pi+\alpha)=\sin\alpha, \quad \cos(2k\pi+\alpha)=\cos\alpha,$$

$$\tan(2k\pi+\alpha)=\tan\alpha, \quad \cot(2k\pi+\alpha)=\cot\alpha. \quad (k\in\mathbf{Z})$$

（3）$2\pi-\alpha$ 与 α 的三角函数关系

$$\sin(2\pi-\alpha)=-\sin\alpha, \quad \cos(2\pi-\alpha)=\cos\alpha,$$

$$\tan(2\pi-\alpha)=-\tan\alpha, \quad \cot(2\pi-\alpha)=-\cot\alpha.$$

（4）$\pi \pm \alpha$ 与 α 的三角函数关系

$$\sin(\pi \pm \alpha) = \mp \sin \alpha , \quad \cos(\pi \pm \alpha) = -\cos \alpha ,$$

$$\tan(\pi \pm \alpha) = \pm \tan \alpha , \quad \cot(\pi \pm \alpha) = \pm \cot \alpha . \quad （k \in \mathbf{Z}）$$

利用诱导公式求任意角的三角函数值，一般可按下面的步骤进行：

$$\begin{bmatrix} 任意负角的 \\ 三角函数 \end{bmatrix} \rightarrow \begin{bmatrix} 任意正角的 \\ 三角函数 \end{bmatrix} \rightarrow \begin{bmatrix} 0 \sim 2\pi间角 \\ 的三角函数 \end{bmatrix} \rightarrow \begin{bmatrix} 0 \sim \dfrac{\pi}{2}间角 \\ 的三角函数 \end{bmatrix} \rightarrow \begin{bmatrix} 求 \\ 值 \end{bmatrix} .$$

例 1　求下列各三角函数值：

（1）$\sin\left(-\dfrac{10}{3}\pi\right)$；　　　　　　　（2）$\cot(-1665°)$.

解　（1）$\sin\left(-\dfrac{10}{3}\pi\right) = \sin\left(-2 \times 2\pi + \dfrac{2\pi}{3}\right) = \sin\dfrac{2\pi}{3} = \sin\dfrac{\pi}{3} = \dfrac{\sqrt{3}}{2}$；

　　（2）$\cot(-1665°) = -\cot 1665° = -\cot(4 \times 360° + 225°)$

　　　　　　　　$= -\cot 225° = -\cot(180° + 45°) = -\cot 45° = -1$.

二、三角函数的图像及性质

1. 三角函数的图像

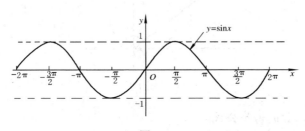

图 1-2

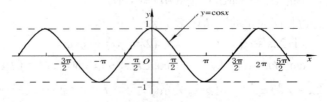

图 1-3

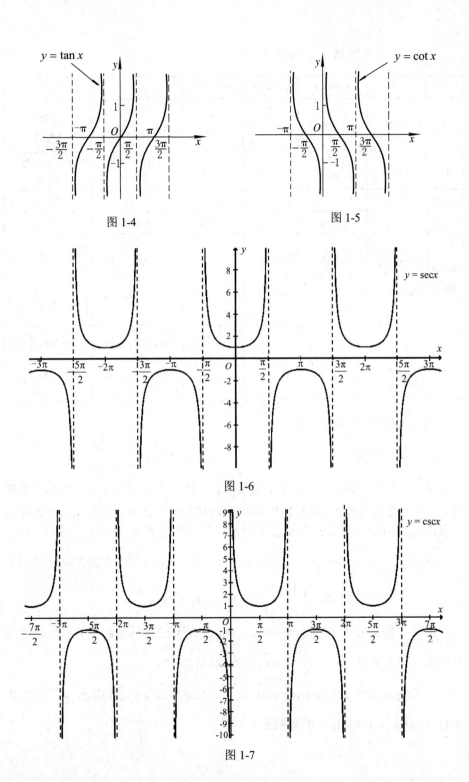

图 1-4

图 1-5

图 1-6

图 1-7

2. 三角函数的性质（$k \in \mathbf{Z}$）

	$y = \sin x$	$y = \cos x$	$y = \tan x$	$y = \cot x$	$y = \sec x$	$y = \csc x$
定义域	$x \in \mathbf{R}$	$x \in \mathbf{R}$	$x \in \mathbf{R}$ 且 $x \neq k\pi + \dfrac{\pi}{2}$	$x \in \mathbf{R}$ 且 $x \neq k\pi$	$x \in \mathbf{R}$ 且 $x \neq k\pi + \dfrac{\pi}{2}$	$x \in \mathbf{R}$ 且 $x \neq k\pi$
值域	$y \in [-1,1]$	$y \in [-1,1]$	$y \in \mathbf{R}$	$y \in \mathbf{R}$	$y \in (-\infty,-1]$ $\cup [1,+\infty)$	$y \in (-\infty,-1]$ $\cup [1,+\infty)$
周期性	$T = 2\pi$	$T = 2\pi$	$T = \pi$	$T = \pi$	$T = 2\pi$	$T = 2\pi$
奇偶性	奇函数	偶函数	奇函数	奇函数	偶函数	奇函数
单调递增区间	$\left[2k\pi - \dfrac{\pi}{2}, 2k\pi + \dfrac{\pi}{2}\right]$	$[2k\pi - \pi, 2k\pi]$	$\left(k\pi - \dfrac{\pi}{2}, k\pi + \dfrac{\pi}{2}\right)$		$\left(2k\pi, 2k\pi + \dfrac{\pi}{2}\right)$ 和 $\left(2k\pi + \dfrac{\pi}{2}, 2k\pi + \pi\right)$	$\left(2k\pi + \dfrac{\pi}{2}, 2k\pi + \pi\right)$ 和 $\left(2k\pi - \pi, 2k\pi - \dfrac{\pi}{2}\right)$
单调递减区间	$\left[2k\pi + \dfrac{\pi}{2}, 2k\pi + \dfrac{3\pi}{2}\right]$	$[2k\pi, 2k\pi + \pi]$		$(k\pi, k\pi + \pi)$	$\left(2k\pi - \dfrac{\pi}{2}, 2k\pi\right)$ 和 $\left(2k\pi + \pi, 2k\pi + \dfrac{3\pi}{2}\right)$	$\left(2k\pi, 2k\pi + \dfrac{\pi}{2}\right)$ 和 $\left(2k\pi - \dfrac{\pi}{2}, 2k\pi\right)$

例2 求下列函数的周期：

（1）$y = 3\cos x$； （2）$y = 2\sin\left(\dfrac{1}{2}x - \dfrac{\pi}{6}\right)$.

解 （1）因为 $\cos x$ 的最小正周期是 $T = 2\pi$，所以当自变量 $x\,(x \in \mathbf{R})$ 增加到 $x + 2\pi$ 且必需增加到 $x + 2\pi$ 时，函数 $\cos x$ 的值重复出现，函数 $3\cos x$ 的值也重复出现，因此，函数 $y = 3\cos x$ 的周期（即最小正周期，下同）是 $T = 2\pi$.

（2）把 $\dfrac{1}{2}x - \dfrac{\pi}{6}$ 看成是一个新的变量 z，那么 $2\sin z$ 的周期是 $T = 2\pi$，由于

$$z + 2\pi = \left(\dfrac{1}{2}x - \dfrac{\pi}{6}\right) + 2\pi = \dfrac{1}{2}(x + 4\pi) - \dfrac{\pi}{6},$$

所以当自变量 $x\,(x \in \mathbf{R})$ 增加到 $x + 4\pi$ 且必需增加到 $x + 4\pi$ 时，函数的值重复出现，因此函数 $y = 2\sin\left(\dfrac{1}{2}x - \dfrac{\pi}{6}\right)$ 的周期是 $T = 4\pi$.

一般地，函数 $y = A\sin(\omega x + \varphi)$ 或 $y = A\cos(\omega x + \varphi)$（其中 A，ω，φ 为常数且 $A \neq 0$，$\omega > 0$，$x \in \mathbf{R}$）的周期是 $T = \dfrac{2\pi}{\omega}$.

三、同角三角函数的基本关系

（1）倒数关系
$$\sin x \csc x = 1 , \quad \cos x \sec x = 1 , \quad \tan x \cot x = 1 .$$

（2）商数关系
$$\tan x = \frac{\sin x}{\cos x} , \quad \cot x = \frac{\cos x}{\sin x} .$$

（3）平方关系
$$\sin^2 x + \cos^2 x = 1 , \quad 1 + \tan^2 x = \sec^2 x , \quad 1 + \cot^2 x = \csc^2 x .$$

例 3 已知 $\sin x = \dfrac{\sqrt{6}-\sqrt{2}}{4}$ ，且 x 是第二象限的角，求 x 的其他三角函数值.

解 由 $\sin^2 x + \cos^2 x = 1$ ，可得 $\cos x = \pm\sqrt{1-\sin^2 x}$ ，又由 x 是第二象限的角，所以 $\cos x < 0$.

故知 $\cos x = -\sqrt{1-\sin^2 x} = -\sqrt{1-\left(\dfrac{\sqrt{6}-\sqrt{2}}{4}\right)^2} = -\dfrac{\sqrt{6}+\sqrt{2}}{4}$ ；

$\tan x = \dfrac{\sin x}{\cos x} = \sqrt{3}-2$ ； $\cot x = \dfrac{1}{\tan x} = -(2+\sqrt{3})$ ；

$\sec x = \dfrac{1}{\cos x} = \sqrt{2}-\sqrt{6}$ ； $\csc x = \dfrac{1}{\sin x} = \sqrt{6}+\sqrt{2}$.

习题 1-1

1．已知角 x 的终边经过点 $(5,-6)$ ，求 x 的六个三角函数值.

2．已知 $\sin x = -\dfrac{4}{5}$ ，且 x 是第四象限的角，求 x 的其他三角函数值.

3．已知 $\cot x = m \ (m \neq 0)$ ，求 $\cos x$.

4．化简下列各式：

（1）$\sqrt{1-\sin^2 200°}$ ； （2）$\sqrt{\sec^2 x - 1}$.

5．求证：$\cot^2 x (\tan^2 x - \sin^2 x) = \sin^2 x$.

6．已知 α 是第三象限的角，化简 $\sqrt{\dfrac{1+\sin\alpha}{1-\sin\alpha}} - \sqrt{\dfrac{1-\sin\alpha}{1+\sin\alpha}}$.

扫码查答案

*第一章 预备知识

5

§1-2 两角和与差的三角函数

一、两角和与差的三角函数

$$\cos(x + y) = \cos x \cos y - \sin x \sin y;$$
$$\cos(x - y) = \cos x \cos y + \sin x \sin y;$$
$$\sin(x + y) = \sin x \cos y + \cos x \sin y;$$
$$\sin(x - y) = \sin x \cos y - \cos x \sin y;$$
$$\tan(x + y) = \frac{\tan x + \tan y}{1 - \tan x \tan y};$$
$$\tan(x - y) = \frac{\tan x - \tan y}{1 + \tan x \tan y}.$$

例 1　不查表求 $\cos 105°$ 及 $\sin 15°$ 的值.

解

$$\cos 105° = \cos(60° + 45°) = \cos 60° \cos 45° - \sin 60° \sin 45°$$
$$= \frac{1}{2} \cdot \frac{\sqrt{2}}{2} - \frac{\sqrt{3}}{2} \cdot \frac{\sqrt{2}}{2} = \frac{\sqrt{2} - \sqrt{6}}{4};$$
$$\sin 15° = \sin(60° - 45°) = \sin 60° \cos 45° - \cos 60° \sin 45°$$
$$= \frac{\sqrt{3}}{2} \cdot \frac{\sqrt{2}}{2} - \frac{1}{2} \cdot \frac{\sqrt{2}}{2} = \frac{\sqrt{6} - \sqrt{2}}{4}.$$

例 2　求 $\dfrac{1 + \tan 75°}{1 - \tan 75°}$ 的值.

解　由于 $\tan 45° = 1$，所以

$$\frac{1 + \tan 75°}{1 - \tan 75°} = \frac{\tan 45° + \tan 75°}{1 - \tan 45° \tan 75°} = \tan(45° + 75°) = \tan 120° = -\sqrt{3}.$$

二、二倍角的正弦、余弦、正切

$$\sin 2x = 2 \sin x \cos x;$$
$$\cos 2x = \cos^2 x - \sin^2 x = 1 - 2 \sin^2 x = 2 \cos^2 x - 1;$$
$$\tan 2x = \frac{2 \tan x}{1 - \tan^2 x}.$$

例 3　已知 $\sin x = \dfrac{3}{5}$，$x \in \left(\dfrac{\pi}{2}, \pi \right)$，求 $\sin 2x$，$\cos 2x$，$\tan 2x$ 的值.

解 由于 $\sin x = \dfrac{3}{5}$，$x \in \left(\dfrac{\pi}{2}, \pi \right)$，故有

$$\cos x = -\sqrt{1 - \sin^2 x} = -\sqrt{1 - \left(\dfrac{3}{5} \right)^2} = -\dfrac{4}{5}.$$

于是

$$\sin 2x = 2 \sin x \cos x = 2 \times \dfrac{3}{5} \times \left(-\dfrac{4}{5} \right) = -\dfrac{24}{25};$$

$$\cos 2x = 1 - 2\sin^2 x = 1 - 2 \times \left(\dfrac{3}{5} \right)^2 = \dfrac{7}{25};$$

$$\tan 2x = \dfrac{\sin 2x}{\cos 2x} = -\dfrac{24}{7}.$$

三、半角的正弦、余弦、正切

$$\sin \dfrac{x}{2} = \pm \sqrt{\dfrac{1 - \cos x}{2}}\ ,$$

$$\cos \dfrac{x}{2} = \pm \sqrt{\dfrac{1 + \cos x}{2}}\ ,$$

$$\tan \dfrac{x}{2} = \pm \sqrt{\dfrac{1 - \cos x}{1 + \cos x}} = \dfrac{\sin x}{1 + \cos x}.$$

三个公式中根号前的符号，由 $\dfrac{x}{2}$ 所在的象限来确定，如果没有给出限定符号的条件，根号前面应保持正负两个符号.

例 4 已知 $\cos x = \dfrac{1}{2}$，求 $\sin \dfrac{x}{2}$，$\cos \dfrac{x}{2}$，$\tan \dfrac{x}{2}$.

解 $\sin \dfrac{x}{2} = \pm \sqrt{\dfrac{1 - \cos x}{2}} = \pm \sqrt{\dfrac{1 - \dfrac{1}{2}}{2}} = \pm \dfrac{1}{2};$

$$\cos \dfrac{x}{2} = \pm \sqrt{\dfrac{1 + \cos x}{2}} = \pm \sqrt{\dfrac{1 + \dfrac{1}{2}}{2}} = \pm \dfrac{\sqrt{3}}{2};$$

$$\tan \dfrac{x}{2} = \pm \dfrac{\dfrac{1}{2}}{\dfrac{\sqrt{3}}{2}} = \pm \dfrac{\sqrt{3}}{3}.$$

四、三角函数的积化和差与和差化积

1. 三角函数的积化和差

$$\sin x \cos y = \frac{1}{2}\left[\sin(x+y) + \sin(x-y)\right];$$

$$\cos x \sin y = \frac{1}{2}\left[\sin(x+y) - \sin(x-y)\right];$$

$$\cos x \cos y = \frac{1}{2}\left[\cos(x+y) + \cos(x-y)\right];$$

$$\sin x \sin y = -\frac{1}{2}\left[\cos(x+y) - \cos(x-y)\right].$$

2. 三角函数的和差化积

$$\sin x + \sin y = 2\sin\frac{x+y}{2}\cos\frac{x-y}{2};$$

$$\sin x - \sin y = 2\cos\frac{x+y}{2}\sin\frac{x-y}{2};$$

$$\cos x + \cos y = 2\cos\frac{x+y}{2}\cos\frac{x-y}{2};$$

$$\cos x - \cos y = -2\sin\frac{x+y}{2}\sin\frac{x-y}{2}.$$

例5 求下列三角函数的值.

（1） $\sin 10° \sin 50° \sin 70°$;

（2） $\cos 10° \cos 30° \cos 50° \cos 70°$.

解 （1） $\sin 10° \sin 50° \sin 70° = \cos 80° \cos 40° \cos 20°$

$$= \frac{8\cos 80° \cos 40° \cos 20° \sin 20°}{8\sin 20°} = \frac{\sin 160°}{8\sin 20°} = \frac{1}{8};$$

或

$$\sin 10° \sin 50° \sin 70° = -\frac{1}{2}[\cos(10°+50°) - \cos(10°-50°)]\sin 70°$$

$$= -\frac{1}{2}[\cos 60° - \cos 40°]\sin 70° = -\frac{1}{4}\sin 70° + \frac{1}{2}\cos 40° \sin 70°$$

$$= -\frac{1}{4}\sin 70° + \frac{1}{4}[\sin(40°+70°) - \sin(40°-70°)]$$

$$= -\frac{1}{4}\sin 70° + \frac{1}{4}[\sin 110° + \sin 30°]$$

$$= -\frac{1}{4}\sin 70° + \frac{1}{4}\sin 110° + \frac{1}{8} = \frac{1}{8}.$$

（2）$\cos 10° \cos 30° \cos 50° \cos 70°$

$$= \cos 10° \cdot \frac{\sqrt{3}}{2} \cdot \frac{1}{2} \left[\cos(50° + 70°) + \cos(50° - 70°) \right]$$

$$= \frac{\sqrt{3}}{4} \cos 10° \left(-\frac{1}{2} + \cos 20° \right)$$

$$= -\frac{\sqrt{3}}{8} \cos 10° + \frac{\sqrt{3}}{4} \cos 10° \cos 20°$$

$$= -\frac{\sqrt{3}}{8} \cos 10° + \frac{\sqrt{3}}{8} (\cos 30° + \cos 10°)$$

$$= -\frac{\sqrt{3}}{8} \cos 10° + \frac{\sqrt{3}}{8} \cdot \frac{\sqrt{3}}{2} + \frac{\sqrt{3}}{8} \cos 10°$$

$$= \frac{3}{16}.$$

例 6　求 $\sin 75° - \sin 15°$ 的值.

解　$\sin 75° - \sin 15° = 2 \cos \dfrac{75° + 15°}{2} \sin \dfrac{75° - 15°}{2} = 2 \cos 45° \sin 30° = \dfrac{\sqrt{2}}{2}$.

五、反三角函数

1. 反三角函数的图像

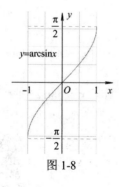

图 1-8

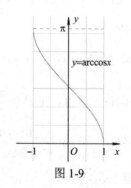

图 1-9

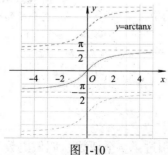

图 1-10

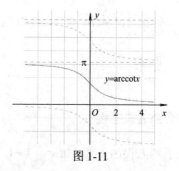

图 1-11

*第一章　预备知识

应用数学（第二版）

10

2. 反三角函数的性质

名称		反正弦函数	反余弦函数	反正切函数	反余切函数
定义		$y = \sin x$, $x \in \left[-\dfrac{\pi}{2}, \dfrac{\pi}{2}\right]$ 的反函数，叫做反正弦函数，记作 $y = \arcsin x$	$y = \cos x$ $x \in [0, \pi]$ 的反函数，叫做反余弦函数，记作 $y = \arccos x$	$y = \tan x$ $x \in \left(-\dfrac{\pi}{2}, \dfrac{\pi}{2}\right)$ 的反函数，叫做反正切函数，记作 $y = \arctan x$	$y = \cot x$ $x \in (0, \pi)$ 的反函数，叫做反余切函数，记作 $y = \text{arccot}\, x$
性质	定义域	$[-1,1]$	$[-1,1]$	$(-\infty, +\infty)$	$(-\infty, +\infty)$
	值域	$\left[-\dfrac{\pi}{2}, \dfrac{\pi}{2}\right]$	$[0, \pi]$	$\left(-\dfrac{\pi}{2}, \dfrac{\pi}{2}\right)$	$(0, \pi)$
	单调性	在 $[-1,1]$ 上是增函数	在 $[-1,1]$ 上是减函数	在 $(-\infty, +\infty)$ 上是增函数	在 $(-\infty, +\infty)$ 上是减函数
	奇偶性	奇函数	非奇非偶函数	奇函数	非奇非偶函数
	周期性	都不是周期函数			

习题 1-2

1. 已知 $\sin x = \dfrac{15}{17}$，$\cos y = -\dfrac{5}{13}$，且 x, y 都是第二象限的角，求 $\cos(x + y)$，$\sin(x - y)$ 的值.

2. 证明：（1）$\cos\left(\dfrac{\pi}{2} - x\right) = \sin x$；   （2）$\sin\left(\dfrac{\pi}{2} - x\right) = \cos x$.

3. 已知 $\sin x = 0.8$，$x \in \left(0, \dfrac{\pi}{2}\right)$，求 $\sin 2x$，$\cos 2x$，$\tan 2x$ 的值.

4. 已知 $\tan\dfrac{\alpha}{2} = 2$，求 $\dfrac{6\sin\alpha + \cos\alpha}{3\sin\alpha - 2\cos\alpha}$ 的值.

5. 计算 $2\cos\dfrac{9\pi}{13}\cos\dfrac{\pi}{13} + \cos\dfrac{5\pi}{13} + \cos\dfrac{3\pi}{13}$.

6. 求 $\sin^2 10° + \cos^2 40° + \sin 10°\cos 40°$ 的值.

扫码查答案

§1-3 复数

一、复数的表示形式

由于解方程的需要（如 $x^2 + 1 = 0$），人们引进了一个新数 i，叫做虚数单位，并规定：

（1）$i^2 = -1$；

（2）实数可以与它进行四则运算，且原有的加、乘运算律仍然成立.

虚数单位 i 的规律是：

$$i^{4n} = 1；\quad i^{4n+1} = i；\quad i^{4n+2} = -1；\quad i^{4n+3} = -i.$$

1. 复数的代数形式

数 $z = a + bi$ （$a, b \in \mathbf{R}$）叫复数的代数形式. 当 $b = 0$ 时就是实数，当 $b \ne 0$ 时叫虚数，当 $a = 0$，$b \ne 0$ 时，叫纯虚数；a, b 分别叫做复数 $z = a + bi$ 的实部与虚部.

两个复数相等的充分必要条件是它们的实部与虚部分别相等. 即

$$a + bi = c + di \Leftrightarrow a = c \text{ 且 } b = d.$$

两个复数实部相等，虚部互为相反数时，称这两个复数为**共轭复数**，即 $z = a + bi$ 与 $z = a - bi$ 互为共轭复数.

实数的共轭复数就是其本身.

2. 复数的向量表示

任何一个复数 $z = a + bi$ （$a, b \in \mathbf{R}$）都可以由一个有序实数对 (a, b) 唯一确定，这就使我们可以借用平面直角坐标系来表示复数 $z = a + bi$ （$a, b \in \mathbf{R}$）.

如图 1-12，点 Z 的横坐标是 a，纵坐标是 b，复数 $z = a + bi$ 可以用点 $Z(a, b)$ 来表示. 这个建立了直角坐标系来表示复数的平面叫做**复平面**. x 轴叫**实轴**，y 轴除去原点的部分叫**虚轴**（因为原点表示实数 0，原点不在虚轴上）.

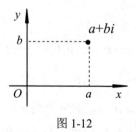

图 1-12

我们把既有绝对值大小，又有方向的量叫做**向量**. 其绝对值的大小叫做向量的**模**，

复数可以用向量来表示，见图 1-13. 如设复平面内的点 $Z(a, b)$ 表示复数 $z = a + bi$，连接 OZ，如果把有向线段 OZ（方向是从点 O 指向点 Z）看成向量，记作 $\overrightarrow{OZ}$，就把复数与向量联系起来了. 很明显，向量 $\overrightarrow{OZ}$ 是由点 Z 唯一确定的；反过来，点 Z 也可以由向量 $\overrightarrow{OZ}$ 唯一确定. 所以，我们也把复数 $z = a + bi$

说成点 Z，也说成向量 $\overrightarrow{OZ}$．并且规定**相等的向量表示同一个复数**．

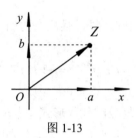

图 1-13

3．复数的三角形式

与复数 $z=a+bi$ 对应的向量 $\overrightarrow{OZ}$ 的模 r 叫做这个复数的模，并且

$$r=\sqrt{a^2+b^2}.$$

以 x 轴的正半轴为始边，向量 $\overrightarrow{OZ}$ 为终边的角 θ 叫做**复数** $z=a+bi$ **的辐角**．

不等于零的复数 $z=a+bi$ 的辐角有无穷多个值，这些值相差 2π 的整数倍．适合于 $0\leqslant\theta<2\pi$ 的辐角 θ 的值，叫做辐角的主值．通常记作 $\arg z$，即 $0\leqslant\arg z<2\pi$．

每一个不等于零的复数有唯一的模与辐角主值，并且可由它的模与辐角主值唯一确定．因此，两个非零复数相等当且仅当它们的模与辐角主值分别相等．

如果复数 $z=0$，那么与它对应的向量 $\overrightarrow{OZ}$ 缩成一个点（零向量），这样的向量的方向是任意的，所以复数 z 的辐角也是任意的．由复数的代数形式与向量形式的对应关系，有

$$\begin{cases}a=r\cos\theta\\b=r\sin\theta,\end{cases}$$

$$a+bi=r\cos\theta+ir\sin\theta=r(\cos\theta+i\sin\theta),$$

其中 $r=\sqrt{a^2+b^2}$，$\cos\theta=\dfrac{a}{r}$，$\sin\theta=\dfrac{b}{r}$．

因此，任何一个复数 $z=a+bi$ 都可以表示成

$$a+bi=r(\cos\theta+i\sin\theta)$$

的形式，称 $r(\cos\theta+i\sin\theta)$ 为复数的三角形式．

注意 复数的三角形式中括号内的第一项必需是 $\cos\theta$，第二项必需是 $i\sin\theta$，且第一、二项之间必需用 "+" 连接，括号外的 r 必需非负．

如 $r(-\cos\theta+i\sin\theta)$ 及 $r(\cos\theta-i\sin\theta)$ 都是复数的代数形式，而不是复数的三角形式．

例1 把复数 $1+i$ 表示成三角形式．

解 $r = \sqrt{1^2 + 1^2} = \sqrt{2}$, $\cos\theta = \dfrac{\sqrt{2}}{2}$, $\sin\theta = \dfrac{\sqrt{2}}{2}$,

因为 $1+i$ 对应的点在第一象限，所以 $\arg(1+i) = \dfrac{\pi}{4}$ ，于是有

$$1 + i = \sqrt{2}\left(\cos\frac{\pi}{4} + i\sin\frac{\pi}{4}\right).$$

4. 复数的指数形式

由欧拉公式 $\cos\theta + i\sin\theta = e^{i\theta}$ ，故复数 $z = a + bi$ 还可以表示为

$$z = a + bi = r(\cos\theta + i\sin\theta) = re^{i\theta},$$

称 $re^{i\theta}$ 为复数的指数形式.

二、复数的运算

1. 复数的加减法运算

复数的加减法运算是将复数的实部与实部相加减，虚部与虚部相加减. 即

$$(a + bi) \pm (c + di) = (a \pm c) + (b \pm d)i ,$$

复数的加减法运算对复数的代数形式比较方便.

例 2 已知复数 $z_1 = 3 + 2i$ ， $z_2 = 5 - \dfrac{1}{3}i$ ，求 $z_1 + z_2$ 与 $z_1 - z_2$.

解 $z_1 + z_2 = (3 + 5) + \left(2 - \dfrac{1}{3}\right)i = 8 + \dfrac{5}{3}i$;

$$z_1 - z_2 = (3 - 5) + \left(2 + \frac{1}{3}\right)i = -2 + \frac{7}{3}i .$$

复数的向量形式的加法按平行四边形法则进行.

2. 复数的乘法运算

复数代数形式的乘法运算是按多项式的乘法运算进行，并将 i^2 用 -1 表示.

如： $(a + bi)(c + di) = ac + bci + adi + bdi^2 = (ac - bd) + (bc + ad)i$.

复数三角形式和指数的乘法是把复数的模相乘，辐角相加，例如：

$$r_1(\cos\theta_1 + i\sin\theta_1)r_2(\cos\theta_2 + i\sin\theta_2) = r_1r_2\left[\cos(\theta_1 + \theta_2) + i\sin(\theta_1 + \theta_2)\right].$$

事实上

$$r_1(\cos\theta_1 + i\sin\theta_1)r_2(\cos\theta_2 + i\sin\theta_2) = r_1r_2[(\cos\theta_1 + i\sin\theta_1)(\cos\theta_2 + i\sin\theta_2)]$$

$$= r_1r_2[\cos\theta_1\cos\theta_2 + i\sin\theta_1\cos\theta_2 + i\cos\theta_1\sin\theta_2 + i^2\sin\theta_1\sin\theta_2]$$

$$= r_1r_2[(\cos\theta_1\cos\theta_2 - \sin\theta_1\sin\theta_2) + i(\sin\theta_1\cos\theta_2 + \cos\theta_1\sin\theta_2)]$$

$$= r_1r_2[\cos(\theta_1 + \theta_2) + i\sin(\theta_1 + \theta_2)],$$

即

$$r_1 e^{i\theta_1} r_2 e^{i\theta_2} = r_1 r_2 e^{i(\theta_1 + \theta_2)}.$$

复数的乘法运算对复数的三角形式和指数形式比较方便.

例 3 已知复数

$$z_1 = \sqrt{3}\left(\cos\frac{5\pi}{13} + i\sin\frac{5\pi}{13}\right), \quad z_2 = 3\left(\cos\frac{11\pi}{13} + i\sin\frac{11\pi}{13}\right), \quad 求 z_1 z_2.$$

解 $z_1 z_2 = \sqrt{3}\left(\cos\dfrac{5\pi}{13} + i\sin\dfrac{5\pi}{13}\right)3\left(\cos\dfrac{11\pi}{13} + i\sin\dfrac{11\pi}{13}\right)$

$$= 3\sqrt{3}\left[\cos\left(\frac{5\pi}{13} + \frac{11\pi}{13}\right) + i\sin\left(\frac{5\pi}{13} + \frac{11\pi}{13}\right)\right] = 3\sqrt{3}\left(\cos\frac{16\pi}{13} + i\sin\frac{16\pi}{13}\right).$$

3. 复数的除法运算

（1）复数代数形式的除法运算

两个复数相除，可以把它们的商写成分式的形式，然后把分子分母同乘以分母的共轭复数，并且把结果化简，即

$$\frac{a+bi}{c+di} = \frac{(a+bi)(c-di)}{(c+di)(c-di)} = \frac{(ac+bd)+(bc-ad)i}{c^2+d^2}$$

$$= \frac{ac+bd}{c^2+d^2} + \frac{bc-ad}{c^2+d^2}i \quad (c+di \neq \mathbf{0}).$$

（2）复数的三角形式与指数形式的除法运算

复数的三角形式与指数形式的除法运算是将它们的模相除，辐角相减，即

$$\frac{r_1(\cos\theta_1 + i\sin\theta_1)}{r_2(\cos\theta_2 + i\sin\theta_2)} = \frac{r_1}{r_2}[\cos(\theta_1 - \theta_2) + i\sin(\theta_1 - \theta_2)];$$

$$\frac{r_1 e^{i\theta_1}}{r_2 e^{i\theta_2}} = \frac{r_1}{r_2} e^{i(\theta_1 - \theta_2)}.$$

事实上，我们有

$$\frac{r_1(\cos\theta_1 + i\sin\theta_1)}{r_2(\cos\theta_2 + i\sin\theta_2)} = \frac{r_1}{r_2}\frac{(\cos\theta_1 + i\sin\theta_1)(\cos\theta_2 - i\sin\theta_2)}{(\cos\theta_2 + i\sin\theta_2)(\cos\theta_2 - i\sin\theta_2)}$$

$$= \frac{r_1}{r_2}\frac{(\cos\theta_1\cos\theta_2 + \sin\theta_1\sin\theta_2) + i(\sin\theta_1\cos\theta_2 - \cos\theta_1\sin\theta_2)}{\cos^2\theta_2 + \sin^2\theta_2}$$

$$= \frac{r_1}{r_2}[\cos(\theta_1 - \theta_2) + i\sin(\theta_1 - \theta_2)].$$

一般来说，复数的除法运算是把复数化为三角形式或指数形式时比较方便.

例 4 计算 $4\left(\cos\dfrac{4\pi}{3} + i\sin\dfrac{4\pi}{3}\right) \div 2\left(\cos\dfrac{5\pi}{6} + i\sin\dfrac{5\pi}{6}\right).$

解 $4\left(\cos\dfrac{4\pi}{3}+i\sin\dfrac{4\pi}{3}\right)\div 2\left(\cos\dfrac{5\pi}{6}+i\sin\dfrac{5\pi}{6}\right)=\dfrac{4\left(\cos\dfrac{4\pi}{3}+i\sin\dfrac{4\pi}{3}\right)}{2\left(\cos\dfrac{5\pi}{6}+i\sin\dfrac{5\pi}{6}\right)}$

$$=2\left[\cos\left(\dfrac{4\pi}{3}-\dfrac{5\pi}{6}\right)+i\sin\left(\dfrac{4\pi}{3}-\dfrac{5\pi}{6}\right)\right]=2\left[\cos\dfrac{\pi}{2}+i\sin\dfrac{\pi}{2}\right]=2i\,.$$

4. 复数的乘方与开方

复数的 $n(n\in\mathbf{N})$ 次幂的模等于这个复数模的 n 次幂, 它的辐角等于这个复数的辐角的 n 倍. 即

$$\left[r(\cos\theta+i\sin\theta)\right]^n=r^n(\cos n\theta+i\sin n\theta) \qquad (n\in\mathbf{N})\,.$$

复数的 $n(n\in\mathbf{N})$ 次方根是 n 个复数, 它们的模都等于这个复数的模的 n 次算术根, 它们的辐角分别等于这个复数的辐角与 2π 的 $0, 1, 2, \cdots, n-1$ 倍的和的 n 分之一. 即

复数 $r(\cos\theta+i\sin\theta)$ 的 n 次方根是

$$\sqrt[n]{r}\left(\cos\dfrac{\theta+2k\pi}{n}+i\sin\dfrac{\theta+2k\pi}{n}\right)(k=0,1,\cdots,n-1)\,.$$

例 5   计算 $(\sqrt{3}-i)^6$.

解   因为 $\sqrt{3}-i=2\left(\cos\dfrac{11\pi}{6}+i\sin\dfrac{11\pi}{6}\right)$, 所以

$$(\sqrt{3}-i)^6=\left[2\left(\cos\dfrac{11\pi}{6}+i\sin\dfrac{11\pi}{6}\right)\right]^6$$

$$=2^6(\cos 11\pi+i\sin 11\pi)$$

$$=64(\cos\pi+i\sin\pi)=64\cdot(-1)=-64\,.$$

例 6   求 $1-i$ 的立方根.

解   由于 $1-i=\sqrt{2}\left(\cos\dfrac{7\pi}{4}+i\sin\dfrac{7\pi}{4}\right)$, 所以 $1-i$ 的立方根是

$$\sqrt[6]{2}\left(\cos\dfrac{\dfrac{7\pi}{4}+2k\pi}{3}+i\sin\dfrac{\dfrac{7\pi}{4}+2k\pi}{3}\right)$$

$$=\sqrt[6]{2}\left(\cos\dfrac{7\pi+8k\pi}{12}+i\sin\dfrac{7\pi+8k\pi}{12}\right)(k=0,1,2)\,.$$

即 $1-i$ 的立方根是下面三个复数

*第一章　预备知识

$$z_1 = \sqrt[6]{2}\left(\cos\frac{7\pi}{12} + i\sin\frac{7\pi}{12}\right);$$

$$z_2 = \sqrt[6]{2}\left(\cos\frac{5\pi}{4} + i\sin\frac{5\pi}{4}\right);$$

$$z_3 = \sqrt[6]{2}\left(\cos\frac{23\pi}{12} + i\sin\frac{23\pi}{12}\right).$$

习题 1-3

1．计算 $(1+2i)(3+4i)(5-6i)$.

2．计算 $\left(\dfrac{\sqrt{3}}{2} + \dfrac{1}{2}i\right)^3$.

3．计算 $(1+2i) \div (3-4i)$.

4．已知复数 $z_1 = (a^2-2) + (a-4)i$，$z_2 = a - (a^2-2)i\,(a \in \mathbf{R})$，且 $z_1 - z_2$ 为纯虚数，求 a 的值.

5．已知 $z = \dfrac{(4-3i)^2(-1+\sqrt{3}i)^{10}}{(1-i)^{12}}$，求 $|z|$.

扫码查答案

6．计算 $\dfrac{(1-\sqrt{3}i)(\cos x + i\sin x)}{(1-i)(\cos x - i\sin x)}$.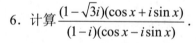

本章小结

本章的主要内容是任意角的三角函数的概念、同角三角函数间的关系、诱导公式、两角和与差的三角函数，以及复数的概念、复数的代数、几何、三角、指数形式的表示方法以及复数的有关运算.

1．同角三角函数的基本关系的八个公式是进行三角恒等变换的重要基础，它在化简三角函数式和证明三角恒等式等问题中经常用到. 这八个公式间的关系可以用一个正六边形来表示.

2．掌握了诱导公式后，就可以把任意角的三角函数化为 $0 \sim \dfrac{\pi}{2}$ 间角的三角函数，在诱导公式中正弦、余弦的诱导公式是最基本的.

3．两角和与差的三角函数中公式较多，关键是要掌握两角和与差的余弦公式，或两角和与差的正弦公式的其中一个，其余公式都可以由它进行推导. 要注意的是在半角公式中，根号前的符号由半角所在的象限来决定.

4．在复数中要注意实数、虚数、纯虚数、复数之间的关系，复数的分类表如下：

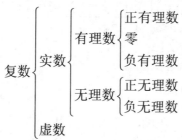

5．在复数的运算中，加减运算比较适合复数的代数形式，乘除及乘方、开方比较适合复数的三角形式和指数形式.

测 试 题 一

一、判断题

1．正弦函数 $y = \sin x$ 只在区间 $\left[-\dfrac{\pi}{2}, \dfrac{\pi}{2}\right]$ 上单调增加.　　　　（　　）

2．正切函数 $y = \tan x$ 的定义域是全体实数.　　　　　　　　　（　　）

3．$\cos(x + y) = \cos x \cos y + \sin x \sin y$.　　　　　　　　　　（　　）

4．任何一个复数都可以在复平面内找到唯一的一个点与其对应.（　　）

5．复数 $-2 - i$ 的模 $r = -\sqrt{5}$.　　　　　　　　　　　　　　（　　）

6．复数 1 的立方根等于 1.　　　　　　　　　　　　　　　　　　（　　）

二、填空题

1．$a \sin 0° + b \cos 90° + \tan 180° = \underline{\qquad}$.

2．角 α 终边上一点的坐标是 $(3, -4)$ 则 $\cos \alpha = \underline{\qquad}$.

3．已知 $\sin x = \dfrac{15}{17}$，$x \in \left(\dfrac{\pi}{2}, \pi\right)$，则 $\cos\left(\dfrac{\pi}{3} - x\right) = \underline{\qquad}$.

4．$\cos\left(x + \dfrac{\pi}{4}\right) + \cos\left(x - \dfrac{\pi}{4}\right) = \underline{\qquad}$.

5．复数 $8\left(\cos \dfrac{11\pi}{6} + i \sin \dfrac{11\pi}{6}\right)$ 的代数形式是 $\underline{\qquad}$.

6. $(\cos 3x - i\sin 3x)(\cos 2x - i\sin 2x) = $ _____.

7. $\left(1 + \sqrt{3}i\right)^4 = $ _____.

8. $\left[2\left(\cos 15° + i\sin 15°\right)\right]^6 = $ _____.

三、选择题

1. $k\pi + \dfrac{3\pi}{2}$ $(k \in \mathbf{Z})$ 是（　　）.

   A. 第一象限角　　　　　　　　　B. 第二象限角
   C. 第三象限角　　　　　　　　　D. 不属于任何象限的角

2. 已知 $\sin\theta = \dfrac{m-3}{m+5}$，$\cos\theta = \dfrac{4-2m}{m+5}$（$\dfrac{\pi}{2} < \theta < \pi$），则 $\tan\theta = $（　　）.

   A. $\dfrac{4-2m}{m-3}$ 　　　　　　　　B. $\pm\dfrac{m-3}{4-2m}$

   C. $-\dfrac{5}{12}$ 　　　　　　　　　D. $-\dfrac{3}{4}$ 或 $-\dfrac{5}{12}$

3. 在 $\triangle ABC$ 中，已知 $\cos A = \dfrac{5}{13}$，$\sin B = \dfrac{3}{5}$，则 $\cos C$ 的值为（　　）.

   A. $\dfrac{16}{65}$ 　　　　　　　　　B. $\dfrac{56}{65}$

   C. $\dfrac{16}{65}$ 或 $\dfrac{56}{65}$ 　　　　　D. $-\dfrac{16}{65}$

4. 下列等式成立的是（　　）.

   A. $\arg(1 - \sqrt{2}) = 0$

   B. $\arg(-\sqrt{3}i) = -\dfrac{\pi}{2}$

   C. $\arg(5i) = \dfrac{\pi}{2}$

   D. $(\sin 18° + i\cos 18°)^2 = \sin 36° + i\cos 36°$

5. $\left(\dfrac{\sqrt{3}+i}{2}\right)^6 + \left(\dfrac{-\sqrt{3}+i}{2}\right)^6$ 的值等于（　　）.

   A. 2　　　　　　B. −2　　　　　　C. 0　　　　　　D. 1

6. $\dfrac{(-1+\sqrt{3}i)^3}{(1+i)^6} - \dfrac{-2+i}{1+2i}$ 等于（　　）.

   A. 0　　　　　　B. 1　　　　　　C. −1　　　　　　D. i

四、解答题

1. 求下列各式的值：

（1）$(1 + \tan^2 x)\cos^2 x$；

（2）$(\tan x + \cot x)^2 - (\tan x - \cot x)^2$．

2. 化简 $\dfrac{\cot(-x-\pi)\cdot\sin(\pi+x)}{\cos(-x)\cdot\tan(2\pi+x)}$．

3. 不查表，求 $\cos 105°$ 及 $\cos 15°$ 的值．

4. 化简 $\sin 50°(1 + \sqrt{3}\tan 10°)$．

5. 求 $\sin^2 10° + \cos^2 40° + \sin 10°\cos 40°$ 的值．

6. 已知复数 z 满足 $|z| = 5$，且 $(3-4i)z$ 是纯虚数，求 $\bar{z}$．

7. 计算 $(3 + 4i) \div (5 - 6i)$．

8. 设 $(\sqrt{3} - i)^m = (1 + i)^n$，求最小的自然数 m，n．

9. 在复平面内，已知等边三角形的两个顶点所表示的复数分别为 2，$\dfrac{1}{2} + \dfrac{\sqrt{3}}{2}i$，求第三个顶点对应的复数．

10. 利用复数证明：$\cos\dfrac{\pi}{11} + \cos\dfrac{3\pi}{11} + \cdots + \cos\dfrac{9\pi}{11} = \dfrac{1}{2}$．

扫码查答案

第二章 函数、极限与连续

函数是高等数学研究的主要对象，极限是研究函数变化趋势的工具，连续是描述函数变化特性的一个概念，它们都是高等数学的研究基础. 本章将在复习和加深函数有关知识的基础上，讨论函数的极限和函数的连续性等问题.

§2-1 初等函数及常用经济函数

一、基本初等函数

基本初等函数包括五大类共 16 个函数，它们是：

1. 幂函数 $y = x^{\alpha}$（α 是常数）及常数函数 $y = C$.

2. 指数函数 $y = a^x$（$a > 0$ 且 $a \neq 1$）及 $y = \mathrm{e}^x$.

3. 对数函数 $y = \log_a x$（$a > 0$ 且 $a \neq 1$）及 $y = \ln x$.

4. 三角函数 $y = \sin x$，$y = \cos x$，$y = \tan x$（$x \neq k\pi + \dfrac{\pi}{2}$），$y = \cot x$

（$x \neq k\pi$），$y = \sec x$（$x \neq k\pi + \dfrac{\pi}{2}$），$y = \csc x$（$x \neq k\pi$）.

5. 反三角函数 $y = \arcsin x$（$-1 \leqslant x \leqslant 1$），$y = \arccos x$（$-1 \leqslant x \leqslant 1$），$y = \arctan x$，$y = \operatorname{arccot} x$.

二、函数的几种特性

1. 函数的单调性

定义 1 设函数 $f(x)$ 在某区间 I 上有定义，如果 x_1，$x_2 \in I$，当 $x_1 < x_2$ 时，有 $f(x_1) < f(x_2)$，那么称函数 $f(x)$ 在 I 上是单调增加的；当 $x_1 < x_2$ 时，有 $f(x_1) > f(x_2)$，那么称函数 $f(x)$ 在 I 上是单调减少的.

例如 $y = x^2$ 在 $(-\infty, 0)$ 内单调减少，在 $(0, +\infty)$ 内单调增加，$(-\infty, 0)$ 称为函数的单调减少区间，$(0, +\infty)$ 称为函数的单调增加区间，它们统称为函数 $y = x^2$ 的单调区间.

单调增加函数的图形沿着 x 轴的正向而上升，单调减少函数的图形沿着 x

轴的正向而下降.

注意 证明函数单调的方法一般可用"作差法"或"作商法".

"作差法"就是在定义域内任取 $x_1 < x_2$,证明

$$f(x_1) - f(x_2) < 0 \text{ 或 } f(x_1) - f(x_2) > 0.$$

"作商法"就是在定义域内任取 $x_1 < x_2$,证明

$$\frac{f(x_1)}{f(x_2)} < 1 \text{ 或 } \frac{f(x_1)}{f(x_2)} > 1, \quad f(x_2) \neq 0.$$

2. 函数的奇偶性

定义 2 设函数 $f(x)$ 的定义域 I 关于原点对称,若对任意 $x \in I$,都有 $f(-x) = -f(x)$,那么称函数 $f(x)$ 为奇函数;若对任意 $x \in I$,都有 $f(-x) = f(x)$,那么称函数 $f(x)$ 为偶函数.既不是奇函数,又不是偶函数的函数称为非奇非偶函数.

例如,$y = \sin x$、$y = x^3 - x$ 是奇函数,$y = \cos x$、$y = x^4 + x^2$ 是偶函数,$y = 2^x$、$y = \arccos x$ 既不是奇函数,也不是偶函数.

奇函数的图像关于原点对称,偶函数的图像关于 y 轴对称.

特别地,函数 $y = 0$ 既是奇函数也是偶函数.

3. 函数的周期性

定义 3 设函数 $f(x)$ 的定义域为 I,如果存在一个不为零的常数 l,对任意 $x \in I$,有 $x + l \in I$,且使 $f(x + l) = f(x)$ 恒成立,那么称函数 $f(x)$ 为周期函数,满足上式的最小正数 l 称为函数 $f(x)$ 的最小正周期.

通常所说的周期函数的周期是指它的最小正周期,并且用 T 表示.

例如,由于 $\sin(x + 2\pi) = \sin x$,所以 $\sin x$ 的周期是 $T = 2\pi$.

一个以 l 为周期的周期函数,在定义域内每个长度为 l 的区间上,函数图像有相同的形状.

注意 有的周期函数有无穷多个周期,但它没有最小正周期,如常数函数 $y = C$.

4. 函数的有界性

定义 4 设函数 $y = f(x)$ 在区间 I 上有定义,如果存在正数 M,使得对于区间 I 上的任何 x 值,有 $|f(x)| \leq M$,则称函数 $f(x)$ 在区间 I 上为有界函数;否则称函数 $f(x)$ 在区间 I 上为无界函数.

有界函数的图像介于两条平行直线 $y = \pm M$ 之间.例如,$y = \arctan x$ 是有界函数,其图像介于 $y = \pm\frac{\pi}{2}$ 两平行直线之间,而 $y = \log_2 x$ 是一个无界函数.

三、反函数

设函数 $y = f(x)$，如果把 y 当作自变量，x 当作函数，则由关系式 $y = f(x)$ 所确定的函数 $x = \varphi(y)$ 叫做函数 $f(x)$ 的反函数，而 $f(x)$ 叫做直接函数.

由于习惯上采用字母 x 表示自变量，而用字母 y 表示函数，因此，往往把函数 $x = \varphi(y)$ 改写成 $y = \varphi(x)$.

若在同一坐标平面上作出直接函数 $y = f(x)$ 和反函数 $y = \varphi(x)$ 的图形，则这两个图形关于直线 $y = x$ 对称. 例如，函数 $y = a^x$ 和它的反函数 $y = \log_a x$ 的图形就关于直线 $y = x$ 对称，如图 2-1 所示.

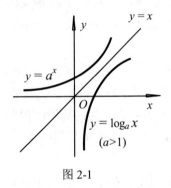

图 2-1

如果自变量取定值时，对应的函数值是唯一的，称这样的函数为单值函数，例如 $y = \cos x$ 是单值函数；如果自变量取定值时，对应的函数值有两个或两个以上，则称这样的函数为多值函数，例如 $\dfrac{x^2}{a^2} + \dfrac{y^2}{b^2} = 1$ 是多值函数. 以后如果没有特别说明，指的都是单值函数.

注意 （1）直接函数与其反函数互称为反函数；

（2）只有单调函数才具有反函数；

（3）求反函数时要注明其定义域.

四、复合函数

在实际问题中，常会遇到由几个较简单的函数组合而成较复杂的函数. 例如，由函数 $y = u^2$ 和 $u = \sin x$ 可以组合成 $y = \sin^2 x$；又如，由函数 $y = \ln u$ 和 $u = \mathrm{e}^x$ 可以组合成 $y = \ln \mathrm{e}^x$，这种组合称为函数的复合.

定义 5 如果 y 是 u 的函数 $y = f(u)$，而 u 又是 x 的函数 $u = \varphi(x)$，并且 $\varphi(x)$ 的函数值的全部或部分在 $f(u)$ 的定义域内，那么 y 通过 u 构成 x 的函数称

为 x 的复合函数，记作 $y=f[\varphi(x)]$，其中 u 叫做中间变量.

值得注意的是，不是任何两个函数都可以复合成一个函数，如 $y=\arccos u$ 和 $u=2+x^2$ 就不能复合成一个函数，因为对于 $u=2+x^2$ 中的任何 u 值，都不能使 $y=\arccos u$ 有意义. 另外，复合函数也可以由两个以上的函数复合成一个函数，如 $y=\ln u$、$u=\sin v$ 及 $v=\sqrt{x}$ 可以复合成函数 $y=\ln\sin\sqrt{x}$.

正确分析复合函数的构成是相当重要的，它在很大程度上决定了以后是否能熟练掌握微积分的方法和技巧. 分解复合函数的方法是将复合函数分解成基本初等函数或基本初等函数之间（或与常数）的和、差、积、商.

例1 指出下列复合函数的复合过程：

（1）$y=\mathrm{e}^{\sin x}$；　　　　　　　　（2）$y=\ln\cos x^2$；

（3）$y=\cos^2(3x+1)$；　　　　　　（4）$y=a^{\ln\sqrt{1+2x}}$.

解　（1）$y=\mathrm{e}^{\sin x}$ 是由 $y=\mathrm{e}^u$，$u=\sin x$ 复合而成的；

（2）$y=\ln\cos x^2$ 是由 $y=\ln u$，$u=\cos v$，$v=x^2$ 复合而成的；

（3）$y=\cos^2(3x+1)$ 是由 $y=u^2$，$u=\cos v$，$v=3x+1$ 复合而成的；

（4）$y=a^{\ln\sqrt{1+2x}}$ 是由 $y=a^u$，$u=\ln v$，$v=\sqrt{t}$，$t=1+2x$ 复合而成的.

例2 将下列各题中的 y 表示为 x 的函数：

（1）$y=\cos u,\ u=3^x$；　　　　（2）$y=\ln u,\ u=\sin v,\ v=2x$；

解　（1）$y=\cos 3^x$；　　　　　（2）$y=\ln\sin 2x$.

五、初等函数

由基本初等函数和常数经过有限次四则运算或有限次的复合所构成的，并能用一个式子表示的函数叫做初等函数.

例如，$y=\arccos\sqrt{\dfrac{1}{x+2}}$，$y=x\ln\mathrm{e}^x-3x+2$，$y=\tan^3\dfrac{x^2+3}{2}$ 等都是初等函数. 在本书中所讨论的函数绝大多数都是初等函数.

注意　分段函数不一定是初等函数. 例如，分段函数

$$f(x)=\begin{cases}1 & x\geqslant 0,\\ -1 & x<0\end{cases}$$

就不是初等函数，因为它不可以由基本初等函数经过有限次的四则运算或有限次的复合得到. 但分段函数

$$f(x)=\begin{cases}x & x\geqslant 0,\\ -x & x<0\end{cases}$$

可以表示为 $f(x)=\sqrt{x^2}$ ，它可以看作 $f(x)=\sqrt{u}$ 和 $u=x^2$ 复合而成的复合函数，因此它是初等函数.

六、常用的经济函数

在经济活动中，往往涉及到许多经济量，这些量之间存在着各种相关的关系，这些关系用数学模型进行描述，就形成了各种经济函数. 下面介绍经济学中常用的几种函数.

1. 需求函数

市场上消费者对某种商品的需求量除了与该商品的价格有关外，还与消费者的收入、待用商品的价格、消费者的人数等有关. 现在我们只考虑商品的需求量与价格的关系，而将其他各种量看作常量，这样，商品的需求量 Q 就是价格 p 的函数，称为需求函数. 记作

$$Q=Q(p).$$

一般来说，当商品的价格增加时，商品的需求量将会减少，因此，通常需求函数是单调减少函数.

常见的需求函数有：

线性需求函数 $Q=a-bp$ （ $a>0$ ， $b>0$ ； a ， b 都是常数）；

二次曲线需求函数 $Q=a-bp-cp^2$ （ $a>0$ ， $b>0$ ， $c>0$ ； a ， b ， c 都是常数）；

指数需求函数 $Q=ae^{-bp}$ （ $a>0$ ， $b>0$ ； a ， b 都是常数）.

需求函数 $Q=Q(p)$ 的反函数就是价格函数，计作 $p=p(Q)$ ，反映商品的价格与需求的关系.

例 3 市场上某商品的需求量 Q 是价格 p 的线性函数. 当价格 p 为 50 元时，可售出 150 件；当价格 p 为 60 元时，可售出 120 件. 试求需求函数和价格函数.

解 设线性需求函数为 $Q=a-bp$ $(a>0$ ， $b>0)$.

根据题意，需确定函数中的 a 和 b .

根据已知，当 $p=50$ 时， $Q=150$.将其代入所设函数中，有 $150=a-50b$.同理，有 $120=a-60b$. 这就得到一个方程组

$$\begin{cases} 150=a-50b, \\ 120=a-60b \end{cases}$$

解得 $a=300$ ， $b=3$. 于是所求的需求函数为 $Q=300-3p$.

由上式解出 p，即得价格函数 $p = 100 - \dfrac{Q}{3}$.

2. 供给函数

市场上影响供给量的主要因素也是商品的价格，因此，商品的供给量 Q 也价格的函数，称为供给函数，记作

$$Q = Q(p).$$

一般地，商品的供给量随价格的上涨而增加，随价格的下降而减少，因此，供给函数是单调增加函数：

常见的供给函数有：$Q = ap - b$（$a > 0$，$b > 0$；a，b 都是常数）；

$$Q = \frac{ap + b}{mp + n} \ (a > 0,\ b > 0,\ m > 0,\ an > bm).$$

例 4 市场上某商品的售价为每件 70 元时，生产厂商可以提供 4 万件商品；当每件价格增加 2 元时，生产厂商可以多提供 0.06 万件商品，试求：（1）该商品的线性供给函数；（2）当市场售价为 80 元时，厂商供应量是多少？

解 （1）由题意知

$$Q = 4 + \frac{0.06}{2} \times (p - 70) = 0.03p + 1.9;$$

（2）当 $p = 80$ 元时，厂商供应量是

$$Q = 0.03 \times 80 + 1.9 = 4.3 \ (\text{万件}).$$

3. 市场均衡

对一种商品而言，如果需求量等于供给量，则这种商品就达到了市场均衡．假设 Q_d, Q_s 分别表示需求函数和供给函数，以线性需求函数和线性供给函数为例，令

$$Q_d = Q_s,\quad a - bp = cp - d,\quad p = \frac{a + d}{b + c} = p_0.$$

这个价格 p_0 称为该商品的**市场均衡价格**．而 $Q_d = Q_s = Q_0$ 称为该商品的**市场均衡数量**．

例 5 已知某商品的供给函数和需求函数分别是 $Q_d = 25p - 10$ 和 $Q_s = 200 - 5p$，求该商品的市场均衡价格和市场均衡数量．

解 由均衡条件 $Q_d = Q_S$，得

$$25p - 10 = 200 - 5p,\ 30p = 210,\ p = 7.$$

从而

$$Q_0 = 25p - 10 = 165.$$

即市场均衡价格为 7，市场均衡数量为 165.

4. 成本函数、收入函数与利润函数

产品成本是指以货币形式表现的企业生产和销售产品的全部费用支出，产品成本可分为固定成本和可变成本两部分．成本函数表示费用总额与产量（或销售量）之间的相互关系，**固定成本**（常用 C_1 表示）是尚未生产产品时的支出，在一定限度内是不随产量变动的费用．如厂房费用、机器折旧费用、一般管理费用、管理人员工资等．**可变成本**（常用 C_2 表示）是随产品变动而变动的费用，如原材料、燃料和动力费用、生产工人的工资等．

以 x 表示产量，C 表示总成本，则 C 与 x 之间的函数关系称为总成本函数，记作

$$C = C(x) = C_1 + C_2 \quad (x \geqslant 0).$$

平均成本是平均每个单位产品的成本，平均成本记作

$$\overline{C(x)} = \frac{C(x)}{x} \quad (x > 0).$$

销售某产品的收入 R 等于产品的单位价格 p 与销售量 x 的乘积，即

$$R = px.$$

称其为**收入函数**.

而销售利润 L 等于收入 R 减去成本 C，即

$$L = R - C.$$

称其为**利润函数**.

当 $L = R - C > 0$ 时生产者盈利；

当 $L = R - C < 0$ 时生产者亏本；

当 $L = R - C = 0$ 时生产者盈亏平衡，使 $L(x) = 0$ 的点 x_0 称为盈亏平衡点（也叫保本点）.

例 6 某电器公司生产一种新产品，根据市场调查得出需求函数为

$$Q(P) = -900p + 45000.$$

该公司生产该产品的固定成本是 270000 元，而单位的可变成本是 10 元，为获得最大利润，出厂价格应为多少？

解 以 Q 表示产量，C 表示成本，p 表示价格，则有

$$C(Q) = 10Q + 270000,$$

而需求函数为 $\quad Q = -900p + 45000,$

代入得 $\quad C(p) = -9000p + 720000.$

收入函数为

$$R(p) = pQ = p(-900p + 45000) = -900p^2 + 45000p,$$

利润函数为

$$L(p) = R(p) - C(p) = (-900p^2 + 45000p) - (-9000p + 720000).$$
$$= -900(p - 30)^2 + 90000.$$

由于利润函数是一个二次函数，容易求得，当价格 p=30 元时，利润 L=90000 元为最大利润，在此价格下，可望销售量为

$$Q = -900 \times 30 + 45000 = 18000 \text{（单位）}.$$

习题 2-1

扫码查答案

1. 求下列函数的定义域：

（1）$y = \dfrac{2x}{x^2 - x}$；

（2）$y = \lg\sqrt{\dfrac{1-x}{1+x}}$；

（3）$y = \arcsin\dfrac{x-2}{3} + \sqrt{x-1}$；

（4）$y = \sqrt{\sin x} + \dfrac{1}{\ln(2+x)}$.

2. 判断下列函数的奇偶性：

（1）$f(x) = 2x^2 - 5\cos x$；

（2）$f(x) = x + \sin x + e^x$；

（3）$f(x) = x\sin\dfrac{1}{x}$；

（4）$f(x) = \tan x + \cos x$.

3. 下列函数哪些是周期函数？对于周期函数，指出其周期：

（1）$y = \sin^2 x$；

（2）$y = 3\sin\left(\dfrac{1}{2}x + \dfrac{\pi}{6}\right)$；

（3）$y = \sin x + \dfrac{1}{2}\sin 2x$；

（4）$y = x\sin x$.

4. 求下列函数的反函数：

（1）$y = \sqrt[3]{2x-1}$；

（2）$y = \dfrac{1-x}{1+x}$；

（3）$y = \dfrac{e^x - 1}{e^x + 1}$；

（4）$y = \sqrt{1 - x^3}$.

5. 指出下列函数的复合过程：

（1）$v = \sqrt[3]{2x-1}$；

（2）$y = e^{\sqrt{x-2}}$；

（3）$y = \arccos(1 - x^2)$；

（4）$y = \sin e^{-x}$；

（5）$y = \ln(3x^2 + 2)$；

（6）$y = \ln\ln\ln^4 x$.

6. 写出下列函数的复合函数：

（1）$y = u^3$，$u = \cos v$，$v = x + 2$；

（2）$y = \sqrt{u}$，$u = \cos x$.

7．设某商品的需求关系是 $2Q + p = 40$ ，其中 Q 是商品量， p 是该商品的价格，求销售 10 件时的总收入．

8．某厂生产车床，总成本函数为 $C(q) = 900 + 20q + q^2$ （千元），求当生产 200 个该产品时的总成本和平均成本．

§2-2　函数的极限

一、数列的极限

在中学已经学习过数列和数列的极限，它的定义是：

定义 6　按一定顺序排列的一列数，叫做数列．组成数列的每个数叫做这个数列的项，第一个数叫数列的第一项，记作 a_1；第二个数叫数列的第二项，记作 a_2；…；第 n 个数叫数列的第 n 项，也叫通项，记作 a_n．数列一般可以写成形式

$$a_1, a_2, \cdots, a_n, \cdots$$

并记作 $\{a_n\}$ ，有时也简记为 a_n ．

如：
$$1, \frac{1}{2}, \frac{1}{3}, \cdots \frac{1}{n}, \cdots$$

可记作 $\left\{\dfrac{1}{n}\right\}$ ．

定义 7　如果当 n 无限增大时，数列 $\{a_n\}$ 无限接近于一个确定的常数 A ，则称常数 A 是数列 $\{a_n\}$ 的极限，或称数列 $\{a_n\}$ 收敛于 A ，记作

$$\lim_{n \to \infty} a_n = A \text{ 或 } a_n \to A (n \to \infty) .$$

例如，当 $n \to \infty$ 时，数列 $\left\{\dfrac{2n + (-1)^{n+1}}{n}\right\}$ 的极限是 2，可记作

$$\lim_{n \to \infty} \frac{2n + (-1)^{n+1}}{n} = 2 \text{ 或 } \frac{2n + (-1)^{n+1}}{n} \to 2 \ (n \to \infty) .$$

注意　1．在数列极限中数项 n 都是趋于正无穷大；

2．只有无穷数列才可能存在极限．

例 1　观察下列数列的变化趋势，写出它们的极限：

（1） $a_n = \dfrac{1}{n}$ ；　　　　　　　　　（2） $a_n = 3 - \dfrac{1}{n^3}$ ；

（3） $a_n = (-\dfrac{1}{3})^n$ ；　　　　　　　　（4） $a_n = 100$ ．

解 计算出数列的前几项，考查当 $n \to \infty$ 时数列的变化趋势如下表：

n	1	2	3	4	...	∞
（1）$a_n = \dfrac{1}{n}$	$\dfrac{1}{1}$	$\dfrac{1}{2}$	$\dfrac{1}{3}$	$\dfrac{1}{4}$	...	0
（2）$a_n = 3 - \dfrac{1}{n^3}$	$3 - \dfrac{1}{1}$	$3 - \dfrac{1}{8}$	$3 - \dfrac{1}{27}$	$3 - \dfrac{1}{64}$	...	3
（3）$a_n = \left(-\dfrac{1}{3}\right)^n$	$-\dfrac{1}{3}$	$\dfrac{1}{9}$	$-\dfrac{1}{27}$	$\dfrac{1}{81}$	...	0
（4）$a_n = 100$	100	100	100	100	...	100

可以看出，它们的极限分别是：

（1）$\lim\limits_{n\to\infty} a_n = \lim\limits_{n\to\infty} \dfrac{1}{n} = 0$；

（2）$\lim\limits_{n\to\infty} a_n = \lim\limits_{n\to\infty}\left(3 - \dfrac{1}{n^3}\right) = 3$；

（3）$\lim\limits_{n\to\infty} a_n = \lim\limits_{n\to\infty}\left(-\dfrac{1}{3}\right)^n = 0$；

（4）$\lim\limits_{n\to\infty} a_n = \lim\limits_{n\to\infty} 100 = 100$．

二、函数的极限

我们在研究函数时，常常需要研究在自变量的某个变化过程中，对应的函数值是否无限地接近某个确定的常数．如果存在这样的常数，则称此常数为函数在自变量的这个变化过程中的极限．由于自变量的变化过程不同，函数极限概念也就表现为不同的形式．

1. 当 $x \to \infty$ 时，函数 $f(x)$ 的极限

我们先列表考查函数 $f(x) = \dfrac{2}{x}$ 当 $x \to \infty$ 时的变化趋势：

x	± 10000	± 1000000	± 100000000	± 1000000000	$\to \infty$
$\dfrac{2}{x}$	± 0.0002	± 0.000002	± 0.00000002	± 0.000000002	$\to 0$

由上表可知：当 $x \to \infty$ 时，$f(x) = \dfrac{2}{x}$ 的值无限接近于零，即当 $x \to \infty$ 时，$f(x) \to 0$．如图 2-2 所示，这种变化趋势是明显的，即当 $x \to \infty$ 时，函数 $f(x) = \dfrac{2}{x}$ 的图像无限接近于 x 轴．

为此有如下的定义：

定义 8　如果当 x 的绝对值无限增大（即 $x \to \infty$）时，函数 $f(x)$ 无限接近于一个确定的常数 A，那么 A 称为函数 $f(x)$ 当 $x \to \infty$ 时的极限，记为

$$\lim_{x \to \infty} f(x) = A，或当 x \to \infty 时，f(x) \to A.$$

由定义知，当 $x \to \infty$ 时，$f(x) = \dfrac{1}{x}$ 的极限是 0，即 $\lim\limits_{x \to \infty} \dfrac{1}{x} = 0$.

在上述定义中，自变量 x 的绝对值无限增大指的是既取正值无限增大（记为 $x \to +\infty$），同时也取负值而绝对值无限增大（记为 $x \to -\infty$）．但有时自变量的变化趋势只能或只需取这两种变化的一种情形，为此有下面的定义：

定义 9　如果当 $x \to +\infty$（或 $x \to -\infty$）时，函数 $f(x)$ 无限接近于一个确定的常数 A，那么 A 称为函数 $f(x)$ 当 $x \to +\infty$（或 $x \to -\infty$）时的极限，记为

$$\lim_{\substack{x \to +\infty \\ (x \to -\infty)}} f(x) = A，或当 x \to +\infty\,(x \to -\infty) 时，f(x) \to A.$$

例如，由图 2-2 知

$$\lim_{x \to +\infty} \frac{2}{x} = 0 \quad 及 \quad \lim_{x \to -\infty} \frac{2}{x} = 0，$$

这两个极限与 $\lim\limits_{x \to \infty} \dfrac{2}{x} = 0$ 相等，都是 0.

又如，由图 2-3 知

$$\lim_{x \to +\infty} \arctan x = \frac{\pi}{2} \quad 及 \quad \lim_{x \to -\infty} \arctan x = -\frac{\pi}{2}，$$

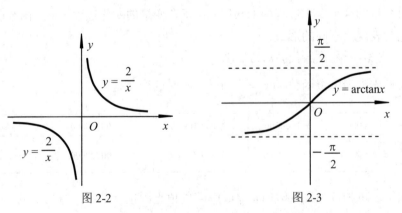

图 2-2　　　　　　　　　　　　图 2-3

由于当 $x \to +\infty$ 和 $x \to -\infty$ 时，函数 $\arctan x$ 不是无限接近于同一个确定的常数，所以 $\lim\limits_{x \to \infty} \arctan x$ 不存在.

由上面的讨论，我们得出下面的定理：

定理 1 $\lim\limits_{x \to \infty} f(x) = A$ 的充要条件是 $\lim\limits_{x \to +\infty} f(x) = \lim\limits_{x \to -\infty} f(x) = A$.

证明从略.

例 2 求 $\lim\limits_{x \to +\infty} e^{-x}$ 和 $\lim\limits_{x \to -\infty} e^{x}$.

解 由图 2-4 可知， $\lim\limits_{x \to +\infty} e^{-x} = 0$ ， $\lim\limits_{x \to -\infty} e^{x} = 0$.

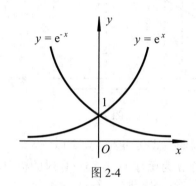

图 2-4

例 3 讨论当 $x \to \infty$ 时，函数 $y = \text{arccot}x$ 的极限.

解 因为

$$\lim\limits_{x \to +\infty} \text{arccot}x = 0 ,$$

$$\lim\limits_{x \to -\infty} \text{arccot}x = \pi .$$

这两个极限存在但不相等，所以 $\lim\limits_{x \to \infty} \text{arccot}x$ 不存在.

2. 当 $x \to x_0$ 时，函数 $f(x)$ 的极限

先列表考查函数 $f(x) = \dfrac{x}{2} + 5$ 当 $x \to 2$ 时的变化趋势：

x	2.1	2.01	2.001	2.0001	$\cdots$	$\to 2$
$f(x)$	6.05	6.005	6.0005	6.00005	$\cdots$	$\to 6$

x	1.9	1.99	1.999	1.9999	$\cdots$	$\to 2$
$f(x)$	5.95	5.995	5.9995	5.99995	$\cdots$	$\to 6$

由上表可知，当 $x \to 2$ 时， $f(x) = \dfrac{x}{2} + 5$ 的值无限地接近于 6，如图 2-5 所示，这种变化趋势是明显的，当 $x \to 2$ 时，直线上的点沿着直线从两个方向逼

近点(2,6).

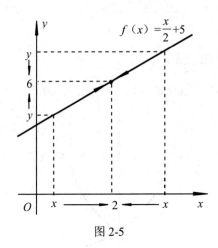

图 2-5

定义 10 如果当 x 无限接近于定值 x_0，即 $x \to x_0$ 时，函数 $f(x)$ 无限接近于一个确定的常数 A，则称 A 为函数 $f(x)$ 当 $x \to x_0$ 时的极限，记为

$$\lim_{x \to x_0} f(x) = A \quad \text{或} \quad \text{当} \ x \to x_0 \ \text{时，} \ f(x) \to A.$$

由定义知，当 $x \to 2$ 时，$f(x) = \dfrac{x}{2} + 5$ 的极限是 6，即

$$\lim_{x \to 2}(\frac{x}{2} + 5) = 6.$$

例 4 考查极限 $\lim\limits_{x \to x_0} C$（$C$ 为常数）和 $\lim\limits_{x \to x_0} x$.

解 因为当 $x \to x_0$ 时，$f(x)$ 的值恒为 C，所以

$$\lim_{x \to x_0} f(x) = \lim_{x \to x_0} C = C.$$

因为当 $x \to x_0$ 时，$\varphi(x) = x$ 的值无限接近于 x_0，所以

$$\lim_{x \to x_0} \varphi(x) = \lim_{x \to x_0} x = x_0.$$

3. 当 $x \to x_0$ 时，$f(x)$ 的左、右极限

因为 $x \to x_0$ 有左右两种趋势，而当 x 仅从某一侧趋于 x_0 时，只需讨论函数的单边趋势，于是有下面的定义：

定义 11 如果当 x 从 x_0 左侧无限接近 x_0（记为 $x \to x_0 - 0$）时，函数 $f(x)$ 无限接近于一个确定的常数 A，则称 A 为函数 $f(x)$ 当 $x \to x_0$ 时的左极限，记为

$$\lim_{x \to x_0 - 0} f(x) = A \quad \text{或} \quad f(x_0 - 0) = A \quad \text{或} \quad \lim_{x \to x_0^-} f(x) = A.$$

如果当 x 从 x_0 右侧无限接近 x_0（记为 $x \to x_0 + 0$）时，函数 $f(x)$ 无限接近

于一个确定的常数 A，则称 A 为函数 $f(x)$ 当 $x \to x_0$ 时的右极限，记为

$$\lim_{x \to x_0 + 0} f(x) = A \quad \text{或} \quad f(x_0 + 0) = A \quad \text{或} \quad \lim_{x \to x_0^+} f(x) = A.$$

由函数 $f(x) = \dfrac{x}{2} + 5$ 当 $x \to 2$ 时的变化趋势可知：

$$f(2 - 0) = \lim_{x \to 2 - 0} f(x) = \lim_{x \to 2 - 0}(\frac{x}{2} + 5) = 6,$$

$$f(2 + 0) = \lim_{x \to 2 + 0} f(x) = \lim_{x \to 2 + 0}(\frac{x}{2} + 5) = 6,$$

这时 $f(2 - 0) = f(2 + 0) = \lim\limits_{x \to 2}(\dfrac{x}{2} + 5) = 6$.

由上面的讨论，我们得出下面的定理：

定理 2 $\lim\limits_{x \to x_0} f(x) = A$ 的充要条件是 $f(x_0 - 0) = f(x_0 + 0) = A$.

证明从略.

例 5 讨论函数

$$f(x) = \begin{cases} x - 1, & x < 0; \\ 0, & x = 0; \\ x + 1, & x > 0 \end{cases}$$

当 $x \to 0$ 时的极限.

解 观察图 2-6 可知：

$$f(0 - 0) = \lim_{x \to 0 - 0} f(x) = \lim_{x \to 0 - 0}(x - 1) = -1,$$

$$f(0 + 0) = \lim_{x \to 0 + 0} f(x) = \lim_{x \to 0 + 0}(x + 1) = 1.$$

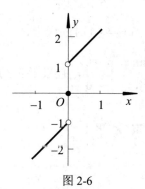

图 2-6

因此，当 $x \to 0$ 时，$f(x)$ 的左右极限存在但不相等，所以极限 $\lim\limits_{x \to 0} f(x)$ 不存在.

34

例 6 考查数列 $x_n = 1 - \dfrac{1}{10^n}$ 当 $n \to \infty$ 时的变化趋势，并写出其极限.

解 因为当 $n \to \infty$ 时，$\dfrac{1}{10^n} \to 0$，$1 - \dfrac{1}{10^n} \to 1$，所以

$$\lim_{n \to \infty}(1 - \frac{1}{10^n}) = 1.$$

数列极限是函数极限的特例. 从函数的观点来看，数列 $x_n = f(n)$ 的极限为 A 就是：当自变量 n 取正整数无限增大时，对应的函数值 $f(n)$ 无限地接近于确定的常数 A.

习题 2-2

扫码查答案

1. 观察并写出下列极限值：

（1）$\lim\limits_{x \to \infty} \dfrac{1}{x^3 + 1}$；

（2）$\lim\limits_{x \to +\infty} (\dfrac{1}{10})^x$；

（3）$\lim\limits_{x \to -\infty} 2^x$；

（4）$\lim\limits_{x \to \frac{\pi}{4}} \tan x$；

（5）$\lim\limits_{n \to \infty} \dfrac{1}{2^n}$；

（6）$\lim\limits_{n \to \infty} \dfrac{3n}{2n+1}$；

（7）$\lim\limits_{x \to +\infty} e^{-3x}$；

（8）$\lim\limits_{x \to 1} \arctan x$.

2. 讨论函数 $f(x) = \begin{cases} x^2 + 1, & x < 1; \\ 1, & x = 1; \\ -1, & x > 1 \end{cases}$ 当 $x \to 1$ 时的极限.

3. 讨论函数 $y = \dfrac{x^2 - 1}{x + 1}$ 当 $x \to -1$ 时的极限.

4. 设函数 $f(x) = \begin{cases} a + \sin x, & x > 0 \\ 1 + x^2, & x < 0 \end{cases}$，且极限 $\lim\limits_{x \to 0} f(x)$ 存在，求 a 的值.

§2-3 无穷小量与无穷大量

一、无穷小量

在实际问题中，我们经常遇到极限为零的变量. 例如，单摆离开铅直位置

而摆动，由于空气阻力和机械摩擦力的作用，它的振幅随着时间的增加而逐渐减小并趋于零. 又如，电容器放电时，其电压随着时间的增加而逐渐减小并趋于零. 对于这样的变量，我们称之为无穷小量，简称为无穷小.

1. 无穷小量的定义

定义 12 如果当 $x \to x_0$（或 $x \to \infty$）时，函数 $f(x)$ 的极限为零，那么函数 $f(x)$ 叫做当 $x \to x_0$（或 $x \to \infty$）时的无穷小量，简称为无穷小.

例如，因为 $\lim\limits_{x \to 1}(x-1) = 0$，所以函数 $x-1$ 是当 $x \to 1$ 时的无穷小；

又如，因为 $\lim\limits_{x \to \infty} \dfrac{1}{x} = 0$，所以函数 $\dfrac{1}{x}$ 是当 $x \to \infty$ 时的无穷小.

但是当 $\lim\limits_{x \to 0}(x-1) = -1$，$\lim\limits_{x \to 2} \dfrac{1}{x} = \dfrac{1}{2}$ 都不是无穷小.

注意 （1）判断函数 $f(x)$ 是否为无穷小，必须指明自变量的变化趋势；

（2）无穷小量是一个极限为零的函数，而不是一个绝对值很小的数；

（3）常数中只有 "0" 可以看成是无穷小，因为 $\lim\limits_{\substack{x \to \infty \\ (x \to x_0)}} 0 = 0$.

2. 无穷小的性质

无穷小量还有以下性质：

性质 1 有限个无穷小的代数和仍是无穷小；

注意 此性质特别强调 "有限个"，因为无限个无穷小之和可能不是无穷小.

例如，当 $x \to \infty$ 时，$\dfrac{1}{x}$ 是无穷小，但下式

$$\underbrace{\frac{1}{x} + \frac{1}{x} + \cdots + \frac{1}{x}}_{x \,\text{个}}$$

的值并不是无穷小，而是 1.

性质 2 有限个无穷小的乘积仍是无穷小.

性质 3 有界函数与无穷小的乘积仍是无穷小.

推论：常数与无穷小的乘积是无穷小.

证明从略.

例 1 求 $\lim\limits_{x \to 0} x^3 \sin \dfrac{1}{x}$.

解 因为 x^3 是当 $x \to 0$ 时的无穷小，而 $\sin \dfrac{1}{x}$ 是一个有界函数，所以

$$\lim_{x \to 0} x^3 \sin \frac{1}{x} = 0.$$

3. 函数极限与无穷小量的关系

定理 3　在自变量的同一变化过程 $x \to x_0$（或 $x \to \infty$）中，具有极限的函数等于它的极限与一个无穷小之和；反之，如果函数可表示为常数与无穷小之和，那么该常数就是这个函数的极限.

证　设 $\lim_{x \to x_0} f(x) = A$，令 $\alpha = f(x) - A$，则

$$\lim_{x \to x_0} \alpha = \lim_{x \to x_0} [f(x) - A] = \lim_{x \to x_0} f(x) - \lim_{x \to x_0} A = 0.$$

这说明 α 是当 $x \to x_0$ 时的无穷小. 由于 $\alpha = f(x) - A$，所以 $f(x) = A + \alpha$.
请同学们证明第二部分.

二、无穷大量

1. 无穷大量的定义

定义 13　如果当 $x \to x_0$（或 $x \to \infty$）时，函数 $f(x)$ 的绝对值无限增大，那么函数 $f(x)$ 叫做当 $x \to x_0$（或 $x \to \infty$）时的无穷大量，简称为无穷大.

例如，当 $x \to 0$ 时，$\frac{1}{x}$ 是一个无穷大；又如，当 $x \to \infty$ 时，$x^2 - 1$ 是一个无穷大.

注意　（1）无穷大是一个函数，而不是一个绝对值很大的常数；

（2）判断一个函数是否为无穷大，必须指明自变量的变化趋势.

2. 无穷大与无穷小的关系

无穷大与无穷小有以下的简单关系：

在自变量的同一变化过程中，如果 $f(x)$ 为无穷大，则 $\frac{1}{f(x)}$ 是无穷小；反之，如果 $f(x)$ 为无穷小，且 $f(x) \neq 0$，则 $\frac{1}{f(x)}$ 是无穷大.

利用这个关系，可以求一些函数的极限.

例 2　求 $\lim_{x \to 1} \dfrac{x+1}{x-1}$.

解　因为 $\lim_{x \to 1} \dfrac{x-1}{x+1} = 0$，所以

$$\lim_{x \to 1} \frac{x+1}{x-1} = \infty.$$

例 3 求 $\lim\limits_{x\to\infty}\dfrac{x^3-2x+3}{x^2-1}$.

解 因为 $\lim\limits_{x\to\infty}\dfrac{x^2-1}{x^3-2x+3}=\lim\limits_{x\to\infty}\dfrac{\dfrac{1}{x}-\dfrac{1}{x^3}}{1-\dfrac{2}{x^2}+\dfrac{3}{x^3}}=0$，所以

$$\lim_{x\to\infty}\frac{x^3-2x+3}{x^2-1}=\infty.$$

事实上，当 n，m 是非负整数时，对于有理分式函数的极限，有下面的结论：

$$\lim_{x\to\infty}\frac{a_nx^n+a_{n-1}x^{n-1}+\cdots+a_1x+a_0}{b_mx^m+b_{m-1}x^{m-1}+\cdots+b_1x+b_0}=\begin{cases}\dfrac{a_n}{b_m}, & \text{当 } n=m \text{ 时；}\\[2mm] 0, & \text{当 } n<m \text{ 时；}\\[2mm] \infty, & \text{当 } n>m \text{ 时．}\end{cases}$$

三、无穷小的比较

我们已经知道，两个无穷小的和、差及积仍然是无穷小．但是，关于两个无穷小的商，却会出现不同的情况，当 $x\to0$ 时 x、$3x$、x^2、$\sin x$ 都是无穷小，而

$$\lim_{x\to0}\frac{x^2}{3x}=\lim_{x\to0}\frac{x}{3}=0，\quad \lim_{x\to0}\frac{3x}{x^2}=\lim_{x\to0}\frac{3}{x}=\infty，\quad \lim_{x\to0}\frac{\sin x}{3x}=\frac{1}{3}.$$

两个无穷小之比的极限的各种不同情况，反映了不同的无穷小趋向零的快慢程度．例如，从下表可以看出，当 $x\to0$ 时，$x^2\to0$ 比 $3x\to0$ 要"快些"，反过来，$3x\to0$ 比 $x^2\to0$ 要"慢些"，而 $\sin x\to0$ 与 $3x\to0$ "快慢相近".

x	1	0.1	0.01	0.001	→	0
$3x$	3	0.3	0.03	0.003	→	0
x^2	1	0.01	0.0001	0.000001	→	0
$\sin x$	0.8415	0.0998	0.0099	0.000999	→	0

我们还可以发现，趋向零较快的无穷小(x^2)与趋向零较慢的无穷小($3x$)之商的极限为 0；趋向零较慢的无穷小($3x$)与趋向零较快的无穷小(x^2)之商的极限为 ∞；趋向零快慢相近的两个无穷小（$\sin x$ 与 $3x$）之商的极限为常数（不为零）．

下面就以两个无穷小之商的极限所出现的各种情况来说明两个无穷小的比较．

定义 14 设 α 和 β 都是在同一个自变量的变化过程中的无穷小，又 $\lim\dfrac{\beta}{\alpha}$ 也是在这个变化过程中的极限.

（1）如果 $\lim\dfrac{\beta}{\alpha}=0$，就说 β 是比 α 高阶的无穷小，记作 $\beta=o(\alpha)$；

（2）如果 $\lim\dfrac{\beta}{\alpha}=\infty$，就说 β 是比 α 低阶的无穷小；

（3）如果 $\lim\dfrac{\beta}{\alpha}=C\neq0$，就说 β 与 α 是同阶无穷小，特殊地，若 $C=1$，则说 β 与 α 是等价无穷小，记为 $\alpha\sim\beta$.

注意 在无穷小的比较中，自变量的变化趋势必需一致，否则无法比较.

例如，在 $x\to0$ 时，x^2 是比 $3x$ 高阶的无穷小；$3x$ 是比 x^2 低阶的无穷小，$\sin x$ 与 $3x$ 是同阶无穷小，$\sin x$ 与 x 是等价无穷小.

当 $x\to0$ 时，常用的等价无穷小有：

$\sin x\sim x$； $\tan x\sim x$；

$\arcsin x\sim x$； $\arctan x\sim x$；

$\ln(1+x)\sim x$； $e^x-1\sim x$；

$\sqrt[n]{1+x}-1\sim\dfrac{1}{n}x$； $1-\cos x\sim\dfrac{1}{2}x^2$.

例 4 比较当 $x\to0$ 时，无穷小 $\dfrac{1}{1-x}-1-x$ 与 x^2 阶数的高低.

解 因为 $\lim\limits_{x\to0}\dfrac{\frac{1}{1-x}-1-x}{x^2}=\lim\limits_{x\to0}\dfrac{1-(1+x)(1-x)}{x^2(1-x)}=\lim\limits_{x\to0}\dfrac{x^2}{x^2(1-x)}=1$，

所以 $\dfrac{1}{1-x}-1-x\sim x^2$.

利用等价无穷小求极限有时要用到下面的定理：

定理 4 如果 $\alpha\sim\alpha'$，$\beta\sim\beta'$，且 $\lim\dfrac{\beta'}{\alpha'}$ 存在，那么

$$\lim\frac{\beta}{\alpha}=\lim\frac{\beta'}{\alpha'}.$$

这是因为 $\lim\dfrac{\beta}{\alpha}=\lim\left(\dfrac{\beta}{\beta'}\cdot\dfrac{\beta'}{\alpha'}\cdot\dfrac{\alpha'}{\alpha}\right)=\lim\dfrac{\beta'}{\alpha'}$，这个性质表明，求两个无穷小之比的极限，分子与分母都可用等价无穷小来代替. 因此，如果用来代替的无穷小选得适当的话，可以使计算简化.

注意 用等价无穷小相互代替时必需是整个分子或整个分母用一个等价

无穷小进行代替，或是将分子、分母分解因式后用一个无穷小来代替其中的一个因式，切不可用等价无穷小分别代替代数和中的各项.

例 5　求极限 $\lim\limits_{x\to 0}\dfrac{\tan 2x}{\sin 5x}$ 及 $\lim\limits_{x\to 0}\dfrac{\sin x}{x^3+3x}$.

解　当 $x\to 0$ 时，$\tan 2x\sim 2x$，$\sin 5x\sim 5x$，所以

$$\lim\limits_{x\to 0}\frac{\tan 2x}{\sin 5x}=\lim\limits_{x\to 0}\frac{2x}{5x}=\frac{2}{5};$$

当 $x\to 0$ 时，$\sin x\sim x$，所以

$$\lim\limits_{x\to 0}\frac{\sin x}{x^3+3x}=\lim\limits_{x\to 0}\frac{x}{x^3+3x}=\lim\limits_{x\to 0}\frac{1}{x^2+3}=\frac{1}{3}.$$

习题 2-3

扫码查答案

1．下列函数在自变量怎样变化时是无穷小？无穷大？

（1）$y=\mathrm{e}^x$；

（2）$y=\dfrac{1}{x+1}$；

（3）$y=\tan x$；

（4）$y=\ln(x+2)$.

2．求下列各极限：

（1）$\lim\limits_{x\to 0}\sin 2x\cdot\tan 3x$；

（2）$\lim\limits_{x\to\infty}\dfrac{\cos x}{x^3}$；

（3）$\lim\limits_{x\to 1}\dfrac{2x+3}{x-1}$；

（4）$\lim\limits_{x\to 2}\dfrac{x^3+2x^2}{(x-2)^2}$；

（5）$\lim\limits_{x\to\infty}(2x^3-x+1)$；

（6）$\lim\limits_{x\to 0}x^2\sin\dfrac{1}{x}$；

（7）$\lim\limits_{x\to\infty}\dfrac{x^3+x^2-3x+1}{x^2+7x-2}$；

（8）$\lim\limits_{x\to 0}x\sin x\cos\dfrac{1}{x}$；

（9）$\lim\limits_{x\to\infty}\left(\tan\dfrac{1}{x}\cdot\arctan x\right)$；

（10）$\lim\limits_{x\to\infty}\dfrac{\arctan x}{x}$.

3．当 $x\to 0$ 时，$2x-x^2$ 与 x^2-x^3 相比，哪一个是高阶无穷小？

4．当 $x\to 1$ 时，无穷小 $1-x$ 与

（1）$1-x^3$；

（2）$\dfrac{1}{2}(1-x^2)$

是否同阶？是否等价？

5．证明：当 $x\to 0$ 时，无穷小 $1-\cos x$ 与无穷小 $\dfrac{x^2}{2}$ 等价.

6. 计算下列极限：

（1） $\lim\limits_{x\to 0}\dfrac{\tan 3x}{2x}$ ；

（2） $\lim\limits_{x\to 0}\dfrac{\tan x-\sin x}{\sin^3 x}$ ；

（3） $\lim\limits_{x\to 0}\dfrac{\sin x^n}{(\sin x)^m}$ $(m,n\in\mathbf{N})$ ；

（4） $\lim\limits_{x\to 0}\dfrac{x}{\sqrt[4]{1+2x}-1}$ （提示：利用 $\sqrt[n]{1+x}-1\sim\dfrac{1}{n}x$）；

（5） $\lim\limits_{x\to 0-0}\dfrac{\sqrt{1-\cos 2x}}{\tan x}$ ；

（6） $\lim\limits_{x\to e}\dfrac{\ln x-1}{x-e}$ ；

（7） $\lim\limits_{x\to 0}\dfrac{\cos mx-\cos nx}{x^2}$ $(m,\ n\in\mathbf{N})$ ；

（8） $\lim\limits_{x\to 0}\dfrac{1-\cos x^2}{x^2\sin^2 x}$.

§2-4　极限的运算法则

根据极限的定义用观察的方法来得到极限，只有特别简单的情况下才有可能. 本节将介绍极限的四则运算法则，利用这些法则可以计算一些较为复杂的函数的极限.

定理 5　如果 $\lim\limits_{x\to x_0}f(x)=A$ ， $\lim\limits_{x\to x_0}g(x)=B$ ，那么

（1） $\lim\limits_{x\to x_0}[f(x)\pm g(x)]=\lim\limits_{x\to x_0}f(x)\pm\lim\limits_{x\to x_0}g(x)=A\pm B$ ；

（2） $\lim\limits_{x\to x_0}C\cdot f(x)=C\cdot\lim\limits_{x\to x_0}f(x)=CA$ （ C 是常数）；

（3） $\lim\limits_{x\to x_0}[f(x)g(x)]=\lim\limits_{x\to x_0}f(x)\cdot\lim\limits_{x\to x_0}g(x)=AB$ ；

（4） $\lim\limits_{x\to x_0}\dfrac{f(x)}{g(x)}=\dfrac{\lim\limits_{x\to x_0}f(x)}{\lim\limits_{x\to x_0}g(x)}=\dfrac{A}{B}$ $(B\neq 0)$.

证明从略.

上述法则对于 $x\to\infty$ 时情形也是成立的，而且法则（1）和（3）可以推广到有限个具有极限的函数的情形.

例 1　求 $\lim\limits_{x\to 1}\left(\dfrac{x}{2}+1\right)$.

解 $\lim\limits_{x\to 1}(\dfrac{x}{2}+1)=\lim\limits_{x\to 1}\dfrac{x}{2}+\lim\limits_{x\to 1}1=\dfrac{1}{2}\lim\limits_{x\to 1}x+1$

$$=\dfrac{1}{2}\times 1+1=\dfrac{3}{2}.$$

例2 求 $\lim\limits_{x\to 3}\dfrac{x^2-9}{x-3}$.

解 $\lim\limits_{x\to 3}\dfrac{x^2-9}{x-3}=\lim\limits_{x\to 3}\dfrac{(x+3)(x-3)}{x-3}=\lim\limits_{x\to 3}(x+3)=\lim\limits_{x\to 3}x+\lim\limits_{x\to 3}3=3+3=6.$

注意 在求极限时，有时分子分母的极限都是零，当分子分母都是多项式时，可将其进行因式分解，约去极限为零的因式后再按法则求其极限.

例3 求 $\lim\limits_{x\to \infty}\dfrac{2x^3-x^2-1}{5x^3+x+1}$.

解 $\lim\limits_{x\to \infty}\dfrac{2x^3-x^2-1}{5x^3+x+1}=\lim\limits_{x\to \infty}\dfrac{2-\dfrac{1}{x}-\dfrac{1}{x^3}}{5+\dfrac{1}{x^2}+\dfrac{1}{x^3}}$

$$=\dfrac{\lim\limits_{x\to \infty}\left(2-\dfrac{1}{x}-\dfrac{1}{x^3}\right)}{\lim\limits_{x\to \infty}\left(5+\dfrac{1}{x^2}+\dfrac{1}{x^3}\right)}=\dfrac{\lim\limits_{x\to \infty}2-\lim\limits_{x\to \infty}\dfrac{1}{x}-\lim\limits_{x\to \infty}\dfrac{1}{x^3}}{\lim\limits_{x\to \infty}5+\lim\limits_{x\to \infty}\dfrac{1}{x^2}+\lim\limits_{x\to \infty}\dfrac{1}{x^3}}$$

$$=\dfrac{2-0-0}{5+0+0}=\dfrac{2}{5}.$$

注意 在求极限时，有时分子分母的极限都是无穷大，当分子分母都是多项式时，可将分子分母同时约去自变量的最高次幂后，再按法则求其极限.

例4 求 $\lim\limits_{x\to \infty}\dfrac{2x^2-x+1}{x^3+x^2-3}$.

解 $\lim\limits_{x\to \infty}\dfrac{2x^2-x+1}{x^3+x^2-3}=\lim\limits_{x\to \infty}\dfrac{\dfrac{2}{x}-\dfrac{1}{x^2}+\dfrac{1}{x^3}}{1+\dfrac{1}{x}-\dfrac{3}{x^3}}=\dfrac{0}{1}=0$.

习题 2-4

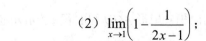
扫码查答案

1. 计算下列各极限：

（1） $\lim\limits_{x\to 1}(3x^2+5x+1)$ ；

（2） $\lim\limits_{x\to 1}\left(1-\dfrac{1}{2x-1}\right)$ ；

（3）$\lim\limits_{x \to 3} \dfrac{x^2 + x - 12}{x - 3}$；

（4）$\lim\limits_{x \to 4} \dfrac{x - 4}{\sqrt{x} - 2}$．

2．计算下列各极限：

（1）$\lim\limits_{x \to \infty} \dfrac{2x^2 + x + 1}{x^2 - 5x + 3}$；

（2）$\lim\limits_{x \to \infty} \dfrac{3x^2 + 1}{x^3 + x + 7}$；

（3）$\lim\limits_{x \to \infty} \dfrac{8x^3 - 1}{6x^2 - 5x + 1}$；

（4）$\lim\limits_{x \to 1} \left(\dfrac{1}{1 - x} - \dfrac{3}{1 - x^3} \right)$；

（5）$\lim\limits_{x \to \infty} \dfrac{(1 + x)^5}{(2x + 1)^4 (1 - x)}$；

（6）$\lim\limits_{h \to 0} \left[\dfrac{1}{h(x + h)} - \dfrac{1}{hx} \right]$；

（7）$\lim\limits_{n \to \infty} \left(1 + \dfrac{1}{2} + \dfrac{1}{4} + \cdots + \dfrac{1}{2^{n-1}} \right)$；

（8）$\lim\limits_{n \to \infty} \dfrac{1 + 2 + 3 + \cdots + (n - 1)}{n^2}$．

§2-5 两个重要极限

本节将利用极限存在的两个准则得到两个重要极限．

一、$\lim\limits_{x \to 0} \dfrac{\sin x}{x} = 1$

准则 1 如果

（1）在点 x_0 的近旁，有 $g(x) \leqslant f(x) \leqslant h(x)$；

（2）$\lim\limits_{x \to x_0} g(x) = \lim\limits_{x \to x_0} h(x) = A$，

那么 $\lim\limits_{x \to x_0} f(x)$ 存在，且等于 A．

下面我们利用准则 1 证明一个重要极限：

$$\lim\limits_{x \to 0} \dfrac{\sin x}{x} = 1 \,.$$

证 在图 2-7 所示的单位圆中，设圆心角 $\angle AOD = x$（$0 < x < \dfrac{\pi}{2}$），那么显然有

$$\sin x = CD \,, \quad x = \overset{\frown}{AD} \,, \quad \tan x = AB \,,$$

因为

$\triangle AOD$ 的面积 $<$ 扇形 AOD 的面积 $< \triangle AOB$ 的面积，

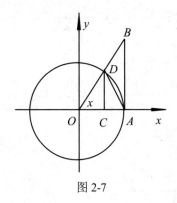

图 2-7

即 $\quad \dfrac{1}{2}|OA||CD| < \dfrac{1}{2}x|OA|^2 < \dfrac{1}{2}|OA||AB|$.

$$\sin x < x < \tan x,$$

除以 $\sin x$，得：

$$1 < \frac{x}{\sin x} < \frac{1}{\cos x} \ \text{或}\ \cos x < \frac{\sin x}{x} < 1.$$

因为用 $-x$ 代替 x 时，$\cos x$ 和 $\dfrac{\sin x}{x}$ 都不变，所以当 $-\dfrac{\pi}{2} < x < 0$ 时，上述不等式仍然成立.

又因为 $\lim\limits_{x \to 0}\cos x = 1$，$\lim\limits_{x \to 0}1 = 1$，故由准则 1 有

$$\lim_{x \to 0}\frac{\sin x}{x} = 1.$$

利用上述极限求有关函数的极限时要注意：

（1）自变量必需是趋于 0 的；

（2）式中所有 x 的系数必需一致；

（3）式中的 x 也可以是函数.

例 1 求极限 $\lim\limits_{x \to 0}\dfrac{\sin 2x}{x}$.

解 $\lim\limits_{x \to 0}\dfrac{\sin 2x}{x} = \lim\limits_{x \to 0}\left(\dfrac{\sin 2x}{2x} \cdot 2\right) = 2\lim\limits_{x \to 0}\dfrac{\sin 2x}{2x}$，

设 $t = 2x$，当 $x \to 0$ 时，$t \to 0$，所以

$$\lim_{x \to 0}\frac{\sin 2x}{x} = 2\lim_{x \to 0}\frac{\sin 2x}{2x} = 2\lim_{t \to 0}\frac{\sin t}{t} = 2 \times 1 = 2.$$

此极限也可以利用二倍角公式将其展开来求，即

$$\lim_{x \to 0} \frac{\sin 2x}{x} = \lim_{x \to 0} \frac{2\sin x \cos x}{x} = 2\lim_{x \to 0} \frac{\sin x}{x} \lim_{x \to 0} \cos x = 2 .$$

例2　求极限 $\lim\limits_{x \to 0} \dfrac{\tan x}{x}$.

解　$\lim\limits_{x \to 0} \dfrac{\tan x}{x} = \lim\limits_{x \to 0} \left(\dfrac{\sin x}{x} \cdot \dfrac{1}{\cos x} \right) = \lim\limits_{x \to 0} \dfrac{\sin x}{x} \cdot \lim\limits_{x \to 0} \dfrac{1}{\cos x} = 1 \times 1 = 1$.

例3　求极限 $\lim\limits_{x \to 0} \dfrac{1 - \cos x}{x^2}$.

解　$\lim\limits_{x \to 0} \dfrac{1 - \cos x}{x^2} = \lim\limits_{x \to 0} \dfrac{2\sin^2 \dfrac{x}{2}}{x^2}$

$$= \lim_{x \to 0} \frac{1}{2} \frac{\left(\sin \dfrac{x}{2} \right)^2}{\left(\dfrac{x}{2} \right)^2} = \frac{1}{2} .$$

二、 $\lim\limits_{x \to \infty} \left(1 + \dfrac{1}{x} \right)^x = \mathrm{e}$

准则2　单调有界数列必有极限.

证明从略.

利用准则2，可以证明另一个重要极限：

$$\lim_{x \to \infty} \left(1 + \frac{1}{x} \right)^x = \mathrm{e} ,$$

这个 e 是无理数，它的值是 $\mathrm{e} = 2.718281828459045\cdots$.

作代换 $z = \dfrac{1}{x}$ ，当 $x \to \infty$ 时，$z \to 0$ ，于是上述极限又可写成

$$\lim_{z \to 0} (1 + z)^{\frac{1}{z}} = \mathrm{e} .$$

利用上面的极限求有关函数的极限时要注意：

（1）括号中的第一项必需化为 1；

（2）括号内第一项与第二项之间必需用"＋"号连接；

（3）括号中的第二项与括号外的指数必需互为倒数；

（4）极限中的 x 也可以是函数.

例4　求极限 $\lim\limits_{x \to \infty} (1 - \dfrac{1}{x})^x$.

解 令 $t = -x$，则当 $x \to \infty$ 时，$t \to \infty$，从而

$$\lim_{x \to \infty}\left(1 - \frac{1}{x}\right)^x = \lim_{t \to \infty}\left(1 + \frac{1}{t}\right)^{-t} = \lim_{t \to \infty}\left[\left(1 + \frac{1}{t}\right)^t\right]^{-1}$$

$$= \lim_{t \to \infty}\frac{1}{\left(1 + \dfrac{1}{t}\right)^t} = \frac{1}{e}.$$

例 5 求极限 $\lim\limits_{x \to 0}(1 + 2x)^{\frac{1}{x}}$.

解 令 $t = 2x$，当 $x \to 0$ 时，$t \to 0$，所以

$$\lim_{x \to 0}(1 + 2x)^{\frac{1}{x}} = \lim_{t \to 0}(1 + t)^{\frac{2}{t}} = \lim_{t \to 0}[(1 + t)^{\frac{1}{t}}]^2 = e^2.$$

例 6 求极限 $\lim\limits_{x \to \infty}\left(\dfrac{x}{1 + x}\right)^{2x}$.

解 $\lim\limits_{x \to \infty}\left(\dfrac{x}{1 + x}\right)^{2x} = \lim\limits_{x \to \infty}\left(\dfrac{1 + x}{x}\right)^{-2x} = \lim\limits_{x \to \infty}\left[\left(1 + \dfrac{1}{x}\right)^x\right]^{-2}$

$$= \left[\lim_{x \to \infty}\left(1 + \frac{1}{x}\right)^x\right]^{-2} = e^{-2}.$$

习题 2-5

扫码查答案

求下列极限：

（1）$\lim\limits_{x \to 0}\dfrac{\sin 2x}{\sin 5x}$；

（2）$\lim\limits_{x \to 0}\dfrac{x^2}{\sin^2 \dfrac{x}{3}}$；

（3）$\lim\limits_{x \to 0}\dfrac{1 - \cos 2x}{x \sin x}$；

（4）$\lim\limits_{x \to \infty} 2^x \sin \dfrac{1}{2^x}$；

（5）$\lim\limits_{x \to 0}(1 - 3x)^{\frac{1}{x}}$；

（6）$\lim\limits_{x \to \frac{\pi}{2}}(1 + \cot x)^{3 \tan x}$；

（7）$\lim\limits_{x \to \infty}\left(1 + \dfrac{2}{x}\right)^{3x}$；

（8）$\lim\limits_{x \to 0}\left(\dfrac{3x + 1}{2x + 1}\right)^{\frac{1}{x}}$.

§2-6 初等函数的连续性

自然界中有许多现象，如气温的变化、河水的流动、植物的生长等等，都

是在连续地变化着．这种现象在函数关系上的反映，就是函数的连续性．下面我们先引入增量的概念，然后运用极限来定义函数的连续性．

一、函数的增量

设变量 x 从它的初值 x_1 变到终值 x_2，则终值与初值的差叫做自变量 x 的增量，记为 Δx，即

$$\Delta x = x_2 - x_1.$$

假定函数 $y = f(x)$ 在点 x_0 的某一邻域内有定义，当自变量 x 从 x_0 变到 $x_0 + \Delta x$ 时，函数 y 相应地从 $f(x_0)$ 变到 $f(x_0 + \Delta x)$，此时称 $f(x_0 + \Delta x)$ 与 $f(x_0)$ 的差为函数的增量，记为 Δy，即

$$\Delta y = f(x_0 + \Delta x) - f(x_0).$$

这个关系式的几何解析如图 2-8 所示．

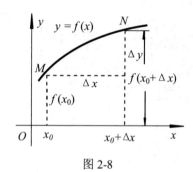

图 2-8

注意　增量可以是正值，也可以是负值，还可以是零．

二、函数连续性的概念

1. 函数在一点处的连续性

定义 15　设函数 $y = f(x)$ 在点 x_0 的近旁有定义，如果当自变量的增量 $\Delta x = x - x_0$ 趋于零时，对应的函数的增量 $\Delta y = f(x_0 + \Delta x) - f(x_0)$ 也趋于零，那么就称函数 $y = f(x)$ 在点 x_0 连续，用极限来表示，就是

$$\lim_{\Delta x \to 0} \Delta y = 0 \qquad\qquad (2\text{-}1)$$

或

$$\lim_{\Delta x \to 0} [f(x_0 + \Delta x) - f(x_0)] = 0.$$

上述定义也可改用另一种方式来叙述：

设 $x = x_0 + \Delta x$，则 $\Delta x \to 0$，就是 $x \to x_0$；$\Delta y \to 0$，就是 $f(x) \to f(x_0)$，因此（2-1）式就是

$$\lim_{x \to x_0} f(x) = f(x_0).$$

所以，函数 $y = f(x)$ 在点 x_0 连续又可叙述如下：

定义 16 设函数 $y = f(x)$ 在点 x_0 的某一邻域内有定义，如果函数 $f(x)$ 当 $x \to x_0$ 时的极限存在，且等于它在点 x_0 处的函数值 $f(x_0)$，即

$$\lim_{x \to x_0} f(x) = f(x_0), \tag{2-2}$$

那么称函数 $f(x)$ 在点 x_0 连续．

2. 函数的间断点

设点 x_0 的任何邻域内总存在异于 x_0 而属于函数 $f(x)$ 的定义域的点．如果函数 $f(x)$ 有下列三种情形之一：

（1）在 $x = x_0$ 没有定义；

（2）虽在 $x = x_0$ 有定义，但 $\lim\limits_{x \to x_0} f(x)$ 不存在；

（3）虽在 $x = x_0$ 有定义，且 $\lim\limits_{x \to x_0} f(x)$ 存在，但 $\lim\limits_{x \to x_0} f(x) \neq f(x_0)$，

那么称函数 $f(x)$ 在点 x_0 为不连续，而点 x_0 称为函数 $f(x)$ 的**不连续点或间断点**．

注意 函数在点 x_0 连续必需满足三个条件：

（1）在点 x_0 处有定义；

（2）在点 x_0 处的极限存在；

（3）在点 x_0 处的极限值等于这点的函数值．

而当上述三个条件有任意一条不满足时即为函数在这点间断．

例 1 求函数 $f(x) = \dfrac{x^2 - 1}{x - 1}$ 的间断点．

解 由于函数 $f(x)$ 在 $x = 1$ 处没有定义，故 $x = 1$ 是函数的一个间断点，如图 2-9 所示．

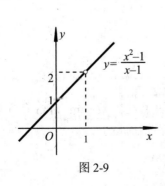

图 2-9

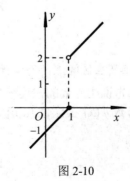

图 2-10

例 2 求函数 $f(x) = \begin{cases} x+1, & x > 1; \\ 0, & x = 1; \\ x-1, & x < 1 \end{cases}$ 的间断点.

解 分界点 $x = 1$ 虽在函数的定义域内，但

$$\lim_{x \to 1+0} f(x) = \lim_{x \to 1+0} (x+1) = 2,$$

$$\lim_{x \to 1-0} f(x) = \lim_{x \to 1-0} (x-1) = 0,$$

$$\lim_{x \to 1+0} f(x) \neq \lim_{x \to 1-0} f(x),$$

即极限 $\lim_{x \to 1} f(x)$ 不存在，故 $x = 1$ 是函数的一个间断点，如图 2-10 所示.

例 3 求函数

$$f(x) = \begin{cases} x+1, & x \neq 1; \\ 0, & x = 1 \end{cases}$$

的间断点.

解 函数 $f(x)$ 在点 $x = 1$ 处有定义，且

$$\lim_{x \to 1} f(x) = \lim_{x \to 1} (x+1) = 2,$$

但 $$f(1) = 0,$$

故 $\lim_{x \to 1} f(x) \neq f(1)$，所以 $x = 1$ 是函数 $f(x)$ 的一个间断点，如图 2-11 所示.

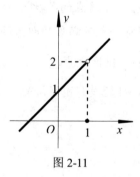

图 2-11

3. 函数在区间上的连续性

下面先说明函数的左连续与右连续的概念：

设函数 $f(x)$ 在区间 $(a,b]$ 内有定义，如果左极限 $\lim_{x \to b-0} f(x)$ 存在且等于 $f(b)$，即

$$\lim_{x \to b-0} f(x) = f(b),$$

那么称函数 $f(x)$ 在点 b 左连续.

设函数 $f(x)$ 在区间 $[a,b)$ 内有定义，如果右极限 $\lim\limits_{x\to a+0} f(x)$ 存在且等于 $f(a)$，即

$$\lim\limits_{x\to a+0} f(x) = f(a),$$

那么称函数 $f(x)$ 在点 a 右连续.

在区间 (a,b) 内每一点都连续的函数叫做该区间内的连续函数. 如果 $f(x)$ 在 $[a,b]$ 上有定义，在 (a,b) 内连续，且 $f(x)$ 在右端点 b 左连续，在左端点 a 右连续，即

$$\lim\limits_{x\to b-0} f(x) = f(b) , \quad \lim\limits_{x\to a+0} f(x) = f(a) ,$$

那么称函数 $f(x)$ 在 $[a,b]$ 上连续.

例 4　讨论函数

$$f(x) = \begin{cases} 1+x, & x\geq 1; \\ 2-x, & x<1 \end{cases}$$

在点 $x=1$ 的连续性.

解　函数 $f(x)$ 的定义域是 $(-\infty,+\infty)$，因为

$$\lim\limits_{x\to 1+0} f(x) = \lim\limits_{x\to 1+0}(1+x) = 2 ,$$

$$\lim\limits_{x\to 1-0} f(x) = \lim\limits_{x\to 1-0}(2-x) = 1 ,$$

左、右极限存在但不相等，所以 $\lim\limits_{x\to 1} f(x)$ 不存在，即函数 $f(x)$ 在点 $x=1$ 处不连续.

注意　求分段函数的极限时，函数的表达式必需与自变量所在的范围相对应.

三、初等函数的连续性

1. 连续函数的运算

定理 6　有限个连续函数的和仍是连续函数.

定理 7　有限个连续函数的乘积仍是连续函数.

定理 8　两个连续函数之商（假定除式不为零）仍是连续函数.

定理 9　函数 $x=\varphi(y)$ 与它的反函数 $y=f(x)$ 在对应区间内有相同的单调性.

例如，因为函数 $y=2^x$ 在区间 $(-\infty,+\infty)$ 内单值、单调增加且连续，所以其反函数 $y=\log_2 x$ 在区间 $(0,+\infty)$ 内单值、单调增加且连续.

定理 10　两个连续函数复合而成的复合函数仍是连续函数.

例如，因为 $u=2x$ 在 $x=\dfrac{\pi}{4}$ 处连续，$y=\sin u$ 在 $u=\dfrac{\pi}{2}$ 处连续，所以 $y=\sin 2x$ 在 $x=\dfrac{\pi}{4}$ 处连续.

定理 10 说明了复合函数的连续性，也提供了求初等函数极限的一种方法：

如果函数 $u=g(x)$ 在点 x_0 处有极限，且函数 $y=f(u)$ 在点 u_0 处连续，且 $u_0=g(x_0)$，那么

$$\lim_{x\to x_0}f(g(x))=f(g(x_0))=f(\lim_{x\to x_0}g(x)).$$

也就是说，极限号 $\lim\limits_{x\to x_0}$ 可以与函数符号 f 互换顺序.

2. 初等函数的连续性

不难证明，基本初等函数在各自定义域内连续，再由连续函数的运算，我们得到下面的定理：

定理 11　一切初等函数在其定义区间内都是连续的.

初等函数的连续区间就是它的定义区间，分段函数在每一个分段区间内都是连续的，分段点可能是连续点也可能是它的间断点，需用定义考查.

连续函数的图像是一条连续不间断的曲线.

上述初等函数连续性的结论提供了求初等函数极限的一个方法：

如果 $f(x)$ 是初等函数，且 x_0 是其定义区间内的点，则 $f(x)$ 在点 x_0 连续，因此有

$$\lim_{x\to x_0}f(x)=f(x_0).$$

例如，$x_0=\dfrac{\pi}{2}$ 是初等函数 $\ln\sin x$ 的一个定义区间 $(0,\pi)$ 内的点，所以

$$\lim_{x\to\frac{\pi}{2}}\ln\sin x=\ln\sin\frac{\pi}{2}=0.$$

四、闭区间上连续函数的性质

1. 最大值和最小值性质

定理 12（最大值和最小值定理）　在闭区间上连续的函数一定有最大值与最小值.

这就是说，如果函数 $f(x)$ 在闭区间 $[a,b]$ 上连续，如图 2-12 所示，那么在 $[a,b]$ 上至少有一点 $\xi_1(a\leqslant\xi_1\leqslant b)$，使得 $f(\xi_1)$ 为最大，即

$$f(\xi_1)\geqslant f(x)\quad(a\leqslant x\leqslant b);$$

又至少有一点 $\xi_2(a \leqslant \xi_2 \leqslant b)$，使得 $f(\xi_2)$ 为最小，即
$$f(\xi_2) \leqslant f(x) \quad (a \leqslant x \leqslant b).$$

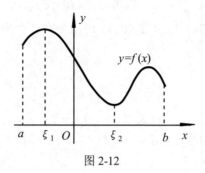

图 2-12

2. 介值性质

定理 13（介值定理）　如果函数 $f(x)$ 在闭区间 $[a,b]$ 上连续，且在该区间的端点取不同的函数值 $f(a) = A$ 与 $f(b) = B$，如图 2-13 所示，那么不论 C 是 A 与 B 之间的怎样一个数，在开区间 (a,b) 内至少有一点 ξ，使得

$$f(\xi) = C \qquad (a < \xi < b).$$

特别地，如果 $f(a)$ 与 $f(b)$ 异号，那么在 (a,b) 内至少有一点 ξ，使得

$$f(\xi) = 0 \qquad (a < \xi < b).$$

如图 2-14 所示.

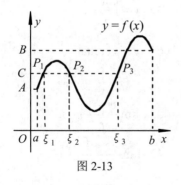

图 2-13

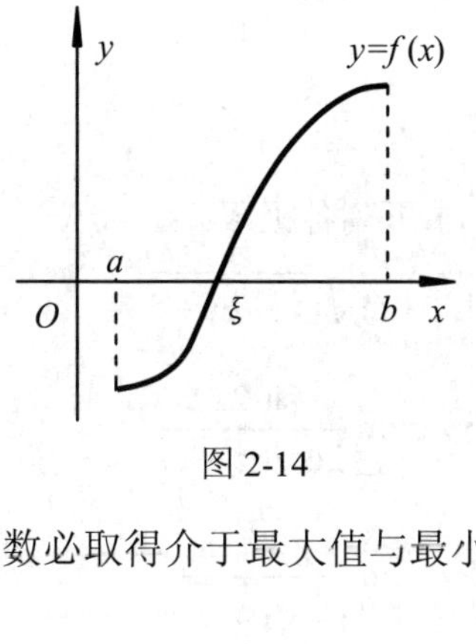

图 2-14

由这个定理可知，在闭区间上连续的函数必取得介于最大值与最小值之间的任何值.

例 5　证明方程 $x^5 + 3x - 1 = 0$ 在 $(0,1)$ 内至少有一个根.

证　设 $f(x) = x^5 + 3x - 1$，它在 $[0,1]$ 上是连续的，并且在区间端点的函数值为

$$f(0) = -1 < 0，\quad f(1) = 3 > 0，$$

根据介值定理，可知在 $(0,1)$ 内至少有一点 ξ，使得
$$f(\xi)=0,$$
即 $\qquad \xi^5+3\xi-1=0 \qquad (0<\xi<1),$

这说明方程 $x^5+3x-1=0$ 在 $(0,1)$ 内至少有一个根 ξ.

习题 2-6

扫码查答案

1. 讨论函数
$$f(x)=\begin{cases} x^2-1, & 0\leqslant x\leqslant 1; \\ x+3, & x>1, \end{cases}$$
在 $x=\dfrac{1}{2}$，$x=1$，$x=2$ 各点的连续性.

2. 求函数 $f(x)=\dfrac{x^3+2x^2-x-2}{x^2-x-2}$ 的连续区间，并求极限 $\lim\limits_{x\to-1}f(x)$，$\lim\limits_{x\to 1}f(x)$ 及 $\lim\limits_{x\to 2}f(x)$.

3. 求下列函数的间断点：

（1）$y=\dfrac{x}{x^3-1}$ ；

（2）$y=\dfrac{3x}{x^2+5x-6}$ ；

（3）$y=\dfrac{1}{(x+2)^2}$ ；

（4）$y=\dfrac{\cot x}{x}$ ；

（5）$y=\dfrac{\sin x}{x^2-1}$ ；

（6）$y=x\arctan\dfrac{1}{x-1}$.

4. 求下列各极限：

（1）$\lim\limits_{x\to 0}\sqrt{x^2-2x+5}$ ；

（2）$\lim\limits_{t\to-2}\dfrac{e^t-1}{t}$ ；

（3）$\lim\limits_{x\to\frac{\pi}{4}}\dfrac{\sin 2x}{2\cos(\pi-x)}$ ；

（4）$\lim\limits_{x\to 0}\dfrac{\sqrt{x+1}-1}{x}$ ；

（5）$\lim\limits_{x\to 0}\dfrac{x^2}{1-\sqrt{1+x^2}}$ ；

（6）$\lim\limits_{x\to 1}\dfrac{\sqrt{5x-4}-\sqrt{x}}{x-1}$ ；

（7）$\lim\limits_{x\to 0}\dfrac{x}{\sqrt{x+2}-\sqrt{2}}$ ；

（8）$\lim\limits_{x\to 1}\dfrac{x^2-1}{x^2+2x-3}$ ；

（9）$\lim\limits_{x\to 2}\arcsin(x-1)$ ；

（10）$\lim\limits_{x\to+\infty}\left(\dfrac{\pi}{2}-\arctan\sqrt{x+2}\right)$.

5. 指出函数 $y = \cos x$ 在 $\left[0, \dfrac{3\pi}{2}\right]$ 上的最大值与最小值.

6. 指出函数 $y = e^x$ 在 $[2, 4]$ 上的最大值与最小值.

7. 证明方程 $x^5 - 3x - 1 = 0$ 在区间 $(1, 2)$ 内至少有一个根.

8. 证明三次方程 $2x^3 - 3x^2 - 3x + 2 = 0$ 在区间 $(-2, 0)$, $(0, 1)$, $(1, 3)$ 内各有一个实根.

9. 设 $f(x)$、$g(x)$ 在 $[a, b]$ 上连续，且 $f(a) > g(a)$，$f(b) < g(b)$，证明方程 $f(x) = g(x)$ 在 (a, b) 内必有根.

本章小结

一、初等函数

1. 基本初等函数：幂函数、指数函数、对数函数、三角函数、反三角函数.

2. 函数的几种特性：函数的单调性、函数的奇偶性、函数的周期性、函数的有界性.

3. 复合函数.

二、函数的极限

函数极限的概念：

（1）当 $x \to \infty$ 时，函数 $f(x)$ 的极限

当 x 的绝对值无限增大时，函数 $f(x)$ 无限趋于一个确定的常数 A，则称 A 为函数 $f(x)$ 在 $x \to \infty$ 的极限. 记作 $\lim\limits_{x \to \infty} f(x) = A$.

$\lim\limits_{x \to \infty} f(x) = A$ 的充要条件是 $\lim\limits_{x \to -\infty} f(x) = \lim\limits_{x \to +\infty} f(x) = A$.

（2）当 $x \to x_0$ 时，函数 $f(x)$ 的极限

当 x 无限趋于 x_0 时，函数 $f(x)$ 无限趋于一个确定的常数 A，则称常数 A 为函数 $f(x)$ 在 $x \to x_0$ 的极限. 记作 $\lim\limits_{x \to x_0} f(x) = A$.

$\lim\limits_{x \to x_0} f(x) = A$ 的充要条件是 $\lim\limits_{x \to x_0 - 0} f(x) = \lim\limits_{x \to x_0 + 0} f(x) = A$.

三、无穷小与无穷大

1. 无穷小的概念

极限为零的变量，称为无穷小量，简称无穷小.

2. 无穷小的性质

（1）有限个无穷小的代数和是无穷小；（2）有限个无穷小的乘积是无穷小；（3）有界函数与无穷小的积是无穷小.

3. 无穷大的概念

当 $x \to x_0$（或 $x \to \infty$）时，函数 $f(x)$ 的绝对值无限增大，则称函数 $f(x)$ 为当 $x \to x_0$（或 $x \to \infty$）时的无穷大量，简称无穷大.

4. 无穷小与无穷大的关系

在自变量的同一变化过程中，若 $\lim f(x) = 0$，则 $\lim \dfrac{1}{f(x)} = \infty$.

5. 无穷小的比较

设 α 和 β 都是在自变量的同一变化过程中的无穷小，且 $\lim \dfrac{\alpha}{\beta}$ 是在这一变化过程中的极限，则

（1）如果 $\lim \dfrac{\alpha}{\beta} = 0$，则称 α 是比 β 的高阶无穷小；

（2）如果 $\lim \dfrac{\alpha}{\beta} = \infty$，则称 α 是比 β 的低阶无穷小；

（3）如果 $\lim \dfrac{\alpha}{\beta} = C$，则称 α 和 β 是同阶无穷小（其中 $C \neq 0$ 为常数）；

（4）如果 $\lim \dfrac{\alpha}{\beta} = 1$，则称 α 和 β 是等价无穷小，记作 $\alpha \sim \beta$.

四、函数极限的四则运算

设 $\lim f(x) = A, \lim g(x) = B$（自变量的变化趋势为 x_0 或 ∞），则

$\lim[f(x) \pm g(x)] = \lim f(x) \pm \lim g(x) = A \pm B$；

$\lim[f(x) \cdot g(x)] = \lim f(x) \cdot \lim g(x) = A \cdot B$；

$\lim \dfrac{f(x)}{g(x)} = \dfrac{\lim f(x)}{\lim g(x)} = \dfrac{A}{B} \quad (B \neq 0)$.

五、两个重要极限

（1）极限 $\lim\limits_{x \to 0} \dfrac{\sin x}{x} = 1$；

（2）极限 $\lim\limits_{x \to \infty} \left(1 + \dfrac{1}{x}\right)^x = \mathrm{e}$.

六、函数的连续性

1. 设函数 $y = f(x)$ 在点 x_0 及其附近有定义，如果当自变量的增量趋于零时，函数的相应增量也趋于零，即

$$\lim_{\Delta x \to 0} \Delta y = \lim_{\Delta x \to 0} \left[f(x + \Delta x) - f(x) \right] = 0 \, .$$

则称函数 $y = f(x)$ 在点 x_0 处连续；否则称函数 $y = f(x)$ 在点 x_0 处间断.

2. 如果函数 $y = f(x)$ 在点 x_0 处满足：

（1） $y = f(x)$ 在点 x_0 处有定义；

（2） $\lim_{x \to x_0} f(x)$ 存在；

（3） $\lim_{x \to x_0} f(x) = f(x_0)$.

则称函数 $y = f(x)$ 在点 x_0 处连续. 若三个条件中任一条不满足，则称函数 $y = f(x)$ 在点 x_0 处间断.

测 试 题 二

一、判断题

1. 若 $\lim_{x \to 0} f(x) = 2$, 则 $f(0) = 2$.　　　　　　　　　　（　　）

2. 如果 $f(x)$ 在点 x_1 处无定义，则 $\lim_{x \to x_1} f(x)$ 必不存在.　（　　）

3. $\lim_{x \to 1} \dfrac{\sin x}{x} = 1$.　　　　　　　　　　　　　　　（　　）

4. $\lim_{x \to 0} (1 + x)^{\frac{1}{x}} = \infty$.　　　　　　　　　　　　　（　　）

5. 函数 $f(x) = \ln(x + 1)$ 的定义域是 $x > 0$.　　　　　　（　　）

二、填空题

1. 函数 $f(x) = e^{\cos(2x+1)}$ 的复合过程是 _____ .

2. $\lim_{\Delta x \to 0} \dfrac{\sqrt{x + \Delta x} - \sqrt{x}}{\Delta x} = $ _____ .

3. $\lim_{n \to \infty} \left(1 - \dfrac{1}{n}\right)^n = $ _____ .

4. $\lim\limits_{x\to\infty}\dfrac{(x+1)(x+2)(x+3)}{3x^3}=$ _____.

5. 如果函数 $y=f(x)$ 在点 x_0 处连续，那么 $\lim\limits_{x\to x_0}[f(x)-f(x_0)]=$ _____.

三、选择题

1. 函数 $y=\ln(\sqrt{x^2+1}+x)$ 是（　　）.

    A．奇函数   B．偶函数

    C．非奇非偶函数   D．不确定

2. 如果函数 $y=f(x)$ 在点 x 处间断，那么（　　）.

    A．$\lim\limits_{x\to x_0}f(x)$ 不存在   B．$f(x_0)$ 不存在

    C．$\lim\limits_{x\to x_0}f(x)\ne f(x_0)$ D．以上三种情况至少有一种发生

3. 当 $x\to0$ 时，下列变量是无穷小的是（　　）.

    A．$\sin x$ B．$\ln(x+3)$

    C．e^x D．x^3-1

4. $\lim\limits_{x\to0}\left(1+\dfrac{x}{2}\right)^{\frac{x-1}{x}}$ 的值是（　　）.

    A．e^2 B．$e^{\frac{1}{2}}$

    C．$e^{-\frac{1}{2}}$ D．e^{-2}

5. 下列极限存在的是（　　）.

    A．$\lim\limits_{x\to\infty}\dfrac{x^2}{x^2-1}$ B．$\lim\limits_{x\to0}\dfrac{1}{2^x-1}$

    C．$\lim\limits_{x\to\infty}\sin x$ D．$\lim\limits_{x\to\infty}\operatorname{arccot} x$

四、解答题

1. 指出下列函数的复合过程：

（1）$y=\sqrt{\arctan(x+1)}$;   （2）$y=\tan^2\dfrac{x}{2}$.

2. 求下列函数的极限：

（1）$\lim\limits_{x\to1}\dfrac{x^4-1}{x^3-1}$;   （2）$\lim\limits_{x\to+\infty}x(\sqrt{x^2+1}-x)$;

（3）$\lim\limits_{x\to\infty}\left(1-\dfrac{1}{2x}\right)^{x}$ ；

（4）$\lim\limits_{x\to1}\dfrac{x^{2}-3x+2}{x^{2}-1}$ ；

（5）$\lim\limits_{x\to\infty}\dfrac{x\arctan x}{x^{2}+1}$ ；

（6）$\lim\limits_{x\to0}\dfrac{\sin x}{x^{2}+2x}$.

3. 讨论函数 $f(x)=\begin{cases} x, & x\leqslant 0; \\ x\sin\dfrac{1}{x}, & x>0 \end{cases}$ 在点 $x=0$ 处的连续性.

4. 证明方程 $\sin x+x+1=0$ 在区间 $\left(-\dfrac{\pi}{2},\dfrac{\pi}{2}\right)$ 内至少有一个根.

5. 某工厂生产计算机的日生产能力为 0 到 100 台,工厂维持生产的日固定费用为 4 万元,生产一台计算机的直接费用（含材料费和劳务费）是 4250元. 求该厂日生产 x 台计算机的总成本,并指出其定义域.

6. 某工厂生产某产品的总成本函数为 $C(p)=p^{3}-9p^{2}+33p+10$,该产品的需求函数为 $Q=75-p$（ p 为价格）,求:（1）产量为 10 时的平均成本;（2）产量为 10 时的利润.

扫码查答案

第三章 导数与微分

导数与微分是微分学的两个基本概念. 导数的概念最初是从寻找平面曲线的切线以及确定变速运动的瞬时速度而产生的. 其中导数反映函数相对于自变量的变化快慢程度, 即函数对自变量的变化率; 而微分则反映当自变量有微小改变时, 函数就有微小的改变量.

本章主要介绍导数与微分的概念以及它们的计算方法, 从而系统地解决了初等函数的求导问题.

§3-1 导数的概念

一、引例

1. 变速直线运动的瞬时速度

设一物体作变速直线运动, 其运动方程为 $s = s(t)$, 求物体在 t_0 时刻的瞬时速度 $v(t_0)$.

分析 当物体作直线运动时, 它在任意时刻的速度 v 都等于物体经过的路程 s 与时间 t 的比值, 即 $v = \dfrac{s}{t}$; 而物体作变速直线运动时, 它在不同时刻的速度是不同的, 物理学中把物体在某一时刻的速度称为瞬时速度, 而上式中的速度只能反映物体在某时段内的平均速度.

我们假定这个物体沿数轴的正方向前进 (如图 3-1).

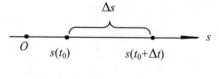

图 3-1

设当 $t = t_0$ 时, 物体的位置为 $s(t_0)$, 当 $t = t_0 + \Delta t$ 时, 物体的位置为 $s(t_0 + \Delta t)$, 物体在 Δt 的时间间隔内, 所经过的路程是

$$\Delta s = s(t_0 + \Delta t) - s(t_0).$$

在这段时间内物体运动的平均速度为

$$\bar{v} = \frac{\Delta s}{\Delta t} = \frac{s(t_0 + \Delta t) - s(t_0)}{\Delta t}.$$

显然，当 Δt 越小，$\bar{v}$ 就越接近 t_0 的瞬时速度 $v(t_0)$，即 Δt 无限趋于 0 时，$\bar{v}$ 无限趋近于 $v(t_0)$，所以，若 $\lim\limits_{\Delta t \to 0} \dfrac{s(t_0 + \Delta t) - s(t_0)}{\Delta t}$ 存在，则此极限值即为物体在 t_0 时刻的瞬时速度 $v(t_0)$，即

$$v(t_0) = \lim_{\Delta t \to 0} \bar{v} = \lim_{\Delta t \to 0} \frac{\Delta s}{\Delta t} = \lim_{\Delta t \to 0} \frac{s(t_0 + \Delta t) - s(t_0)}{\Delta t}.$$

就是说，物体运动的瞬时速度是路程函数的增量与时间的增量之比，当时间的增量趋于零时的极限.

2. 平面曲线的切线斜率

设曲线 C 所对应的函数为 $y = f(x)$，求曲线 C 在 $M(x_0, f(x_0))$ 处的切线的斜率.

圆的切线可定义为"与曲线只有一个交点的直线". 但是对于其他曲线，用"与曲线只有一个交点的直线"作为切线的定义就不一定合适. 实际上，包括圆在内的各种平面曲线的切线的严格定义如下：

定义 1 设 M、N 是曲线 C 上的两点，过这两点作割线 MN，当点 N 沿曲线 C 无限接近于点 M 时，如果割线 MN 绕点 M 旋转而趋于极限位置 MT 时，则称直线 MT 为曲线 C 在点 M 处的切线（见图 3-2）.

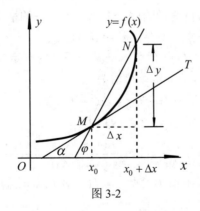

图 3-2

根据图 3-2 可知，曲线 C 的割线 MN 的斜率为

$$\tan \varphi = \frac{\Delta y}{\Delta x} = \frac{f(x_0 + \Delta x) - f(x_0)}{\Delta x}.$$

其中 φ 为割线 MN 的倾斜角.

显然，当点 N 沿曲线 C 趋近于点 M 时，$\Delta x \to 0$.

此时 $\varphi \to \alpha$，$\tan\varphi \to \tan\alpha$.

如果当 $\Delta x \to 0$ 时，割线的斜率 $\tan\varphi$ 的极限存在，则曲线 C 在点 $M(x_0, y_0)$ 处的切线斜率为

$$\tan\alpha = \lim_{\varphi \to \alpha}\tan\varphi = \lim_{\Delta x \to 0}\frac{\Delta y}{\Delta x} = \lim_{\Delta x \to 0}\frac{f(x_0 + \Delta x) - f(x_0)}{\Delta x}.$$

3. 产品总成本的变化率

设某产品的总成本 C 是产量 Q 的函数，即 $C = C(Q)$，当产量由 Q_0 变到 $Q_0 + \Delta Q$ 时，总成本相应的改变量为 $\Delta C = C(Q_0 + \Delta Q) - C(Q_0)$.

则产量由 Q_0 变到 $Q_0 + \Delta Q$ 时，总成本的平均变化率为

$$\frac{\Delta C}{\Delta Q} = \frac{C(Q_0 + \Delta Q) - C(Q_0)}{\Delta Q}.$$

当 ΔQ 趋向于零时，如果极限

$$\lim_{\Delta Q \to 0}\frac{\Delta C}{\Delta Q} = \lim_{\Delta Q \to 0}\frac{C(Q_0 + \Delta Q) - C(Q_0)}{\Delta Q}$$

存在，则称此极限是产量为 Q_0 时总成本对产量的变化率，又称为产量为 Q_0 时的边际成本. 它表示产量为 Q_0 时，再多生产一件产品时，成本要增加多少.

二、导数的概念

上面所讨论的三个问题，虽然实际意义不同，但具有相同的数学表达形式：归结为求函数的增量与自变量的增量之比当自变量的增量趋于零时的极限. 把这种形式的极限抽象出来，就是函数的导数概念.

定义 2 设函数 $y = f(x)$ 在点 x_0 的某一邻域内有定义，当自变量 x 在 x_0 处有增量 Δx 时，相应地函数 y 也取得增量

$$\Delta y = f(x_0 + \Delta x) - f(x_0),$$

如果 Δy 与 Δx 之比当 $\Delta x \to 0$ 时的极限

$$\lim_{\Delta x \to 0}\frac{\Delta y}{\Delta x} = \lim_{\Delta x \to 0}\frac{f(x_0 + \Delta x) - f(x_0)}{\Delta x}$$

存在，那么称此极限值为函数 $y = f(x)$ 在点 x_0 处的导数，并且说，函数 $y = f(x)$ 在点 x_0 处可导，记为 $y'\big|_{x=x_0}$、$f'(x_0)$、$\dfrac{\mathrm{d}y}{\mathrm{d}x}\bigg|_{x=x_0}$ 或 $\dfrac{\mathrm{d}f(x)}{\mathrm{d}x}\bigg|_{x=x_0}$，即

$$y'\big|_{x=x_0} = \lim_{\Delta x \to 0}\frac{\Delta y}{\Delta x} = \lim_{\Delta x \to 0}\frac{f(x_0 + \Delta x) - f(x_0)}{\Delta x}.$$

函数 $f(x)$ 在点 x_0 处可导有时也说成 $f(x)$ 在点 x_0 处具有导数或导数存在.

说明

在导数定义中比值 $\dfrac{\Delta y}{\Delta x}$ 是函数 $y = f(x)$ 在区间 $[x_0, x_0 + \Delta x]$ 的平均变化率.

导数 $f'(x_0) = \lim\limits_{\Delta x \to 0} \dfrac{\Delta y}{\Delta x}$ 则是函数 $y = f(x)$ 在点 x_0 处的变化率,它反映了函数随自变量的变化而变化的快慢程度.

若 $f'(x_0) = \lim\limits_{\Delta x \to 0} \dfrac{\Delta y}{\Delta x}$ 存在,则称函数 $y = f(x)$ 在点 x_0 处可导. 若极限不存在,则称函数 $y = f(x)$ 在点 x_0 处不可导.

有了导数的概念,前面讨论的三个实例可以叙述为:

（1）变速直线运动的速度 $v(t_0)$ 是路程 $s = s(t)$ 在点 t_0 时刻的导数,即

$$v(t_0) = s'(t_0);$$

（2）曲线 C 在 $M(x_0, f(x_0))$ 处的切线的斜率等于函数 $f(x)$ 在点 x_0 处的导数,即

$$k_{切} = \tan\alpha = f'(x_0);$$

（3）产品总成本的变化率等于总成本 $C(Q)$ 在点 Q_0 处的导数,即边际成本 $C'(Q_0)$.

定义 3 如果函数 $f(x)$ 在区间 (a, b) 内的每一点都可导,就称函数 $f(x)$ 在区间 (a, b) 内可导. 这时,函数 $f(x)$ 对于 (a, b) 内的每一个确定的 x 的值,都对应着一个确定的导数,这就构成了一个新的函数,这个函数叫做 $f(x)$ 的导函数,记作 y'、$f'(x)$、$\dfrac{dy}{dx}$ 或 $\dfrac{df(x)}{dx}$. 即

$$y' = \lim_{\Delta x \to 0} \frac{\Delta y}{\Delta x} = \lim_{\Delta x \to 0} \frac{f(x + \Delta x) - f(x)}{\Delta x}.$$

显然, $f'(x_0)$ 是导函数 $f'(x)$ 在点 x_0 处的函数值.

在不致发生混淆的情况下,导函数也简称为导数.

例 1 已知函数 $f(x) = x^2$,求其在点 x_0 处的导数 $f'(x_0)$.

解 因为在 x_0 处,函数值的改变量

$$\Delta y = f(x_0 + \Delta x) - f(x_0) = (x_0 + \Delta x)^2 - x_0^2 = 2x_0\Delta x + (\Delta x)^2,$$

于是 $\dfrac{\Delta y}{\Delta x} = \dfrac{2x_0\Delta x + (\Delta x)^2}{\Delta x} = 2x_0 + \Delta x$,

所以 $f'(x_0) = \lim\limits_{\Delta x \to 0} \dfrac{\Delta y}{\Delta x} = \lim\limits_{\Delta x \to 0} (2x_0 + \Delta x) = 2x_0$.

三、导数的几何意义

由引例 2 及导数的定义可知：函数 $y = f(x)$ 在点 x_0 处的导数 $f'(x_0)$ 在几何上表示曲线 $y = f(x)$ 在点 $M(x_0, y_0)$ 处的切线的斜率，即

$$f'(x_0) = \tan\alpha ,$$

其中 α 是切线的倾斜角.

根据导数的几何意义并应用直线的点斜式方程，可知曲线 $f(x)$ 在点 $M(x_0, y_0)$ 处的切线方程为

$$y - y_0 = f'(x_0)(x - x_0) .$$

过切点 $M(x_0, y_0)$ 与切线垂直的直线叫做曲线 $f(x)$ 在点 $M(x_0, y_0)$ 处的法线.

若 $f'(x_0) \neq 0$，则法线方程为

$$y - y_0 = -\frac{1}{f'(x_0)}(x - x_0) .$$

例 2　求曲线 $f(x) = x^2$ 在点 $(2,4)$ 处的切线方程和法线方程.

解　由导数的几何意义可知，所求切线的斜率为

$$k_1 = y'\big|_{x=2} = 2x\big|_{x=2} = 4 ,$$

故所求切线方程为

$$y - 4 = 4(x - 2) ,$$

即

$$4x - y - 4 = 0 .$$

所求法线的斜率为

$$k_2 = -\frac{1}{k_1} = -\frac{1}{4} ,$$

法线方程为

$$y - 4 = -\frac{1}{4}(x - 2) ,$$

即

$$x + 4y - 18 = 0 .$$

四、可导与连续的关系

可导性与连续性是函数的两个重要概念，它们之间有什么内在的联系呢？

定理 1　如果函数 $y = f(x)$ 在点 x_0 处可导，则函数 $y = f(x)$ 在点 x_0 处必连续.

证　因为函数 $y = f(x)$ 在点 x_0 可导，即极限 $\lim\limits_{\Delta x \to 0} \dfrac{\Delta y}{\Delta x} = f'(x_0)$ 存在，

于是 $\lim\limits_{\Delta x \to 0} \Delta y = \lim\limits_{\Delta x \to 0} \dfrac{\Delta y}{\Delta x} \Delta x = \lim\limits_{\Delta x \to 0} \dfrac{\Delta y}{\Delta x} \cdot \lim\limits_{\Delta x \to 0} \Delta x = f'(x_0) \cdot 0 = 0$.

即函数 $y = f(x)$ 在点 x_0 处必连续.

注意　上述定理的逆定理是不成立的，即如果函数 $y = f(x)$ 在点 x_0 处连续，则在该点不一定可导.

例 3　讨论函数 $y = \sqrt[3]{x}$ 在 $x = 0$ 处的可导性.

解　函数 $y = \sqrt[3]{x}$ 在区间 $(-\infty, +\infty)$ 内连续，但在 $x = 0$ 处不可导. 这是因为在 $x = 0$ 处，有

$$\lim_{\Delta x \to 0} \frac{\Delta y}{\Delta x} = \lim_{\Delta x \to 0} \frac{\sqrt[3]{0 + \Delta x} - \sqrt[3]{0}}{\Delta x}$$
$$= \lim_{\Delta x \to 0} (\Delta x)^{-\frac{2}{3}} = \infty.$$

函数 $y = \sqrt[3]{x}$ 在 $x = 0$ 处的导数为无穷大，即极限不存在. 曲线 $y = \sqrt[3]{x}$ 在 $x = 0$ 处具有垂直于 x 轴的切线（见图 3-3）.

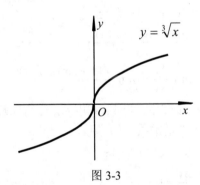

图 3-3

例 4　讨论函数 $y = |x|$ 在点 $x = 0$ 处是否连续？是否可导？

解　（1）连续性

因为 $\Delta y = |0 + \Delta x| - |0| = |\Delta x|$，

于是 $\lim\limits_{\Delta x \to 0} \Delta y = \lim\limits_{\Delta x \to 0} |\Delta x| = 0$.

所以 $y = |x|$ 在点 $x = 0$ 处连续.

（2）可导性

由于 $\lim\limits_{\Delta x \to 0} \dfrac{\Delta y}{\Delta x} = \lim\limits_{\Delta x \to 0} \dfrac{|\Delta x|}{\Delta x}$，所以

$$\lim_{\Delta x \to 0^+} \frac{\Delta y}{\Delta x} = \lim_{\Delta x \to 0^+} \frac{|\Delta x|}{\Delta x} = \lim_{\Delta x \to 0^+} \frac{\Delta x}{\Delta x} = 1,$$

$$\lim_{\Delta x \to 0^-} \frac{\Delta y}{\Delta x} = \lim_{\Delta x \to 0^-} \frac{|\Delta x|}{\Delta x} = \lim_{\Delta x \to 0^-} \frac{-\Delta x}{\Delta x} = -1,$$

故极限 $\lim_{\Delta x \to 0} \frac{\Delta y}{\Delta x}$ 不存在，所以函数 $y = |x|$ 在点 $x = 0$ 处不可导（见图 3-4）.

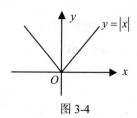

图 3-4

由上述两例说明函数连续是可导的必要条件，而非充分条件.

五、求导数举例

用定义来求导数时，可分为三个步骤：

（1）求增量：$\Delta y = f(x + \Delta x) - f(x)$；

（2）算比值：$\dfrac{\Delta y}{\Delta x} = \dfrac{f(x + \Delta x) - f(x)}{\Delta x}$；

（3）取极限：$y' = \lim\limits_{\Delta x \to 0} \dfrac{\Delta y}{\Delta x} = \lim\limits_{\Delta x \to 0} \dfrac{f(x + \Delta x) - f(x)}{\Delta x}$.

下面，利用以上三个步骤求一些基本初等函数的导数.

例 5 求 $f(x) = C$（C 是常数）的导数.

解 （1）求增量：$\Delta y = C - C = 0$；

（2）算比值：$\dfrac{\Delta y}{\Delta x} = 0$；

（3）取极限：$f'(x) = \lim\limits_{\Delta x \to 0} \dfrac{\Delta y}{\Delta x} = \lim\limits_{\Delta x \to 0} 0 = 0$.

例 6 求 $f(x) = x^3$ 的导数.

解 （1）求增量：$\Delta y = f(x + \Delta x) - f(x) = (x + \Delta x)^3 - x^3$
$$= 3x^2 \Delta x + 3x(\Delta x)^2 + (\Delta x)^3;$$

（2）算比值：
$$\frac{\Delta y}{\Delta x} = \frac{3x^2 \Delta x + 3x(\Delta x)^2 + (\Delta x)^3}{\Delta x} = 3x^2 + 3x(\Delta x) + (\Delta x)^2;$$

（3）取极限：

$$f'(x) = \lim_{\Delta x \to 0} \frac{\Delta y}{\Delta x} = \lim_{\Delta x \to 0} [3x^2 + 3x(\Delta x) + (\Delta x)^2] = 3x^2,$$

即
$$(x^3)' = 3x^2.$$

由例 1 和例 6 的结果，可推广到任意正整数幂的情况，即
$$(x^n)' = nx^{n-1}.$$

更一般地，对任意幂函数 $y = x^\alpha$（α 是任意常数）都有
$$(x^\alpha)' = \alpha x^{\alpha-1}.$$

例 7 求 $f(x) = \sin x$ 的导数.

解
$$f'(x) = \lim_{\Delta x \to 0} \frac{\sin(x + \Delta x) - \sin x}{\Delta x}$$

$$= \lim_{\Delta x \to 0} \frac{2\cos(x + \frac{\Delta x}{2})\sin(\frac{\Delta x}{2})}{\Delta x}$$

$$= \lim_{\Delta x \to 0} \frac{\sin(\frac{\Delta x}{2})}{\frac{\Delta x}{2}} \cdot \cos(x + \frac{\Delta x}{2}) = \cos x,$$

即
$$(\sin x)' = \cos x.$$

类似地可以求得
$$(\cos x)' = -\sin x.$$

例 8 求 $f(x) = \log_a x$ $(a > 0, a \neq 1, x > 0)$ 的导数.

解
$$f'(x) = \lim_{\Delta x \to 0} \frac{\log_a(x + \Delta x) - \log_a x}{\Delta x}$$

$$= \lim_{\Delta x \to 0} \frac{\log_a(1 + \frac{\Delta x}{x})}{\Delta x} = \lim_{\Delta x \to 0} \log_a(1 + \frac{\Delta x}{x})^{\frac{1}{\Delta x}}$$

$$= \lim_{\Delta x \to 0} \frac{1}{x} \log_a(1 + \frac{\Delta x}{x})^{\frac{x}{\Delta x}} = \log_a \lim_{\Delta x \to 0} [(1 + \frac{\Delta x}{x})^{\frac{x}{\Delta x}}]^{\frac{1}{x}}$$

$$= \frac{1}{x} \log_a e = \frac{1}{x \ln a},$$

即
$$(\log_a x)' = \frac{1}{x \ln a}.$$

特别地，当 $a = e$ 时，可得
$$(\ln x)' = \frac{1}{x}.$$

习题 3-1

扫码查答案

1．根据导数的定义求下列函数在指定点的导数：

（1）$y = x^2 - 3$，$x = 3$；　　　　（2）$y = \dfrac{2}{x}$，$x = 1$．

2．一物体作变速直线运动，它所经过的路程和时间的关系是 $s = 6t^2 + 3$，求 $t = 3$ 时的瞬时速度．

3．求正弦曲线 $y = \sin x$ 在点 $\left(\dfrac{\pi}{3}, \dfrac{\sqrt{3}}{2}\right)$ 处的切线方程和法线方程．

4．曲线 $y = \ln x$ 上哪一点的切线平行于直线 $x - 2y - 2 = 0$．

5．某厂生产某种产品，总成本 C 是产量 Q 的函数，$C(Q) = 200 + 4Q + 0.05Q^2$（单位：元），求边际成本函数及产量 $Q = 200$ 时的边际成本．

6．讨论下列函数在点 $x = 0$ 处的连续性与可导性：

（1）$f(x) = |\sin x|$；　　　　（2）$f(x) = \begin{cases} \sin x, & x < 0; \\ x, & x \geqslant 0. \end{cases}$

7．设 $f(x) = \begin{cases} x^2, & x \leqslant 1 \\ ax + b, & x > 1 \end{cases}$，当 a，b 为何值时，使 $f(x)$ 在 $x = 1$ 处可导．

§3-2　求 导 法 则

前面根据导数的定义，求出了一些简单函数的导数，但是对于比较复杂的函数直接根据定义来求其导数往往很困难．在本节里，我们将介绍一些求导数的基本法则和基本初等函数的求导公式，利用这些法则和公式，就能比较方便地求出常见初等函数的导数．

一、导数的四则运算法则

定理 2　设函数 $u = u(x)$ 和 $v = v(x)$ 在点 x 处都可导，则它们的和、差、积、商（分母不为零）构成的函数在点 x 处也都可导，且有以下法则：

（1）$[u(x) \pm v(x)]' = u'(x) \pm v'(x)$；

（2）$[u(x) \cdot v(x)]' = u'(x)v(x) + u(x)v'(x)$；

特别地，$(Cu)' = Cu'$（C 是常数）；

（3）$\left[\dfrac{u(x)}{v(x)}\right]' = \dfrac{u'(x)v(x) - u(x)v'(x)}{v^2(x)}$　　（$v(x) \neq 0$）；

特别地，$\left[\dfrac{C}{v(x)}\right]' = \dfrac{-Cv'(x)}{v^2(x)}$　　（$v(x) \neq 0$）.

注意　定理 2 中的（1）、（2）均可推广到有限多个函数运算的情形. 例如，设 $u = u(x)$、$v = v(x)$、$w = w(x)$ 均可导，则有

$$(u - v + w)' = u' - v' + w' ；$$

$$(uvw)' = u'vw + uv'w + uvw' .$$

定理 2 可利用导数的定义进行证明，这里仅给出（2）的证明.

证　设 $y = u(x) \cdot v(x)$，则

$\Delta y = u(x + \Delta x)v(x + \Delta x) - u(x)v(x)$

$\quad = u(x + \Delta x)v(x + \Delta x) - u(x)v(x + \Delta x) + u(x)v(x + \Delta x) - u(x)v(x)$

$\quad = v(x + \Delta x)[u(x + \Delta x) - u(x)] + u(x)[v(x + \Delta x) - v(x)]$，

$\quad = v(x + \Delta x)\Delta u(x) + u(x)\Delta v(x)$，

由于 $u = u(x)$ 和 $v = v(x)$ 在点 x 处都可导，而可导必连续，于是

$$y' = \lim_{\Delta x \to 0} \frac{\Delta y}{\Delta x} = \lim_{\Delta x \to 0} \frac{v(x + \Delta x)\Delta u(x) + u(x)\Delta v(x)}{\Delta x}$$

$$= \lim_{\Delta x \to 0} v(x + \Delta x) \lim_{\Delta x \to 0} \frac{\Delta u(x)}{\Delta x} + u(x) \lim_{\Delta x \to 0} \frac{\Delta v(x)}{\Delta x}$$

$$= u'(x)v(x) + u(x)v'(x) ，$$

即

$$(uv)' = u'v + uv' .$$

例1　已知 $f(x) = x^3 - \dfrac{3}{x^2} + 2x - \ln x$，求 $f'(x)$.

解　$f'(x) = (x^3 - \dfrac{3}{x^2} + 2x - \ln x)'$

$\qquad = (x^3)' - (\dfrac{3}{x^2})' + (2x)' - (\ln x)'$

$\qquad = 3x^2 + \dfrac{6}{x^3} - \dfrac{1}{x} + 2 .$

例2　已知 $f(x) = x^5 \sin x$，求 $f'(x)$.

解　$f'(x) = (x^5)' \sin x + x^5 (\sin x)'$

$\qquad = 5x^4 \sin x + x^5 \cos x .$

例3　求 $y = x^3 \ln x + 2\cos x$ 的导数.

解 $y' = (x^3 \ln x + 2\cos x)' = (x^3)' \ln x + x^3 (\ln x)' + 2(\cos x)'$

$$= 3x^2 \ln x + x^3 \cdot \frac{1}{x} + 2(-\sin x) = 3x^2 \ln x + x^2 - 2\sin x.$$

例4 已知 $f(x) = \tan x$，求 $f'(x)$.

解 $f'(x) = (\tan x)' = \left(\dfrac{\sin x}{\cos x} \right)' = \dfrac{(\sin x)' \cos x - \sin x (\cos x)'}{\cos^2 x}$

$$= \frac{\cos x \cdot \cos x - \sin x(-\sin x)}{\cos^2 x} = \frac{1}{\cos^2 x} = \sec^2 x.$$

即 $(\tan x)' = \sec^2 x.$

类似地可得：

$$(\cot x)' = -\csc^2 x,$$
$$(\sec x)' = \sec x \tan x,$$
$$(\csc x)' = -\csc x \cot x.$$

二、反函数的求导法则

定理3 如果函数 $x = \varphi(y)$ 在某一区间内单调、可导，且 $\varphi'(y) \neq 0$，则它的反函数 $y = f(x)$ 在对应区间内单调、可导，且有

$$f'(x) = \frac{1}{\varphi'(y)}.$$

也就是说，反函数的导数等于直接函数导数的倒数.

例5 求函数 $y = a^x$ $(a > 0$ 且 $a \neq 1)$ 的导数.

解 对数函数 $x = \log_a y$ 在区间 $(0, +\infty)$ 内单调、可导，且

$$(\log_a y)' = \frac{1}{y \ln a} \neq 0,$$

由定理3知：它的反函数 $y = a^x$ 在对应区间 $(-\infty, +\infty)$ 内单调、可导，且

$$(a^x)' = \frac{1}{(\log_a y)'} = \frac{1}{\dfrac{1}{y \ln a}} = y \ln a = a^x \ln a,$$

即 $(a^x)' = a^x \ln a.$

特殊地，当 $a = \mathrm{e}$ 时，有 $(\mathrm{e}^x)' = \mathrm{e}^x.$

例6 求函数 $y = \arcsin x$ 的导数.

解 函数 $x = \sin y$ 在区间 $(-\dfrac{\pi}{2}, \dfrac{\pi}{2})$ 内单调、可导，且

$$(\sin y)' = \cos y > 0,$$

由定理 3 知：它的反函数 $y = \arcsin x$ 在对应区间 $(-1,1)$ 内单调、可导，且

$$(\arcsin x)' = \frac{1}{(\sin y)'} = \frac{1}{\cos y} \cdot$$

而当 $y \in (-\frac{\pi}{2}, \frac{\pi}{2})$ 时，$\cos y = \sqrt{1 - \sin^2 y} = \sqrt{1 - x^2}$，因此

$$(\arcsin x)' = \frac{1}{\sqrt{1 - x^2}} \cdot$$

类似地，可得

$$(\arccos x)' = -\frac{1}{\sqrt{1 - x^2}} \cdot$$

例 7 求函数 $y = \arctan x$ 的导数.

解 函数 $x = \tan y$ 在区间 $\left(-\frac{\pi}{2}, \frac{\pi}{2}\right)$ 内单调、可导，且

$$(\tan y)' = \sec^2 y \neq 0,$$

由定理 3 知：它的反函数 $y = \arctan x$ 在对应区间 $(-\infty, \infty)$ 内单调、可导，且

$$(\arctan x)' = \frac{1}{(\tan y)'} = \frac{1}{\sec^2 y} = \frac{1}{1 + \tan^2 y} = \frac{1}{1 + x^2} \cdot$$

即

$$(\arctan x)' = \frac{1}{1 + x^2} \cdot$$

类似地，可得

$$(\text{arccot} x)' = -\frac{1}{1 + x^2} \cdot$$

三、复合函数的求导法则

引例 求函数 $y = \sin 2x$ 的导数.

解 因为 $y = \sin 2x = 2 \sin x \cos x$，

所以 $y' = (2 \sin x \cos x)' = 2[(\sin x)' \cos x + \sin x (\cos x)']$

$$= 2(\cos^2 x - \sin^2 x) = 2 \cos 2x \cdot$$

由引例的计算结果发现：$(\sin 2x)' \neq \cos 2x$，所以求函数 $y = \sin 2x$ 的导数不能直接应用基本的求导公式.

对于函数 $y = \sin 2x$ 很显然它是复合函数，是由 $y = \sin u$ 和 $u = 2x$ 复合而成的.

而 $y = \sin u$ 的导数 $\frac{\mathrm{d}y}{\mathrm{d}u} = \cos u$，$u = 2x$ 的导数 $\frac{\mathrm{d}u}{\mathrm{d}x} = 2$.

显然函数 $y = \sin 2x$ 的导数 $\frac{\mathrm{d}y}{\mathrm{d}x} = \frac{\mathrm{d}y}{\mathrm{d}u} \cdot \frac{\mathrm{d}u}{\mathrm{d}x} = 2 \cos u = 2 \cos 2x$.

对于复合函数的求导问题，有如下定理.

定理 4　若函数 $u=\varphi(x)$ 在 x 处可导，而函数 $y=f(u)$ 在 u 处可导，则复合函数 $y=f[\varphi(x)]$ 在 x 处可导，且有

$$\frac{\mathrm{d}y}{\mathrm{d}x}=\frac{\mathrm{d}y}{\mathrm{d}u}\cdot\frac{\mathrm{d}u}{\mathrm{d}x}\ \text{或}\ y_x'=y_u'\cdot u_x'.$$

上式就是复合函数的求导公式，**复合函数的导数等于已知函数对中间变量的导数乘以中间变量对自变量的导数.**

证　因为 $y=f(u)$ 可导，所以 $\lim\limits_{\Delta u\to 0}\dfrac{\Delta y}{\Delta u}=f'(u)$ 存在．由无穷小与函数极限的关系，有

$$\frac{\Delta y}{\Delta u}=f'(u)+\alpha,$$

其中 α 是 $\Delta u\to 0$ 时的无穷小．上式两端同乘以 Δu，得

$$\Delta y=f'(u)\Delta u+\alpha\cdot\Delta u,$$

两端同除以 Δx，得

$$\frac{\Delta y}{\Delta x}=f'(u)\frac{\Delta u}{\Delta x}+\alpha\cdot\frac{\Delta u}{\Delta x},$$

当 $\Delta x\to 0$ 时，$\Delta u\to 0$，于是

$$\lim_{\Delta x\to 0}\frac{\Delta y}{\Delta x}=f'(u)\lim_{\Delta x\to 0}\frac{\Delta u}{\Delta x}+\lim_{\Delta x\to 0}\alpha\cdot\lim_{\Delta x\to 0}\frac{\Delta u}{\Delta x}$$

$$=f'(u)\varphi'(x)+0\cdot\varphi'(x)=f'(u)\varphi'(x).$$

定理 4 可以推广到有限个中间变量的情形．例如，设

$$y=f(u),u=g(v),v=\varphi(x),$$

则复合函数 $y=f\{g[\varphi(x)]\}$ 的导数为：

$$y_x'=f_u'\cdot g_v'\cdot\varphi_x'.$$

例 8　求函数 $y=\sqrt{x^2+1}$ 的导数.

解　$y=\sqrt{x^2+1}$ 可看作由 $y=\sqrt{u}$，$u=x^2+1$ 复合而成.

因　$\dfrac{\mathrm{d}y}{\mathrm{d}u}=\dfrac{1}{2\sqrt{u}}$，$\dfrac{\mathrm{d}u}{\mathrm{d}x}=2x$，

故　$\dfrac{\mathrm{d}y}{\mathrm{d}x}=\dfrac{\mathrm{d}y}{\mathrm{d}u}\cdot\dfrac{\mathrm{d}u}{\mathrm{d}x}=\dfrac{1}{2\sqrt{u}}\cdot 2x=\dfrac{x}{\sqrt{x^2+1}}$.

例 9　求函数 $y=\ln[\sin(\mathrm{e}^x)]$ 的导数.

解　$y=\ln[\sin(\mathrm{e}^x)]$ 可看作由 $y=\ln u$，$u=\sin v$，$v=\mathrm{e}^x$ 复合而成.

因　$\dfrac{\mathrm{d}y}{\mathrm{d}u}=\dfrac{1}{u}$，$\dfrac{\mathrm{d}u}{\mathrm{d}v}=\cos v$，$\dfrac{\mathrm{d}v}{\mathrm{d}x}=\mathrm{e}^x$，

故 $\dfrac{\mathrm{d}y}{\mathrm{d}x} = \dfrac{\mathrm{d}y}{\mathrm{d}u} \cdot \dfrac{\mathrm{d}u}{\mathrm{d}v} \cdot \dfrac{\mathrm{d}v}{\mathrm{d}x}$

$$= \dfrac{1}{u} \cdot \cos v \cdot \mathrm{e}^x = \dfrac{\cos(\mathrm{e}^x)}{\sin(\mathrm{e}^x)} \cdot \mathrm{e}^x = \mathrm{e}^x \cdot \cot(\mathrm{e}^x) .$$

注意 复合函数求导运算熟练后，可不必再写出中间变量，而直接由外往里、逐层求导即可，但是千万要分清楚函数的复合过程.

例 10 求函数 $y = \tan x^2$ 的导数.

解 $\dfrac{\mathrm{d}y}{\mathrm{d}x} = (\tan x^2)' = \sec^2 x^2 \cdot (x^2)' = 2x\sec^2 x^2 .$

例 11 求函数 $y = \mathrm{e}^{\cos\frac{1}{x}}$ 的导数.

解 $y'_x = (\mathrm{e}^{\cos\frac{1}{x}})' = \mathrm{e}^{\cos\frac{1}{x}} (\cos\dfrac{1}{x})'$

$$= \mathrm{e}^{\cos\frac{1}{x}} \cdot (-\sin\dfrac{1}{x}) \cdot (\dfrac{1}{x})' = \dfrac{1}{x^2} \cdot \mathrm{e}^{\cos\frac{1}{x}} \cdot \sin\dfrac{1}{x} .$$

例 12 求函数 $y = \sin^2(x^3 + 1)$ 的导数.

解 $y'_x = [\sin^2(x^3 + 1)]' = 2\sin(x^3 + 1) \cdot [\sin(x^3 + 1)]'$

$$= 2\sin(x^3 + 1) \cdot \cos(x^3 + 1) \cdot (x^3 + 1)'$$

$$= 3x^2 \sin[2(x^3 + 1)] .$$

四、初等函数的求导法则

由基本初等函数的导数公式和上述的求导法则，就可以解决初等函数的求导问题. 为了便于查阅，现将这些公式与法则总结如表 3-1 所示.

1. 常数和基本初等函数的导数公式

表 3-1

（1） $(C)' = 0$	（2） $(x^\alpha)' = \alpha x^{\alpha-1}$
（3） $(\sin x)' = \cos x$	（4） $(\cos x)' = -\sin x$
（5） $(\tan x)' = \sec^2 x = \dfrac{1}{\cos^2 x}$	（6） $(\cot x)' = -\csc^2 x = -\dfrac{1}{\sin^2 x}$
（7） $(\sec x)' = \sec x \cdot \tan x$	（8） $(\csc x)' = -\csc x \cdot \cot x$
（9） $(a^x)' = a^x \ln a$	（10） $(\mathrm{e}^x)' = \mathrm{e}^x$

应用数学（第二版）

（11）$(\log_a x)' = \dfrac{1}{x\ln a}$	（12）$(\ln x)' = \dfrac{1}{x}$
（13）$(\arcsin x)' = \dfrac{1}{\sqrt{1-x^2}}$	（14）$(\arccos x)' = -\dfrac{1}{\sqrt{1-x^2}}$
（15）$(\arctan x)' = \dfrac{1}{1+x^2}$	（16）$(\text{arccot}\,x)' = -\dfrac{1}{1+x^2}$

2. 函数和、差、积、商的求导法则

设 $u = u(x)$，$v = v(x)$，则

（1）$(u \pm v)' = u' \pm v'$；　　　　（2）$(Cu)' = C \cdot u'$（C 是常数）；

（3）$(uv)' = u'v + uv'$；　　　　（4）$\left(\dfrac{u}{v}\right)' = \dfrac{u'v - uv'}{v^2}$．

3. 复合函数的求导法则

设 $y = f(u)$，而 $u = \varphi(x)$，则复合函数 $y = f[\varphi(x)]$ 的导数为

$$\frac{\mathrm{d}y}{\mathrm{d}x} = \frac{\mathrm{d}y}{\mathrm{d}u} \cdot \frac{\mathrm{d}u}{\mathrm{d}x} \text{ 或 } y'_x = f'(u) \cdot \varphi'(x)．$$

4. 反函数的求导法则

设 $y = f(x)$ 是 $x = \varphi(y)$ 的反函数，则反函数的导数为

$$f'(x) = \frac{1}{\varphi'(y)} \quad (\varphi'(y) \neq 0)．$$

例 13　求函数 $y = e^{3\sqrt{x^2+1}}$ 的导数．

解　$y' = e^{3\sqrt{x^2+1}} \cdot (3\sqrt{x^2+1})'$

$\qquad = e^{3\sqrt{x^2+1}} \cdot 3 \cdot \dfrac{1}{2\sqrt{x^2+1}} \cdot (x^2+1)'$

$\qquad = e^{3\sqrt{x^2+1}} \cdot 3 \cdot \dfrac{1}{2\sqrt{x^2+1}} \cdot 2x$

$\qquad = \dfrac{3x e^{3\sqrt{x^2+1}}}{\sqrt{x^2+1}}．$

例 14　求函数 $y = \sin^3 x \cdot \sqrt{x^2 + 2^x}$ 的导数．

解　$y' = (\sin^3 x)' \cdot \sqrt{x^2 + 2^x} + \sin^3 x \cdot (\sqrt{x^2 + 2^x})'$

$\qquad = 3\sin^2 x \cdot \cos x \cdot \sqrt{x^2 + 2^x} + \sin^3 x \cdot \left[\dfrac{2x + 2^x \ln 2}{2\sqrt{x^2 + 2^x}}\right]．$

例 15 求函数 $y = \theta\cos\theta + \sin\theta^2$ 的导数.

解 $\quad y' = \theta(-\sin\theta) + 1 \cdot \cos\theta + \cos\theta^2 \cdot 2\theta$

$\qquad\quad = -\theta\sin\theta + \cos\theta + 2\theta\cos\theta^2 .$

习题 3-2

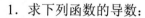
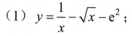

扫码查答案

1. 求下列函数的导数:

（1） $y = \dfrac{1}{x} - \sqrt{x} - e^2$;

（2） $y = e^x \cos x$;

（3） $y = \dfrac{x}{4^x}$;

（4） $y = \sqrt{x} \ln x \cos x$;

（5） $y = \dfrac{e^x}{1 + x^2}$;

（6） $y = x^2 \arctan x - \ln x$;

（7） $y = \sqrt{x} \csc x$;

（8） $y = 5^x + x^6$.

2. 设 $f(x) = x\tan x + \dfrac{1}{2}\cos x$ ，求 $f'(\dfrac{\pi}{4})$.

3. 求下列函数的导数:

（1） $y = e^{\sin x}$;

（2） $y = \arcsin(3x^2)$;

（3） $y = (1 - x^2)^6$;

（4） $y = \sqrt{1 - 2x^2}$;

（5） $y = \ln\cos\sqrt{x}$;

（6） $y = \tan\dfrac{1}{x}$;

（7） $y = e^{-3x}\cos 2x$;

（8） $y = \ln(\sec x + \tan x)$;

（9） $y = \dfrac{x}{\sqrt{1 - x^2}}$;

（10） $y = \ln[\ln(\ln x)]$.

§3-3　隐函数及参数式函数的导数

一、隐函数的导数

前面所遇到的函数都是 $y = f(x)$ 的形式，这样的函数叫做显函数，如 $y = \sin 3x$ 、 $y = \ln x - \tan x$ 等．有些函数的表达式却不是这样，例如方程 $\cos(xy) + e^y = y^2$ 也表示一个函数，因为自变量 x 在某个定义域内取值时，变量 y 有唯一确定的值与之对应，这样由方程 $f(x, y) = 0$ 的形式所确定的函数叫做隐函数．

例1 求由方程 $x^3 + y^3 - 3 = 0$ 所确定的隐函数 $y = f(x)$ 的导数.

解 方程两边同时对 x 求导，注意 y 是 x 的函数，得

$$(x^3)' + (y^3)' - (3)' = 0,$$

$$3x^2 + 3y^2 y' = 0.$$

从中解出隐函数的导数为

$$y'_x = -\frac{x^2}{y^2} \quad (y^2 \neq 0).$$

例2 求由方程 $e^y - xy - \sin x = 1$ 所确定的隐函数 $y = f(x)$ 的导数 y'，并求 $y'(0)$.

解 方程两边同时对 x 求导，得

$$(e^y)' - (xy)' - (\sin x)' = (1)',$$

$$e^y y' - y - xy' - \cos x = 0,$$

$$y' = \frac{y + \cos x}{e^y - x}.$$

又 $\because x = 0$ 时 $y = 0$，$\therefore y'(0) = 1$.

注意 （1）方程两端同时对 x 求导，有时要把 y 当作 x 的复合函数的中间变量来看待，用复合函数的求导法则. 例如：$(\cos y)' = -\sin y \cdot y'$；

（2）从求导后的方程中解出 y' 来；

（3）在隐函数导数中，允许用 x、y 两个变量来表示，若求导数值，不但要把 x 值代进去，还要把对应的 y 值代进去.

例3 求由方程 $y = \cos(x + y) + y^4$ 所确定的隐函数 $y = f(x)$ 的导数.

解 方程两边同时对 x 求导，得

$$y' = \cos'(x + y) + (y^4)',$$

$$y' = -\sin(x + y)(x + y)' + 4y^3 y',$$

$$y' = -\sin(x + y)(1 + y') + 4y^3 y',$$

$$y' = \frac{-\sin(x + y)}{1 + \sin(x + y) - 4y^3}.$$

二、对数求导法

对于幂指函数 $y = u(x)^{v(x)}$ 是没有求导公式的，对于这类函数，可以先在函数两边取自然对数化幂指函数为隐函数，然后在等式两边同时对自变量 x 求导，最后解出所求导数 y'. 我们把这种求导法称为**对数求导法**.

同时有些由几个因子通过连乘、连除、开方或乘方所构成的比较复杂的函数时，虽然可以用运算法则来求导数或微分，但往往比较麻烦，我们也可以通过对数求导法来求.

例 4　求函数 $y = x^{\sin x}$ $(x > 0)$ 的导数.

解法一　利用对数求导法求导.

方程两端同时取对数，得

$$\ln y = \sin x \ln x,$$

上式两边同时对 x 求导，得

$$\frac{1}{y} y' = \cos x \ln x + \sin x \cdot \frac{1}{x},$$

于是

$$y' = y(\cos x \ln x + \frac{\sin x}{x})$$

$$= x^{\sin x}(\cos x \ln x + \frac{\sin x}{x}).$$

解法二　将幂指函数变成复合函数，再求导

$$y = e^{\sin x \ln x}.$$

由复合函数求导法可得

$$y' = (e^{\sin x \ln x})' = e^{\sin x \ln x}(\sin x \cdot \ln x)'$$

$$= e^{\sin x \ln x}(\cos x \cdot \ln x + \frac{1}{x}\sin x)$$

$$= x^{\sin x}(\cos x \cdot \ln x + \frac{1}{x}\sin x).$$

例 5　求函数 $y = \sqrt{\dfrac{(x-1)(x-2)}{(x-3)(x-4)}}$ 的导数（ $x > 4$ ）.

解　方程两端同时取对数，得

$$\ln y = \frac{1}{2}\big[\ln(x-1) + \ln(x-2) - \ln(x-3) - \ln(x-4)\big].$$

再两边对 x 求导，得

$$\frac{1}{y} \cdot y' = \frac{1}{2}(\frac{1}{x-1} + \frac{1}{x-2} - \frac{1}{x-3} - \frac{1}{x-4}).$$

于是得

$$y' = \frac{1}{2}\sqrt{\frac{(x-1)(x-2)}{(x-3)(x-4)}} \cdot (\frac{1}{x-1} + \frac{1}{x-2} - \frac{1}{x-3} - \frac{1}{x-4}).$$

三、由参数方程所确定的函数的导数

设由参数方程 $\begin{cases} x = \varphi(t) \\ y = f(t) \end{cases}$ 确定 y 与 x 之间的函数关系，若函数 $x = \varphi(t)$，

$y = f(t)$ 都可导，且 $\varphi'(t) \neq 0$，$x = \varphi(t)$ 具有单调连续的反函数 $t = \varphi^{-1}(x)$，则

函数 $y = f(x)$ 可看作

$y = f(t)$，$t = \varphi^{-1}(x)$ 的复合函数. 由复合函数和反函数的求导法则，就有

$$\frac{\mathrm{d}y}{\mathrm{d}x} = \frac{\mathrm{d}y}{\mathrm{d}t} \cdot \frac{\mathrm{d}t}{\mathrm{d}x} = f'(t) \cdot \frac{1}{\dfrac{\mathrm{d}x}{\mathrm{d}t}} = \frac{f'(t)}{\varphi'(t)} = \frac{y'_t}{x'_t},$$

这就是由参数方程所确定的函数的导数公式.

例 6 设 $\begin{cases} x = \ln(1+t^2), \\ y = t - \arctan t, \end{cases}$ 求 $\dfrac{\mathrm{d}y}{\mathrm{d}x}$.

解 $\dfrac{\mathrm{d}y}{\mathrm{d}x} = \dfrac{y'_t}{x'_t} = \dfrac{(t - \arctan t)'}{[\ln(1+t^2)]'} = \dfrac{1 - \dfrac{1}{1+t^2}}{\dfrac{2t}{1+t^2}} = \dfrac{t}{2}$.

例 7 已知曲线的参数方程为

$$\begin{cases} x = \sin t, \\ y = \cos 2t, \end{cases}$$

求曲线在 $t = \dfrac{\pi}{4}$ 处的切线方程.

解 用 $t = \dfrac{\pi}{4}$ 代入原参数方程，得曲线上的相应点为 $\left(\dfrac{\sqrt{2}}{2}, 0 \right)$.

又因为 $\dfrac{\mathrm{d}y}{\mathrm{d}x} = \dfrac{y'_t}{x'_t} = -\dfrac{2\sin 2t}{\cos t} = -4\sin t$，所以所求曲线的斜率为

$$k = \left. \frac{\mathrm{d}y}{\mathrm{d}x} \right|_{t = \frac{\pi}{4}} = -4\sin \frac{\pi}{4} = -2\sqrt{2},$$

故切线方程为

$$y - 0 = -2\sqrt{2}\left(x - \frac{\sqrt{2}}{2}\right),$$

即

$$2\sqrt{2}x + y - 2 = 0.$$

习题 3-3

扫码查答案

1. 求由下列方程所确定的隐函数 y 的导数：

（1）$xy - e^x + e^y = 0$ ；

（2）$y \sin x - \cos(x - y) = 0$ ；

（3）$x = y + \arctan y$ ；

（4）$e^{xy} + y \ln x = \cos 2x$.

2. 求由方程 $y^5 + 2y - x^2 - 3x = 0$ 所确定的隐函数 y 在 $x = 0$ 处的导数 $y'\big|_{x=0}$.

3. 求曲线 $2y^2 = x^2(x+1)$，在点 $(1,1)$ 处的切线方程.

4. 求下列函数的导数：

（1）$y = (x+1)^{\sin x}$ ；

（2）$y = (\cos \dfrac{1}{2x})^{2x}$ ；

（3）$y = x^x \quad (x > 0)$ ；

（4）$y = \dfrac{\sqrt{x+1}(2-x)^2}{(2x-1)^3}$.

5. 求由下列参数方程所确定的函数 y 的导数：

（1）$\begin{cases} x = 3e^{-t}, \\ y = 2e^t; \end{cases}$

（2）$\begin{cases} x = e^t \sin t, \\ y = e^t \cos t; \end{cases}$

（3）$\begin{cases} x = 1 - t^2, \\ y = t - t^3; \end{cases}$

（4）$\begin{cases} x = \theta(1 - \sin\theta), \\ y = \theta \cos\theta. \end{cases}$

§3-4 高阶导数

一、高阶导数的定义

定义 4　如果函数 $y = f(x)$ 的导数仍是 x 的可导函数，那么 $y' = f'(x)$ 的导数就叫做原来的函数 $y = f(x)$ 的二阶导数，记作

$$f''(x)、\ y''、\ \frac{d^2 y}{dx^2} \ 或 \ \frac{d^2 f(x)}{dx^2},$$

即

$$y'' = (y')' \ 或 \ \frac{d^2 y}{dx^2} = \frac{d}{dx}\left(\frac{dy}{dx}\right).$$

相应地，把 $y = f(x)$ 的导数 $y' = f'(x)$ 称为函数 $y = f(x)$ 的一阶导数.

类似地，二阶导数的导数叫三阶导数，三阶导数的导数叫四阶导数，…，一般地，$n-1$阶导数的导数叫做n阶导数，分别记作 y'''，$y^{(4)}$，…，$y^{(n)}$ 或 $\dfrac{\mathrm{d}^3 y}{\mathrm{d}x^3}$，$\dfrac{\mathrm{d}^4 y}{\mathrm{d}x^4}$，…，$\dfrac{\mathrm{d}^n y}{\mathrm{d}x^n}$．

二阶以及二阶以上的导数统称为高阶导数．

由上述定义可知，求函数的高阶导数，只要逐阶求导，直到所要求的阶数即可，所以仍用前面的求导方法来计算高阶导数．

二、高阶导数的计算

例 1 求函数 $y = e^{-2x}$ 的二阶导数 y'' 和三阶导数 y'''．

解 $y' = (e^{-2x})' = e^{-2x}(-2x)' = -2e^{-2x}$，

$y'' = (-2e^{-2x})' = -2e^{-2x}(-2x)' = 4e^{-2x}$，

$y''' = (4e^{-2x})' = 4e^{-2x}(-2x)' = -8e^{-2x}$．

例 2 求函数 $y = e^{t}\sin t$ 的二阶导数 y''．

解 $y' = (e^{t}\sin t)' = e^{t}\sin t + e^{t}\cos t$

$\qquad = e^{t}(\sin t + \cos t)$，

$y'' = [e^{t}(\sin t + \cos t)]'$

$\qquad = e^{t}(\sin t + \cos t) + e^{t}(\cos t - \sin t)$

$\qquad = 2e^{t}\cos t$．

下面介绍几个初等函数的 n 阶导数．

例 3 $y = x^{\alpha}$ $(\alpha \in \mathbf{R})$，求 $y^{(n)}$．

解 $y' = \alpha\, x^{\alpha-1}$，$y'' = \alpha \cdot (\alpha-1) \cdot x^{\alpha-2}$，

$y''' = \alpha \cdot (\alpha-1) \cdot (\alpha-2) \cdot x^{\alpha-3}$，

$y^{(4)} = \alpha \cdot (\alpha-1) \cdot (\alpha-2) \cdot (\alpha-3) \cdot x^{\alpha-4}$，

一般地，可得

$$y^{(n)} = \alpha \cdot (\alpha-1) \cdot (\alpha-2) \cdot (\alpha-3) \cdots (\alpha-n+1) \cdot x^{\alpha-n}．$$

例 4 $y = \sin x$，求 $y^{(n)}$．

解 $y' = \cos x = \sin(x + \dfrac{\pi}{2})$，

$y'' = -\sin x = \sin(x + 2 \cdot \dfrac{\pi}{2})$，

$$y''' = -\cos x = \sin\left(x + 3 \cdot \frac{\pi}{2}\right),$$

$$y^{(4)} = \sin x = \sin\left(x + 4 \cdot \frac{\pi}{2}\right),$$

一般地，有

$$y^{(n)} = \sin\left(x + n \cdot \frac{\pi}{2}\right).$$

类似地，可以求得

$$(\cos x)^{(n)} = \cos\left(x + n \cdot \frac{\pi}{2}\right).$$

例 5 $y = a^x$，求 $y^{(n)}$．

解 $y' = a^x \ln a$，$y'' = a^x \ln^2 a$，$y''' = a^x \ln^3 a$，

一般地，有

$$y^{(n)} = a^x \ln^n a.$$

特殊地，令 $a = \mathrm{e}$ 时，有 $(\mathrm{e}^x)^{(n)} = \mathrm{e}^x$．

三、二阶导数的物理意义

下面我们来研究二阶导数的物理意义．

我们知道，作变速直线运动的物体的速度 $v(t)$ 是路程 $s(t)$ 对时间 t 的导数，即

$$v(t) = s'(t).$$

而加速度 a 又是速度 v 对时间 t 的变化率，即速度 v 对时间 t 的导数，所以加速度是路程 $s(t)$ 对时间 t 的二阶导数：

$$a = v'(t) = s''(t).$$

例 6 已知物体作变速直线运动，其运动方程为

$$s = A\cos(\omega t + \varphi) \quad (A、\omega、\varphi \text{ 是常数}),$$

求物体运动的速度和加速度．

解 因为 $s = A\cos(\omega t + \varphi)$，所以

$$v = s' = -A\omega \sin(\omega t + \varphi),$$

$$a = s'' = -A\omega^2 \cos(\omega t + \varphi).$$

习题 3-4

1. 求下列函数的二阶导数：

扫码查答案

（1）$y = 2x^2 + \ln x$； （2）$y = e^{2x-1}$；

（3）$y = \sqrt{x^2 - 1}$； （4）$y = \arctan 2x$．

2．求下列函数的 n 阶导数：

（1）$y = \ln(x+1)$； （2）$y = xe^x$；

（3）$y = \sin^2 x$．

§3-5　函 数 的 微 分

一、微分的定义

引例　一块正方形金属薄片受温度变化的影响，其边长由 x_0 变到 $x_0 + \Delta x$（如图 3-5 所示），问此薄片的面积改变了多少？

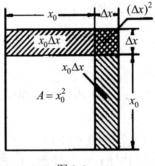

图 3-5

解　设正方形边长为 x 时，面积为 A，则
$$A = x^2．$$
当正方形边长由 x_0 变到 $x_0 + \Delta x$ 时，面积的改变量
$$\Delta A = A(x_0 + \Delta x) - A(x_0) = (x_0 + \Delta x)^2 - x_0{}^2 = 2x_0 \Delta x + (\Delta x)^2．$$

上式中 ΔA 包含两部分：第一部分 $2x_0 \Delta x$ 是 Δx 的线性函数，即图中带有斜线的两个矩形面积之和；第二部分 $(\Delta x)^2$ 当 $\Delta x \to 0$ 时是比 Δx 高阶的无穷小，即 $(\Delta x)^2 = o(\Delta x)$，它在图中是带有交叉斜线的小正方形的面积．

当 Δx 很小时，面积的改变量可近似地用第一部分来代替，而省略第二部分 $(\Delta x)^2$．

根据上面的讨论，ΔA 可以表示为
$$\Delta A = 2x_0 \Delta x + o(\Delta x)，$$

其中的第一部分 $2x_0\Delta x$ 叫做函数 $A = x^2$ 在点 x_0 的微分.

一般地，有下面的定义.

定义 5 设函数 $y = f(x)$ 在点 x 的某一邻域内有定义，如果函数的增量 $\Delta y = f(x + \Delta x) - f(x)$ 可以表示为

$$\Delta y = A\Delta x + o(\Delta x)，$$

其中 A 不依赖 Δx，而 $o(\Delta x)$ 是比 Δx 高阶的无穷小，则称函数 $y = f(x)$ 在点 x 可微，且称 $A\Delta x$ 为函数 $y = f(x)$ 在点 x 相应于自变量增量 Δx 的微分，记作 $\mathrm{d}y$，即

$$\mathrm{d}y = A\Delta x.$$

下面讨论函数可微的条件.

定理 5 函数 $y = f(x)$ 在点 x 可微的充分必要条件是它在点 x 可导.

证 先证必要性. 设 $y = f(x)$ 在点 x 可微，那么按定义有

$$\Delta y = A\Delta x + o(\Delta x)，$$

在等式两边除以 Δx，得

$$\frac{\Delta y}{\Delta x} = A + \frac{o(\Delta x)}{\Delta x}，$$

因此，极限

$$\lim_{\Delta x \to 0} \frac{\Delta y}{\Delta x} = \lim_{\Delta x \to 0} A + \lim_{\Delta x \to 0} \frac{o(\Delta x)}{\Delta x} = A + 0 = A$$

存在，即 $y = f(x)$ 在点 x 可导，且 $A = f'(x)$.

再证充分性. 设 $y = f(x)$ 在点 x 可导，即极限

$$\lim_{\Delta x \to 0} \frac{\Delta y}{\Delta x} = f'(x)$$

存在，由函数极限与无穷小的关系定理可得

$$\frac{\Delta y}{\Delta x} = f'(x) + \alpha，$$

其中 α 是 $\Delta x \to 0$ 时的无穷小. 因此

$$\Delta y = f'(x)\Delta x + \alpha \Delta x，$$

显然 $\alpha \cdot \Delta x = o(\Delta x)$（当 $\Delta x \to 0$ 时），且 $f'(x)$ 不依赖 Δx，故 $f(x)$ 在点 x 可微. 定理证毕.

由定理的必要性证明可见，当 $f(x)$ 在点 x 可微时，其微分可表示为

$$\mathrm{d}y = f'(x)\Delta x.$$

例 1 求函数 $y = x$ 的微分.

解 因为 $y' = 1$，所以 $\mathrm{d}y = \mathrm{d}x = y'\Delta x = \Delta x$.

注意到当 $y = x$ 时， $dx = \Delta x$ ，这表明自变量的微分等于自变量的改变量，所以函数的微分又可记为

$$dy = f'(x)dx .$$

这说明函数的微分是函数的导数与自变量微分的乘积.

由 $dy = y'dx$ ，可得 $\dfrac{dy}{dx} = y'$ ，所以导数又称为**微商**.

二、基本初等函数的微分公式与微分运算法则

根据函数微分的表达式

$$dy = f'(x)dx .$$

函数的微分等于函数的导数乘以自变量的微分（改变量）. 由此可以得到基本初等函数的微分公式和微分运算法则.

1. 基本初等函数的微分公式

$d(C) = 0$	$d(x^{\alpha}) = \alpha\, x^{\alpha-1}dx$
$d(a^x) = a^x \ln a dx$	$d(e^x) = e^x dx$
$d(\log_a x) = \dfrac{dx}{x\ln a}$	$d(\ln x) = \dfrac{dx}{x}$
$d(\sin x) = \cos x dx$	$d(\cos x) = -\sin x dx$
$d(\tan x) = \sec^2 x dx$	$d(\cot x) = -\csc^2 x dx$
$d(\sec x) = \sec x \cdot \tan x dx$	$d(\csc x) = -\csc x \cdot \cot x dx$
$d(\arcsin x) = \dfrac{dx}{\sqrt{1-x^2}}$	$d(\arccos x) = -\dfrac{dx}{\sqrt{1-x^2}}$
$d(\arctan x) = \dfrac{dx}{1+x^2}$	$d(\text{arccot} x) = -\dfrac{dx}{1+x^2}$

2. 函数的和、差、积、商的微分法则

（1） $d(u \pm v) = du \pm dv$ ；　　　　（2） $d(C \cdot u) = C \cdot du$ ；

（3） $d(uv) = u dv + v du$ ；　　　　（4） $d\left(\dfrac{u}{v}\right) = \dfrac{v du - u dv}{v^2}$.

3. 复合函数的微分法则

我们知道，如果函数 $y = f(u)$ 对 u 是可导的，则

（1）当 u 是自变量时，此时函数的微分为

$$dy = f'(u)du ;$$

（2）当 u 不是自变量，而是 $u = \varphi(x)$，为 x 的可导函数时，则 y 为 x 的复合函数. 根据复合函数求导公式，y 对 x 的导数为

$$\frac{\mathrm{d}y}{\mathrm{d}x} = f'(u)\varphi'(x) .$$

于是

$$\mathrm{d}y = f'(u)\varphi'(x)\mathrm{d}x .$$

但是　$\varphi'(x)\mathrm{d}x$ 就是函数 $u = \varphi(x)$ 的微分，即　$\mathrm{d}u = \varphi'(x)\mathrm{d}x$

所以

$$\mathrm{d}y = f'(u)\mathrm{d}u .$$

由此可见，对函数 $y = f(u)$ 来说，不论 u 是自变量还是自变量的可导函数，它的微分形式同样都是 $\mathrm{d}y = f'(u)\mathrm{d}u$，这就叫**做微分形式的不变性**.

例2　求 $y = \cos(3x + 5)$ 的微分.

解法一　$\mathrm{d}y = [\cos(3x + 5)]'\mathrm{d}x$

$\qquad\qquad = -\sin(3x + 5)(3x + 5)'\mathrm{d}x$

$\qquad\qquad = -3\sin(3x + 5)\mathrm{d}x .$

解法二　$\mathrm{d}y = \mathrm{d}\cos(3x + 5)$

$\qquad\qquad = -\sin(3x + 5)\mathrm{d}(3x + 5)$

$\qquad\qquad = -3\sin(3x + 5)\mathrm{d}x .$

例3　求 $y = \ln(1 + \mathrm{e}^{2x})$ 的微分.

解　$\mathrm{d}y = \mathrm{d}\ln(1 + \mathrm{e}^{2x}) = \dfrac{1}{1 + \mathrm{e}^{2x}}\mathrm{d}(1 + \mathrm{e}^{2x}) = \dfrac{2\mathrm{e}^{2x}}{1 + \mathrm{e}^{2x}}\mathrm{d}x .$

例4　在下列等式左边的括号中填入适当的函数，使等式成立.

（1）$\mathrm{d}(\ \ ) = x^2\mathrm{d}x$；　　　　　　　　　（2）$\mathrm{d}(\ \ ) = \cos 5t\mathrm{d}t$.

解　（1）由于 $\mathrm{d}(x^3) = 3x^2\mathrm{d}x$，

$\qquad$ 所以 $x^2\mathrm{d}x = \dfrac{1}{3}\mathrm{d}(x^3) = \mathrm{d}\left(\dfrac{x^3}{3}\right)$，

$\qquad$ 于是 $\mathrm{d}\left(\dfrac{x^3}{3} + C\right) = x^2\mathrm{d}x$　（C 为任意常数）；

$\qquad$（2）由于 $\mathrm{d}(\sin 5t) = 5\cos 5t\mathrm{d}t$，

$\qquad$ 所以 $\cos 5t\mathrm{d}t = \dfrac{1}{5}\mathrm{d}(\sin 5t) = \mathrm{d}(\dfrac{1}{5}\sin 5t)$，

$\qquad$ 于是 $\mathrm{d}\left(\dfrac{1}{5}\sin 5t + C\right) = \cos 5t\mathrm{d}t$　（C 为任意常数）.

三、微分的几何意义

设点 $M(x_0, y_0)$ 和点 $N(x_0 + \Delta x, y_0 + \Delta y)$ 是曲线 $y = f(x)$ 上的两点,如图 3-6 所示. 从图中可以看出:

$$MQ = \Delta x, \ QN = \Delta y,$$

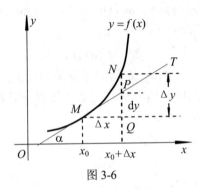

图 3-6

设切线 MT 的倾斜角为 α,则

$$\mathrm{d}y = f'(x_0)\Delta x = \tan\alpha \cdot \Delta x = QP.$$

因此,函数 $y = f(x)$ 在点 x_0 处的微分 $\mathrm{d}y\big|_{x=x_0}$,在几何上表示曲线 $y = f(x)$ 在点 $M(x_0, y_0)$ 处的切线 MT 的纵坐标的增量.

四、微分在近似计算中的应用

从前面的讨论知,当 $f'(x_0) \neq 0$,且 $|\Delta x|$ 很小时,有

$$\Delta y \approx \mathrm{d}y = f'(x_0)\Delta x. \tag{3-1}$$

因为 $\Delta y = f(x_0 + \Delta x) - f(x_0)$,故由 (3-1) 式得

$$f(x_0 + \Delta x) \approx f(x_0) + f'(x_0)\Delta x. \tag{3-2}$$

特别地,当 (3-2) 式中 $x_0 = 0$,$f'(0) \neq 0$ 时,则 (3-2) 式变为:

$$f(x) \approx f(0) + f'(0)x \quad (|x| \text{ 很小}). \tag{3-3}$$

由 (3-3) 式易推出下面几个工程上常用的近似公式:

(1) $\sin x \approx x$ （x 用弧度作单位）;   (2) $\tan x \approx x$ （x 用弧度作单位）;

(3) $\mathrm{e}^x \approx 1 + x$;   (4) $\ln(1 + x) \approx x$;

(5) $\sqrt[n]{1+x} \approx 1 + \dfrac{1}{n}x$.

例 5 求外直径为 $10\mathrm{cm}$,壳厚为 $0.125\mathrm{cm}$ 的球壳体积的近似值.

解 设球体的直径为 x，体积为 V，则 $V = \dfrac{\pi}{6}x^3$，利用公式（3-1），有

$$|\Delta V| \approx |\mathrm{d}V| = \frac{\pi}{2}x_0^2|\Delta x| .$$

取 $x_0 = 10$，$\Delta x = -2 \times 0.125 = -0.25$，得

$$|\Delta V| \approx \frac{\pi}{2}x_0^2|\Delta x| = \frac{1}{2} \times 3.1416 \times 10^2 \times \frac{1}{4} \approx 39.27\,(\mathrm{cm}^3)$$

即球壳体积的近似值为 $39.27\,\mathrm{cm}^3$.

例 6 计算 $\sin 31°$ 的近似值.

解 设 $f(x) = \sin x$，当 $|\Delta x|$ 很小时，利用公式（3-2），得

$$\sin(x_0 + \Delta x) \approx \sin x_0 + \cos x_0 \cdot \Delta x .$$

取 $x_0 = \dfrac{\pi}{6}$，$\Delta x = \dfrac{\pi}{180}$，有

$$\sin 31° \approx \sin\left(\frac{\pi}{6} + \frac{\pi}{180}\right) \approx \sin\frac{\pi}{6} + \cos\frac{\pi}{6} \cdot \frac{\pi}{180}$$

$$= \frac{1}{2} + \frac{\sqrt{3}}{2} \cdot \frac{\pi}{180} \approx 0.5151 .$$

例 7 计算 $\sqrt[6]{65}$ 的近似值.

解 由公式（3-3），有

$$\sqrt[6]{65} = \sqrt[6]{64+1} = 2\sqrt[6]{1+\frac{1}{64}} \approx 2\left(1 + \frac{1}{6} \cdot \frac{1}{64}\right) \approx 2.003 .$$

习题 3-5

扫码查答案

1. 求下列函数的微分：

（1）$y = [\ln(1-x)]^2$ ；

（2）$y = 2^{\ln(\tan x)}$ ；

（3）$y = \tan^2(1+x^2)$ ；

（4）$y = \dfrac{\cos x}{1-x^2}$.

2. 将适当的函数填入下列括号内，使等式成立：

（1）$\mathrm{d}(\quad) = -5\mathrm{d}x$ ；

（2）$\mathrm{d}(\quad) = 3x\mathrm{d}x$ ；

（3）$\mathrm{d}(\quad) = \mathrm{e}^{-2x}\mathrm{d}x$ ；

（4）$\mathrm{d}(\quad) = \dfrac{1}{x-2}\mathrm{d}x$ ；

（5）$\mathrm{d}(\quad) = \dfrac{2}{\sqrt{1-4x^2}}\mathrm{d}x$ ；

（6）$\mathrm{d}(\quad) = \sec^2 2x\mathrm{d}(2x)$ ；

（7）$\mathrm{d}(\mathrm{atc}\tan 5x) = (\quad)\mathrm{d}(5x)$ ；

（8）$\mathrm{d}[5^{x^3}] = (\quad)\mathrm{d}(x^3) = (\quad)\mathrm{d}x$.

3. 利用微分求下列各数的近似值：

（1）$\sin 59^\circ 30'$；

（2）$\arctan 1.05$；

（3）$\sqrt{0.97}$；

（4）$\ln 0.98$．

本章小结

一、基本概念

1. 导数：函数的增量与自变量的增量之比在自变量趋于零时的极限

$$f'(x_0) = \lim_{\Delta x \to 0} \frac{\Delta y}{\Delta x} = \lim_{\Delta x \to 0} \frac{f(x_0 + \Delta x) - f(x_0)}{\Delta x}.$$

2. 导数的几何意义：表示曲线 $y = f(x)$ 在点 $M(x_0, y_0)$ 处的切线的斜率．

3. 可导与连续的关系：可导必连续，但连续不一定可导．

4. 微分：$\mathrm{d}y = f'(x)\mathrm{d}x$．

5. 可导与可微的关系：可导 $\Leftrightarrow$ 可微．

二、基本公式、法则和方法

1. 导数的 16 个基本公式：见表 3-1.

2. 四则运算法则：

（1）$(u \pm v)' = u' \pm v'$；

（2）$(Cu)' = C \cdot u'$（C 是常数）；

（3）$(uv)' = u'v + uv'$；

（4）$\left(\dfrac{u}{v}\right)' = \dfrac{u'v - uv'}{v^2}$．

3. 复合函数求导法：

$$\frac{\mathrm{d}y}{\mathrm{d}x} = \frac{\mathrm{d}y}{\mathrm{d}u} \cdot \frac{\mathrm{d}u}{\mathrm{d}x} \quad \text{或} \quad y'_x = y'_u \cdot u'_x.$$

逐层求导再相乘，最后记住复原．

4. 隐函数求导法：

（1）方程 $F(x, y) = 0$ 两边对 x 求导；（2）解出 y'_x．

5. 对数求导法：

（1）两边同取自然对数；（2）方程 $F(x, y) = 0$ 两边对 x 求导；（3）解出 y'_x．

6. 利用微分求近似值：

$$f(x_0 + \Delta x) \approx f(x_0) + f'(x_0)\Delta x; \quad f(x) \approx f(0) + f'(0)x \quad (|x| \text{ 很小}).$$

测试题 三

一、填空题

1. $\mathrm{d}(\quad) = \dfrac{1}{\sqrt{x}}\mathrm{d}x$；$\mathrm{d}(\quad) = \mathrm{e}^{3x+1}\mathrm{d}x$．

2. 设 $f(x) = \mathrm{e}^{\cos x - 2}$，则 $[f(2)]' = $ _____．

3. 若 $f(x) = x\mathrm{e}^{-x}$，则 $f''(0) = $ _____．

4. $\mathrm{e}^{0.97} \approx$ _____．

5. 若函数 $y = \pi^2 + x^n + \arctan\dfrac{1}{\pi}$，则 $y'(1) = $ _____．

二、选择题

1. 已知 $f'(x) = 2^{\sin x}$，则 $\mathrm{d}[f(x)] = (\quad)$．

   A. $\ln 2 \cdot 2^{\sin x}\cos x$ B. $2^{\sin x}\mathrm{d}x$

   C. $2^{\sin x}\cos x\mathrm{d}x$ D. $\ln 2 \cdot 2^{\sin x}\cos x\mathrm{d}x$

2. 设 $y - x\mathrm{e}^y = \ln 2$，则 $y' = (\quad)$．

   A. $\dfrac{1}{2} + (1+x)\mathrm{e}^y$ B. $(1+x)\mathrm{e}^y$

   C. $\dfrac{\mathrm{e}^y}{1 - x\mathrm{e}^y}$ D. $\dfrac{1 - x\mathrm{e}^y}{\mathrm{e}^y}$

3. 曲线 $y = x^3 - 3x$ 上切线平行于 x 轴的点是 $(\quad)$．

   A. $(0,0)$ B. $(-2,2)$

   C. $(-1,2)$ D. $(1,2)$

4. 已知 $y = \ln x$，则 $y^{(n)} = (\quad)$．

   A. $(-1)^n n! x^n$ B. $(-1)^n (n-1)! x^{-2n}$

   C. $(-1)^{n-1} n! x^{-n-1}$ D. $(-1)^{n-1} (n-1)! x^{-n}$

5. 设 $y = \lg 2x$，则 $\mathrm{d}y = (\quad)$．

   A. $\dfrac{1}{x\ln 10}\mathrm{d}x$ B. $\dfrac{1}{2x}\mathrm{d}x$

   C. $\dfrac{\ln 10}{x}\mathrm{d}x$ D. $\dfrac{1}{x}\mathrm{d}x$

三、选择正确的求导方法求下列函数的导数

1. $y = x \sin x \ln x$.

2. $y = e^{-3x^2}$.

3. $y = x^3 \ln x + 2\cos x$.

4. $y = \sqrt{x\sqrt{x\sqrt{x}}}$.

5. $y = \ln(2 - x)$.

6. $y = 2\sin(2x + 7)$.

7. $y = \cos x^3 4x$.

8. $y = \ln(2x) \cdot \sin(3x)$.

9. $y = \tan x^2 \cdot \cos 3x$.

10. $y = \arctan\sqrt{6x - 1}$.

11. $y = \dfrac{(x+1)^2\sqrt{x-3}}{(3x+1)^3}$.

12. $y = (\sin x)^{\cos x}$ $(\sin x > 0)$.

四、求由下列方程所确定的隐函数 y 的导数

1. $y = x + \ln y$.

2. $\sin(x \cdot y) + \ln(y - x) = x$.

五、解答题

1. 一物体作自由落体运动，其运动方程为 $s = \dfrac{1}{2}gt^2$ ，求物体在任意时刻的瞬时速度 $v(t)$.

2. 已知生产某种产品 x 件时，总成本 $C(x) = 200 + 0.03x^2$ 元，求 $x = 100$ 时总成本的变化率.

3. 求曲线 $y = \dfrac{1}{3}x^3$ 上与直线 $x - 4y = 5$ 平行的切线方程.

4. 证明函数 $f(x) = \begin{cases} 2x - 1, & x \leqslant 1 \\ \sqrt{x}, & x > 1 \end{cases}$ ，在 $x = 1$ 处连续，但不可导.

5. 已知 $f(x) = x^3 - 2x^2 + 5x - \sin\dfrac{\pi}{2}$ ，求 $f'(x)$ 、 $f'(-1)$.

扫码查答案

第四章　导数的应用

本章我们将以导数为工具，来研究函数及其图形的各种性态，并应用这些知识解决一些常见的实际问题. 首先我们先介绍微分中值定理，它是导数应用的理论基础.

§4-1　微分中值定理

本节介绍的三个定理都是微分学的基本定理. 它包括罗尔中值定理、拉格朗日中值定理和柯西中值定理. 在学习的过程中，可以借助于几何图形来理解定理的条件、结论及其思想. 其中拉格朗日中值定理尤为重要.

一、罗尔定理

罗尔（Rolle）定理　设函数 $f(x)$ 满足条件：

（1）在闭区间 $[a,b]$ 上连续；

（2）在开区间 (a,b) 内可导；

（3）$f(a) = f(b)$.

则在开区间 (a,b) 内至少存在一点 ξ，使得
$$f'(\xi) = 0 \quad (a < \xi < b).$$

证明从略.

罗尔定理的几何意义是：如果连续曲线 $y = f(x)$ 除端点外处处具有不垂直于 x 轴的切线，且两端点的纵坐标相等，如图 4-1 所示，那么我们不难发现，在该曲线上至少有一点 C，使得曲线在该点 C 的切线平行于 x 轴. 设点 C 的横坐标为 ξ，则有
$$f'(\xi) = 0 \quad (a < \xi < b). \tag{4-1}$$

必须指出，罗尔定理的条件有三个，如果缺少其中任何一个条件，定理将不成立.

例 1　验证函数 $f(x) = x^3 - 3x$ 在 $[-\sqrt{3}, \sqrt{3}]$ 上满足罗尔定理的条件，并求出使 $f'(\xi) = 0$ 的 ξ 值.

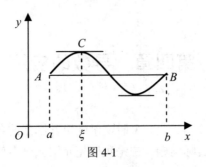

图 4-1

解 因为 $f(x) = x^3 - 3x$ 是初等函数，且在 $[-\sqrt{3}, \sqrt{3}]$ 上有定义，所以在该区间上连续．又

$f'(x) = 3x^2 - 3$ 在 $(-\sqrt{3}, \sqrt{3})$ 内存在，且 $f(-\sqrt{3}) = f(\sqrt{3})$．

所以函数 $f(x) = x^3 - 3x$ 在 $[-\sqrt{3}, \sqrt{3}]$ 上满足罗尔定理的条件．

令 $f'(x) = 0$，即

$$3x^2 - 3 = 0,$$

解得 $x = \pm 1$，即 $f'(-1) = 0$，$f'(1) = 0$．所以，在 $(-\sqrt{3}, \sqrt{3})$ 内，使得 $f'(\xi) = 0$ 的 ξ 有两个：$\xi_1 = -1$，$\xi_2 = 1$．

二、拉格朗日中值定理

在罗尔定理中，如果函数 $f(x)$ 满足条件（1）（2），而不满足条件（3），即 $f(a) \neq f(b)$，那么由图 4-2 易看出，在曲线 $y = f(x)$ 上（只要把弦 AB 平行移动）至少可以找到一点 C $(\xi, f(\xi))$，使得曲线在该点 C 的切线平行于弦 AB，因此，切线的斜率 $f'(\xi)$ 与弦 AB 的斜率相等，即

$$k_{AB} = f'(\xi).$$

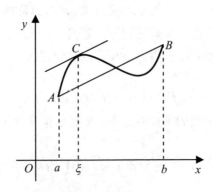

图 4-2

由 $A(a, f(a))$，$B(b, f(b))$ 及斜率公式，得

$$k_{AB} = \frac{f(b) - f(a)}{b - a}.$$

于是，得

$$f'(\xi) = \frac{f(b) - f(a)}{b - a} \quad (a < \xi < b).$$

由此可得下面的定理：

拉格朗日（Lagrange）中值定理　如果函数 $f(x)$ 满足条件：

（1）在闭区间 $[a, b]$ 上连续；

（2）在开区间 (a, b) 内可导.

则在开区间 (a, b) 内至少存在一点 ξ，使得

$$f'(\xi) = \frac{f(b) - f(a)}{b - a} \quad (a < \xi < b), \tag{4-2}$$

或　　　　　　　$f(b) - f(a) = f'(\xi)(b - a)$.

证　从图 4-2 可以看出弦 AB 的方程为

$$y = f(a) + \frac{f(b) - f(a)}{b - a}(x - a).$$

在同一横坐标 x 处，我们用弧 $\overset{\frown}{AB}$ 的纵坐标减去弦 AB 的纵坐标，得到辅助函数

$$\varphi(x) = f(x) - f(a) - \frac{f(b) - f(a)}{b - a}(x - a).$$

显然，$\varphi(x)$ 在 $[a, b]$ 上连续，在 (a, b) 内可导，即

$$\varphi'(x) = f'(x) - \frac{f(b) - f(a)}{b - a},$$

又 $\varphi(a) = \varphi(b) = 0$，故由罗尔定理知，在 (a, b) 内至少存在一点 ξ，使得

$$\varphi'(\xi) = f'(\xi) - \frac{f(b) - f(a)}{b - a} = 0,$$

所以　　　　　　$f'(\xi) = \frac{f(b) - f(a)}{b - a}$，

即　　　　　　　$f(b) - f(a) = f'(\xi)(b - a)$.

这就证明了拉格朗日中值定理.

容易看出，罗尔定理是拉格朗日定理的特殊情况，而拉格朗日定理是罗尔定理的推广.

例 2　验证函数 $f(x) = x^3 + 2x$ 在区间 $[0, 1]$ 上满足拉格朗日中值定理的条件，并求 ξ 的值.

解 因为初等函数 $f(x) = x^3 + 2x$ 在区间 $[0,1]$ 上有定义，所以在区间 $[0,1]$ 上连续；又 $f'(x) = 3x^2 + 2$ 在开区间 $(0,1)$ 内存在，所以函数 $f(x) = x^3 + 2x$ 在区间 $[0,1]$ 上满足拉格朗日中值定理的条件.

由

$$\frac{f(1) - f(0)}{1 - 0} = f'(\xi),$$

得

$$\frac{3 - 0}{1} = 3\xi^2 + 2.$$

解得

$$\xi = \pm \frac{\sqrt{3}}{3}.$$

因为 $\xi = -\frac{\sqrt{3}}{3} \notin (0,1)$，所以舍去. 因此 $\xi = \frac{\sqrt{3}}{3} \in (0,1)$ 为所求.

作为拉格朗日中值定理的一个应用，推导出微积分学中两个重要的推论：

推论 1 如果在区间 (a,b) 内 $f'(x) = 0$，则在 (a,b) 内 $f(x) = C$（C 为常数）.

证 设 x_1，$x_2 \in (a,b)$ 内任意两点，且 $x_1 < x_2$，则由公式（4-2）得

$$f(x_2) - f(x_1) = f'(\xi)(x_2 - x_1) \qquad \xi \in (x_1, x_2),$$

由推论假设知 $f'(\xi) = 0$，所以 $f(x_2) - f(x_1) = 0$，即

$$f(x_1) = f(x_2).$$

因为 x_1，x_2 是 (a,b) 内任意两点，所以上面的等式表明：$f(x)$ 在区间 (a,b) 内函数值总是相等的. 这就是说，$f(x)$ 在区间 (a,b) 内是一常数.

推论 2 如果在区间 (a,b) 内 $f'(x) = g'(x)$，则在 (a,b) 内 $f(x) - g(x) = C$（C 为常数）.

三、柯西中值定理

柯西（Cauchy）中值定理 如果函数 $f(x)$ 和 $F(x)$ 满足条件：

（1）在闭区间 $[a,b]$ 上连续；

（2）在开区间 (a,b) 内可导，且对任意 $x \in (a,b)$，$F'(x) \neq 0$，

那么在 (a,b) 内至少存在一点 ξ，使得

$$\frac{f(b) - f(a)}{F(b) - F(a)} = \frac{f'(\xi)}{F'(\xi)}. \tag{4-3}$$

证明从略.

在柯西中值定理中，如果取 $F(x) = x$，那么

$$F(b) - F(a) = b - a, \quad F'(x) = 1,$$

于是公式（4-3）变成

$$\frac{f(b) - f(a)}{b - a} = f'(\xi).$$

这就是拉格朗日中值定理，可见柯西中值定理是拉格朗日中值定理的推广.

习题 4-1

1. 下列函数在给定区间上是否满足罗尔定理的条件？若满足时，求出定理结论中的 ξ 值：

（1）$f(x) = \dfrac{1}{1 + x^2}$，$[-2, 2]$； （2）$f(x) = x\sqrt{4 - x}$，$[0, 4]$；

（3）$f(x) = \ln\sin x$，$[\dfrac{\pi}{6}, \dfrac{5\pi}{6}]$； （4）$f(x) = \sqrt{x}$，$[0, 2]$.

2. 下列函数在给定区间上是否满足拉格朗日中值定理的条件？若满足时，求出定理结论中的 ξ 值：

（1）$f(x) = \ln x$，$[1, 2]$； （2）$f(x) = 4x^3 - 5x^2 + x - 2$，$[0, 1]$.

3. 证明：$\arcsin x + \arccos x = \dfrac{\pi}{2}$，$x \in [-1, 1]$.

扫码查答案

§4-2　洛必达法则

如果两个函数 $f(x)$、$F(x)$ 当 $x \to x_0$（或 $x \to \infty$）时，都趋于零或无穷大，那么极限 $\lim\limits_{\substack{x \to x_0 \\ (x \to \infty)}} \dfrac{f(x)}{F(x)}$ 可能存在，也可能不存在，而且不能用商的极限法则进行计算，我们把这类极限称为 $\dfrac{0}{0}$ 型或 $\dfrac{\infty}{\infty}$ 型未定式. 对于这类极限我们将根据柯西中值定理推导出一个简便且重要的方法，即所谓的洛必达（L'Hospital）法则.

一、$\dfrac{0}{0}$ 型未定式

定理 1　如果函数 $f(x)$ 与 $F(x)$ 满足条件：

（1）$\lim\limits_{x \to x_0} f(x) = \lim\limits_{x \to x_0} F(x) = 0$；

（2）在点 x_0 的某个邻域内（点 x_0 可以除外）可导，且 $F'(x) \neq 0$；

（3）$\lim\limits_{x \to x_0} \dfrac{f'(x)}{F'(x)}$ 存在（或无穷大），

那么有 $\lim\limits_{x \to x_0} \dfrac{f(x)}{F(x)} = \lim\limits_{x \to x_0} \dfrac{f'(x)}{F'(x)}$ 存在（或无穷大）.

证 因为 $\lim\limits_{x \to x_0} \dfrac{f(x)}{F(x)}$ 是否存在与 $f(x)$、$F(x)$ 在点 x_0 有无定义无关，所以为了适用柯西中值定理，我们可以假定

$$f(x_0) = F(x_0) = 0,$$

这样根据条件（1）、（2）可知，$f(x)$、$F(x)$ 在点 x_0 某一邻域内都是连续的.

设 x 为该邻域内的一点，在以 x 及 x_0 为端点的区间上对函数 $f(x)$、$F(x)$ 用柯西中值定理，得到

$$\frac{f(x)}{F(x)} = \frac{f(x) - f(x_0)}{F(x) - F(x_0)} = \frac{f'(\xi)}{F'(\xi)} \quad (\xi \text{ 在 } x \text{ 和 } x_0 \text{ 之间}),$$

在上式两端，令 $x \to x_0$ 求极限并注意到 $x \to x_0$ 时 $\xi \to x_0$，并根据条件（3）有

$$\lim_{x \to x_0} \frac{f(x)}{F(x)} = \lim_{x \to x_0} \frac{f'(\xi)}{F'(\xi)} = \lim_{\xi \to x_0} \frac{f'(\xi)}{F'(\xi)} = \lim_{x \to x_0} \frac{f'(x)}{F'(x)}.$$

例 1 求 $\lim\limits_{x \to 0} \dfrac{e^x - 1}{x^3 - x}$.

解 此极限为 $\dfrac{0}{0}$ 型未定式，由洛必达法则，得

$$\lim_{x \to 0} \frac{e^x - 1}{x^3 - x} = \lim_{x \to 0} \frac{e^x}{3x^2 - 1} = -1.$$

例 2 求 $\lim\limits_{x \to 1} \dfrac{x^3 - 3x + 2}{x^3 - x^2 - x + 1}$.

解 此极限为 $\dfrac{0}{0}$ 型未定式，使用两次洛必达法则，得

$$\lim_{x \to 1} \frac{x^3 - 3x + 2}{x^3 - x^2 - x + 1} = \lim_{x \to 1} \frac{3x^2 - 3}{3x^2 - 2x - 1} = \lim_{x \to 1} \frac{6x}{6x - 2} = \frac{3}{2}.$$

例 3 求 $\lim\limits_{x \to 0} \dfrac{x - \sin x}{x^3}$.

解　$\lim\limits_{x \to 0} \dfrac{x - \sin x}{x^3} = \lim\limits_{x \to 0} \dfrac{1 - \cos x}{3x^2} = \lim\limits_{x \to 0} \dfrac{\sin x}{6x} = \dfrac{1}{6}$.

推论 3　如果函数 $f(x)$、$F(x)$ 满足条件：

（1）$\lim\limits_{x \to \infty} f(x) = \lim\limits_{x \to \infty} F(x) = 0$；

（2）$f'(x)$ 与 $F'(x)$ 当 $|x| > N$ 时存在，且 $F'(x) \neq 0$；

（3）$\lim\limits_{x \to \infty} \dfrac{f'(x)}{F'(x)}$ 存在（或无穷大），

那么　　　　　　　　　　$\lim\limits_{x \to \infty} \dfrac{f(x)}{F(x)} = \lim\limits_{x \to \infty} \dfrac{f'(x)}{F'(x)}$.

例 4　求 $\lim\limits_{x \to +\infty} \dfrac{\left(\dfrac{\pi}{2} - \arctan x \right)}{\operatorname{arccot} x}$.

解　此极限为 $\dfrac{0}{0}$ 型未定式，由洛必达法则，得

$$\lim\limits_{x \to +\infty} \dfrac{\left(\dfrac{\pi}{2} - \arctan x \right)}{\operatorname{arccot} x} = \lim\limits_{x \to +\infty} \dfrac{-\dfrac{1}{1+x^2}}{-\dfrac{1}{1+x^2}} = 1.$$

注意　（1）只要属于 $\dfrac{0}{0}$ 和 $\dfrac{\infty}{\infty}$ 型的极限，无论自变量 $x \to x_0$，还是 $x \to \infty$，只要满足定理中的全部条件，就可应用洛必达法则；

（2）当 $x \to x_0$ 或 $x \to \infty$ 时，$\dfrac{f'(x)}{F'(x)}$ 仍为 $\dfrac{0}{0}$ 和 $\dfrac{\infty}{\infty}$ 型未定式，且满足洛必达法则的条件，可以有限次的连续使用洛必达法则；

（3）使用洛必达法则在求极限运算中不一定是最有效的，如果与其他方法结合使用，效果更好

二、$\dfrac{\infty}{\infty}$ 型未定式

例 5　求 $\lim\limits_{x \to +\infty} \dfrac{\ln x}{x^2}$.

解　此极限为 $\dfrac{\infty}{\infty}$ 型未定式，由洛必达法则，得

$$\lim\limits_{x \to +\infty} \dfrac{\ln x}{x^2} = \lim\limits_{x \to +\infty} \dfrac{\dfrac{1}{x}}{2x} = \lim\limits_{x \to +\infty} \dfrac{1}{2x^2} = 0.$$

例6 求 $\lim\limits_{x\to 0^+} \dfrac{\ln\sin 3x}{\ln\sin x}$.

解 此极限为 $\dfrac{\infty}{\infty}$ 型未定式，由洛必达法则，得

$$\lim\limits_{x\to 0^+} \dfrac{\ln\sin 3x}{\ln\sin x} = \lim\limits_{x\to 0^+} \left(\dfrac{3\cos 3x}{\sin 3x} \cdot \dfrac{\sin x}{\cos x} \right)$$

$$= 3\lim\limits_{x\to 0^+} \dfrac{\sin x}{\sin 3x} = 3\lim\limits_{x\to 0^+} \dfrac{\cos x}{3\cos 3x} = 1.$$

思考 如何求 $\lim\limits_{x\to +\infty} \dfrac{e^x + e^{-x}}{e^x - e^{-x}}$，是否可用洛必达法则？

三、其他未定式的极限求法

除了 $\dfrac{\infty}{\infty}$ 型和 $\dfrac{0}{0}$ 型未定式之外，还有 $0\cdot\infty$、$\infty-\infty$、1^∞、0^0、∞^0 型五种未定式，在条件允许的情况下，一般可以设法将其他类型的未定式极限转化为 $\dfrac{0}{0}$ 型及 $\dfrac{\infty}{\infty}$ 型未定式，然后使用洛必达法则求值.

例7 求 $\lim\limits_{x\to +\infty} x\left(\dfrac{\pi}{2} - \arctan x\right)$.

解 此极限为 $0\cdot\infty$ 型未定式，可以通过变形转化为 $\dfrac{0}{0}$ 型未定式，由洛必达法则，得

$$\lim\limits_{x\to +\infty} x\left(\dfrac{\pi}{2} - \arctan x\right) = \lim\limits_{x\to +\infty} \dfrac{\left(\dfrac{\pi}{2} - \arctan x\right)}{\dfrac{1}{x}}$$

$$= \lim\limits_{x\to +\infty} \dfrac{-\dfrac{1}{1+x^2}}{-\dfrac{1}{x^2}} = \lim\limits_{x\to +\infty} \dfrac{x^2}{1+x^2} = 1.$$

例8 求 $\lim\limits_{x\to 0}\left(\dfrac{1}{x} - \dfrac{1}{e^x-1}\right)$.

解 此极限为 $\infty-\infty$ 型未定式，通过"通分"转化为 $\dfrac{0}{0}$ 型未定式，由洛必达法则，得

$$\lim_{x \to 0}\left(\frac{1}{x} - \frac{1}{e^x - 1}\right) = \lim_{x \to 0}\frac{e^x - 1 - x}{x(e^x - 1)}$$

$$= \lim_{x \to 0}\frac{e^x - 1}{e^x - 1 + xe^x} = \lim_{x \to 0}\frac{e^x}{e^x + e^x + xe^x} = \frac{1}{2}.$$

例 9　求 $\lim\limits_{x \to 0^+} x^x$（$0^0$ 型）.

解　设 $y = x^x$，两边取对数得

$$\ln y = x\ln x,$$

因为

$$\lim_{x \to 0^+}\ln y = \lim_{x \to 0^+}x\ln x(0 \cdot \infty) = \lim_{x \to 0^+}\frac{\ln x}{\frac{1}{x}}\left(\frac{\infty}{\infty}\right) = \lim_{x \to 0^+}(-x) = 0,$$

所以

$$\lim_{x \to 0^+}x^x = \lim_{x \to 0^+}y = \lim_{x \to 0^+}e^{\ln y} = e^{\lim\limits_{x \to 0^+}\ln y} = e^0 = 1.$$

例 10　求 $\lim\limits_{x \to 1}x^{\frac{1}{1-x}}$.（$1^\infty$ 型）

解　设 $y = x^{\frac{1}{1-x}}$，两边取对数得

$$\ln y = \frac{\ln x}{1 - x},$$

因为　　　　　$\lim\limits_{x \to 1}\ln y = \lim\limits_{x \to 1}\dfrac{\ln x}{1 - x}\left(\dfrac{0}{0}\right) = \lim\limits_{x \to 1}\dfrac{\frac{1}{x}}{-1} = -1,$

所以

$$\lim_{x \to 1}x^{\frac{1}{1-x}} = \lim_{x \to 1}y = \lim_{x \to 1}e^{\ln y} = e^{\lim\limits_{x \to 1}\ln y} = e^{-1},$$

即　　　　　　　　　　　$\lim\limits_{x \to 1}x^{\frac{1}{1-x}} = e^{-1}.$

习题 4-2

求下列极限：

（1）$\lim\limits_{x \to \alpha}\dfrac{\sin x - \sin \alpha}{x - \alpha}$；　　　　　　（2）$\lim\limits_{x \to 0^+}\dfrac{\ln(1+x) - x}{\cos x - 1}$；

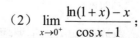

扫码查答案

（3）$\lim\limits_{x\to 0}\dfrac{\tan x-\sin x}{x^3}$；

（4）$\lim\limits_{x\to 0^+}\dfrac{\ln\tan 7x}{\ln\tan 2x}$；

（5）$\lim\limits_{x\to 1}(\dfrac{x}{x-1}-\dfrac{1}{\ln x})$；

（6）$\lim\limits_{x\to \frac{\pi}{2}}(\sec x-\tan x)$；

（7）$\lim\limits_{x\to +\infty}\dfrac{x^2}{e^{3x}}$；

（8）$\lim\limits_{x\to 0}\dfrac{\tan x-x}{x-\sin x}$；

（9）$\lim\limits_{x\to +\infty}(x)^{\frac{1}{x}}$；

（10）$\lim\limits_{x\to 0^+}(x)^{\sin x}$.

§4-3 函数的单调性

单调性是函数的重要性态之一．前面，我们给出了单调函数的定义，即对于函数 $y=f(x)$，若对于 $\forall x_1<x_2\in[a,b]$，有 $f(x_1)<f(x_2)$（或 $f(x_1)>f(x_2)$），则称函数 $y=f(x)$ 在区间 $[a,b]$ 上单调增加（或减少）．利用函数单调性的定义来判定函数的单调性往往是比较困难的．本节我们将利用导数来研究函数单调性的判定方法．

由图 4-3 可以看出：如果函数 $y=f(x)$ 在区间 $[a,b]$ 上单调增加，其图像是一条沿 x 轴正向上升的曲线，曲线上各点切线的倾斜角都是锐角，切线的斜率大于零，即 $f'(x)>0$．

由图 4-4 可以看出：如果函数 $y=f(x)$ 在区间 $[a,b]$ 上单调减少，其图像是一条沿 x 轴正向下降的曲线，曲线上各点切线的倾斜角都是钝角，切线的斜率小于零，即 $f'(x)<0$．

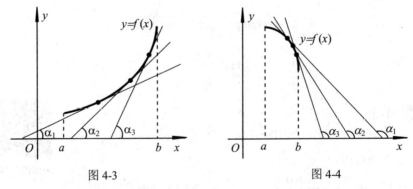

图 4-3　　　　　　　　图 4-4

由此看出，函数在 $[a,b]$ 上单调增加时有 $f'(x)>0$；函数在 $[a,b]$ 上单调减

少时有 $f'(x) < 0$.

反之，能否用 $f'(x)$ 的符号判定函数 $f(x)$ 的单调性呢？

下面我们用拉格朗日中值定理进行讨论：

设函数 $y = f(x)$ 在区间 $[a,b]$ 上连续，在 (a,b) 内可导，若对于 $\forall x_1 < x_2 \in [a,b]$，由拉格朗日中值定理，得到

$$f(x_2) - f(x_1) = f'(\xi)(x_2 - x_1) \quad (x_1 < \xi < x_2) .$$

在上式中，因为 $x_2 - x_1 > 0$，在 (a,b) 内当 $f'(x) > 0$ 时，也有 $f'(\xi) > 0$，于是

$$f(x_2) - f(x_1) = f'(\xi)(x_2 - x_1) > 0 ,$$

即
$$f(x_1) < f(x_2) .$$

就是说，函数 $y = f(x)$ 在 $[a,b]$ 上单调增加.

同理可证，在 (a,b) 内当 $f'(x) < 0$ 时，函数 $y = f(x)$ 在 $[a,b]$ 上单调减少.

综上所述，得到函数单调性的判定方法：

定理2 设函数 $f(x)$ 在区间 $[a,b]$ 上连续，在 (a,b) 内可导. 则在 (a,b) 内

（1）若 $f'(x) > 0$，则函数 $y = f(x)$ 在 $[a,b]$ 上单调增加；

（2）若 $f'(x) < 0$，则函数 $y = f(x)$ 在 $[a,b]$ 上单调减少.

说明 （1）定理2中的区间改成任意区间（包括无穷区间），结论仍成立；

（2）有些函数在定义区间上不具有单调性，但在定义区间中的部分区间上具有单调性.

这就需要我们寻找能够将定义区间进行划分的点，即区间的"分界点". 对于可导函数来说，显然这些单调区间的"分界点"处的导数值应为零. 如 $y = x^2$ 在 $(-\infty, 0]$ 内单调减少，在 $[0, +\infty)$ 内单调增加，但在 $(-\infty, +\infty)$ 上不具备单调性，$x = 0$ 是单调区间的"分界点".

但反过来，导数值为零的点，不一定是单调区间的"分界点". 如函数 $f(x) = x^3$，在 $(-\infty, +\infty)$ 内单调增加，但在 $x = 0$ 处有 $f'(x) = 0$. 使 $f'(x) = 0$ 的点叫做函数 $y = f(x)$ 的**驻点**.

例1 确定函数 $f(x) = 2x^3 - 9x^2 + 12x - 3$ 的单调区间.

解 （1）函数 $f(x)$ 的定义域为 $(-\infty, +\infty)$ ，

（2）$f'(x) = 6x^2 - 18x + 12 = 6(x-1)(x-2)$ ，

（3）令 $f'(x) = 0$ ，即

$$6(x-1)(x-2) = 0 ,$$

解得

$$x_1 = 1, \ x_2 = 2 \ .$$

（4）列表分析函数的单调性：

x	$(-\infty,1)$	1	$(1,2)$	2	$(2,+\infty)$
$f'(x)$	+	0	−	0	+
$f(x)$	↗		↘		↗

（5）函数 $f(x)$ 的单增区间是 $(-\infty,1)$ 和 $(2,+\infty)$，单减区间是 $(1,2)$．

例 2　求函数 $f(x) = 3(x-1)^{\frac{2}{3}}$ 的单调区间．

解　（1）函数 $f(x)$ 的定义域为 $(-\infty,+\infty)$；

（2）$f'(x) = 2(x-1)^{-\frac{1}{3}} = \dfrac{2}{\sqrt[3]{x-1}}$；

（3）函数 $f(x)$ 在 $(-\infty,+\infty)$ 内没有导数为零的点，但在点 $x=1$ 处导数不存在；

（4）列表分析函数的单调性：

x	$(-\infty,1)$	1	$(1,+\infty)$
$f'(x)$	−	0	+
$f(x)$	↘		↗

（5）函数 $f(x)$ 的单调增区间为 $(1,+\infty)$，单调减区间为 $(-\infty,1)$．

综合以上几例，我们得到求函数单调区间的步骤如下：

（1）求函数的定义域；

（2）求导数；

（3）使 $f'(x)=0$ 或 $f'(x)$ 不存在的点；

（4）列表讨论 $f'(x)$ 在各区间内的符号；

（5）由表判断函数在各区间内的单调性从而下结论．

利用函数的单调性还可以证明一些不等式．

例 3　求证：$x > \ln(1+x)$（$x>0$）．

证　设 $f(x) = x - \ln(1+x)$，则

$$f'(x) = 1 - \frac{1}{1+x} \ .$$

当 $x>0$ 时，$f'(x)>0$，由定理可知 $f(x)$ 为单调增加；又 $f(0)=0$，故当 $x>0$ 时，$f(x)>f(0)$，即 $x-\ln(1+x)>0$．因此 $x>\ln(1+x)$．

习题 4-3

扫码查答案

1. 确定下列函数的单调区间：

（1）$f(x) = 2x^2 - \ln x$；

（2）$f(x) = x^3 - 3x$；

（3）$f(x) = \dfrac{e^x}{1+x}$；

（4）$f(x) = (x-1)^2(x+3)^3$.

2. 证明下列不等式：

（1）$e^x > 1 + x$（$x > 0$）；

（2）$2\sqrt{x} > 3 - \dfrac{1}{x}$（$x > 1$）.

§4-4 函数的极值

一、函数极值的定义

定义 1 设函数 $f(x)$ 在 x_0 的某个邻域内有定义，如果对于该邻域内的任意点 x（$x \neq x_0$）：

（1）若 $f(x) < f(x_0)$，则称 $f(x_0)$ 为函数 $f(x)$ 的极大值，并且称点 x_0 是 $f(x)$ 的极大值点；

（2）若 $f(x) > f(x_0)$，则称 $f(x_0)$ 为函数 $f(x)$ 的极小值，并且称点 x_0 是 $f(x)$ 的极小值点.

函数的极大值与极小值统称为函数的极值；极大值点和极小值点统称为函数的极值点.

在图 4-5 中，$f(x_2)$，$f(x_5)$ 是函数 $f(x)$ 的极大值，点 x_2，x_5 称为极大点；$f(x_1)$，$f(x_4)$，$f(x_6)$ 是函数 $f(x)$ 的极小值，点 x_1，x_4，x_6 称为极小点.

注意 （1）极值是指函数值，而极值点是指自变量的值；

（2）函数极值的概念是局部性的，函数的极大值和极小值之间并无确定的大小关系；图 4-5 中极大值 $f(x_2)$ 就比极小值 $f(x_6)$ 要小；

（3）函数极值只在区间 (a, b) 内部取得，不可能在区间的端点取得；

（4）一个函数的极大值或极小值，并不一定是该函数的最大值和最小值. 在图 4-5 中，只有一个极小值 $f(x_1)$ 同时也是最小值，而没有一个极大值是最大值. 图 4-5 中函数的最大值是 $f(b)$.

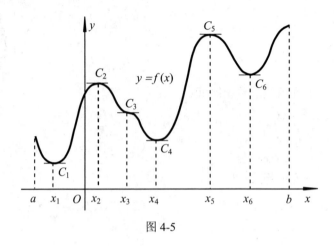

图 4-5

二、函数极值的判定和求法

由图 4-5 可以看到，在极值点对应的曲线处都具有水平切线，于是我们可以得到如下定理：

定理 3（极值的必要条件）

如果函数 $f(x)$ 在点 x_0 处可导，且在 x_0 处存在极值，则 $f'(x_0) = 0$.

说明　（1）由上述定理知，可导函数的极值点必是驻点，但反之，函数的驻点却不一定是极值点．图 4-5 中的点 C_3 处有水平切线，即有 $f'(x_3) = 0$，点 x_3 是驻点，但 $f(x_3)$ 并不是极值，故点 x_3 不是极值点．从图形上看，在点 x_3 的左右近旁函数的单调性没有改变．

（2）导数不存在的点也可能是函数的极值点．例如，函数 $y = |x|$．点 $x = 0$ 使 y' 不存在，但函数在 $x = 0$ 处有极小值．

综上所述，函数的极值只可能在驻点或导数不存在的点取得，那如何判定这些点是否为函数的极值点呢？

下面研究极值存在的充分条件．

定理 4（极值的第一充分条件）　设函数 $f(x)$ 在点 x_0 的某个邻域内可导且 $f'(x_0) = 0$，如果在该邻域内：

（1）当 $x < x_0$ 时，$f'(x) > 0$，而当 $x > x_0$ 时，$f'(x) < 0$，则函数 $f(x)$ 在 x_0 处取得极大值（如图 4-6）；

（2）当 $x < x_0$ 时，$f'(x) < 0$，而当 $x > x_0$ 时，$f'(x) > 0$，则函数 $f(x)$ 在 x_0 处取得极小值（如图 4-7）；

（3）如果在 x_0 的某个去心邻域内，若 $f'(x)$ 不改变符号，则函数 $f(x)$ 在 x_0 处没有极值．

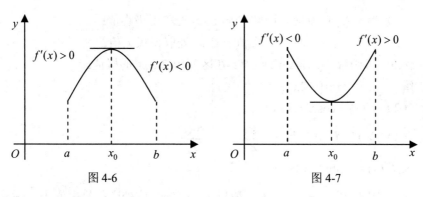

图 4-6   图 4-7

例1 求函数 $f(x) = 2x^3 + 3x^2 - 12x + 1$ 的极值.

解 （1）函数的定义域为 $(-\infty, +\infty)$；

（2） $f'(x) = 6x^2 + 6x - 12 = 6(x+2)(x-1)$；

（3）令 $f'(x) = 0$，得驻点 $x_1 = -2$，$x_2 = 1$；

（4）列表讨论如下：

x	$(-\infty, -2)$	-2	$(-2,1)$	1	$(1, +\infty)$
$f'(x)$	$+$	0	$-$	0	$+$
$f(x)$	↗	极大值	↘	极小值	↗

（5）由上表知，函数的极大值为 $f(-2) = 21$，极小值为 $f(1) = -6$.

例2 求函数 $f(x) = x - \dfrac{3}{2}x^{\frac{2}{3}}$ 的极值.

解 （1）函数 $f(x)$ 的定义域为 $(-\infty, +\infty)$；

（2） $f'(x) = 1 - x^{-\frac{1}{3}} = \dfrac{\sqrt[3]{x} - 1}{\sqrt[3]{x}}$；

（3）令 $f'(x) = 0$，得驻点 $x = 1$．当 $x = 0$ 时，导数不存在；

（4）列表讨论如下：

x	$(-\infty, 0)$	0	$(0,1)$	1	$(1, +\infty)$
$f'(x)$	$+$	不存在	$-$	0	$+$
$f(x)$	↗	极大值	↘	极小值	↗

（5）由上表知，函数的极大值为 $f(0) = 0$，极小值为 $f(1) = -\dfrac{1}{2}$.

定理5（极值的第二充分条件） 设函数 $f(x)$ 在点 x_0 处具有二阶导数且 $f'(x_0) = 0$，$f''(x_0) \neq 0$，如果

（1）当 $f''(x_0)>0$ 时，函数 $f(x)$ 在 x_0 处取得极小值；

（2）当 $f''(x_0)<0$ 时，函数 $f(x)$ 在 x_0 处取得极大值.

例 3 求函数 $f(x)=\sin x+\cos x$ 在区间 $[0,2\pi]$ 上的极值.

解 （1）$\forall x\in[0,2\pi]$；

（2）$f'(x)=\cos x-\sin x$；

（3）令 $f'(x)=0$，得 $x_1=\dfrac{\pi}{4}$，$x_2=\dfrac{5\pi}{4}$；

又 $f''(x)=-\sin x-\cos x$；

（4）因为 $f''(\dfrac{\pi}{4})=-\sqrt{2}<0$，所以 $f(x)$ 在 $x=\dfrac{\pi}{4}$ 处取得极大值 $f(\dfrac{\pi}{4})=\sqrt{2}$.

因为 $f''(\dfrac{5\pi}{4})=\sqrt{2}>0$，所以 $f(x)$ 在 $x=\dfrac{5\pi}{4}$ 处取得极小值 $f(\dfrac{5\pi}{4})=-\sqrt{2}$.

习题 4-4

扫码查答案

1．求下列函数的极值：

（1）$f(x)=x-\ln(1+x)$；

（2）$f(x)=2x^3-6x^2-18x+7$；

（3）$f(x)=1-(x-2)^{\frac{2}{3}}$；

（4）$f(x)=(x^2-1)^3+1$；

（5）$f(x)=x^2\mathrm{e}^{-x}$；

（6）$f(x)=\dfrac{2x}{1+x^2}$.

2．利用二阶导数，判断下列函数的极值：

（1）$f(x)=x^2(1-x)$；

（2）$f(x)=2x-\ln(4x)^2$.

3．已知函数 $f(x)=\mathrm{e}^{-x}\ln ax$ 在 $x=\dfrac{1}{2}$ 处有极值，求 a 的值.

§4-5　函数的最大值和最小值

在日常生活中，工程技术及市场经济中，常常会遇到如何做才能使"用料最省""效率最高""路程最短"等问题．用数学的方法进行描述可归结为求一个函数的最大值与最小值问题．

由前面的知识知道，在闭区间上的连续函数一定存在最大值与最小值．显然，要求函数的最大（小）值，必先找出函数 $f(x)$ 在区间 $[a,b]$ 上取得最大值和最小值的点．怎样在区间 $[a,b]$ 上找出取得最大（小）值的点呢？下面我们就来解决这个问题.

（1）若函数 $f(x)$ 的最大（小）值在区间 (a,b) 内部取得，那么对可导函数来讲，必在驻点处取得；

（2）函数 $f(x)$ 的最大（小）值可以在区间的端点处取得；

（3）函数在其 $f'(x)$ 不存在的点可能取得极值，则函数的最大（小）值也可能在使 $f'(x)$ 不存在的点处取得.

综上所述，可知求函数 $f(x)$ 在区间 $[a,b]$ 上的最大（小）值的步骤为：

（1）求函数 $f(x)$ 的导数，并求出所有的驻点和导数不存在的点；

（2）求各驻点、导数不存在的点及各端点的函数值；

（3）比较上述各函数值的大小，其中最大的就是 $f(x)$ 在闭区间 $[a,b]$ 上的最大值，最小的就是 $f(x)$ 在闭区间 $[a,b]$ 上的最小值.

例 1 求函数 $y = \sqrt[3]{(x^2 - 2x)^2}$ 在 $[0,3]$ 上的最大值与最小值.

解 显然，函数 $y = \sqrt[3]{(x^2 - 2x)^2}$ 在 $[0,3]$ 上连续，且

$$y' = \frac{4(x-1)}{3\sqrt[3]{x^2 - 2x}},$$

可知，驻点 $x = 1$，不可导点 $x = 2$，$x = 0$，端点 $x = 0$，$x = 3$，这些点的函数值分别为

$$y(0) = y(2) = 0 , \quad y(1) = 1 , \quad y(3) = \sqrt[3]{9} .$$

那么函数在 $[0,3]$ 上的最大值为 $y(3) = \sqrt[3]{9}$，最小值为 $y(0) = y(2) = 0$.

在实际问题中常常遇到这样一种特殊情况，连续函数 $y = f(x)$ 若在区间 (a,b) 内有且只有唯一驻点 x_0，根据实际问题，当 $f(x_0)$ 是极大值时就是最大值；而当 $f(x_0)$ 为极小值时就是最小值.

例 2 **【用料最省】** 某工厂要用围墙围成面积为 $96\,\mathrm{m}^2$ 的矩形场地，如图 4-8 所示，并在正中间用一堵墙将它隔成两块，问这块土地的长和宽各取多少时，才能使所用的建筑材料最省？

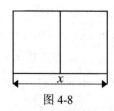

图 4-8

解 设这块地的长为 $x\,\mathrm{m}$，则宽为 $\dfrac{96}{x}\,\mathrm{m}$，并可得围墙和隔墙的总长度为

$$f(x) = 2x + 3 \times \frac{96}{x} = 2x + \frac{288}{x} \qquad (x > 0).$$

令

$$f'(x) = 2 - \frac{288}{x^2} = 2(1 - \frac{12}{x})(1 + \frac{12}{x}) = 0,$$

解得 $x = 12$ 是 $(0, +\infty)$ 中唯一的驻点.

而 $f''(12) > 0$，即 $f(x)$ 在 $x = 12$ 处取得极小值，故知 $f(x)$ 在 $x = 12$ 处取得最小值.

则当土地的长为 $12\,\mathrm{m}$、宽为 $8\,\mathrm{m}$ 时，围墙和隔墙的长度最短，才能使所用的建筑材料最省.

求实际问题的最大（小）值有以下步骤：

（1）先根据问题的条件建立目标函数；

（2）求目标函数的定义域；

（3）求目标函数的驻点（唯一驻点）；并判定在此驻点处取得的是极大值还是极小值；

（4）根据实际问题的性质确定该函数值是最大值还是最小值.

例 3 【**费用最低**】铁路上 A、B 两城的距离为 100 km，工厂 C 距铁路线 20 km，即 $AC = 20$ km. 且 $AC \perp AB$（见图 4-9）. 现在要在 AB 中选一点 D，修一条公路直通 C 厂. 已知铁路运货每千米的运费与公路的运费之比是 3:5，问 D 应选在何处，才能使从 B 城运往工厂 C 的运费最省.

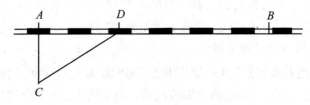

图 4-9

解 设 $AD = x$（km），先建立运费函数.

由于 $CD = \sqrt{20^2 + x^2} = \sqrt{400 + x^2}$，$DB = 100 - x$.

故由 B 点经 D 到 C 厂，单位重量的货物运费为

$$y = 5\sqrt{400 + x^2} + 3(100 - x) \quad (0 \leqslant x \leqslant 100),$$

令 $y' = \dfrac{10x}{2\sqrt{400 + x^2}} - 3 = \dfrac{5x - 3\sqrt{400 + x^2}}{\sqrt{400 + x^2}} = 0,$

解得 $x = 15$ 是 $[0,100]$ 中唯一的驻点.

而 $f''(15) > 0$，即 $f(x)$ 在 $x = 15$ 处取得极小值，故知 $f(x)$ 在 $x = 15$ 处取得最小值.

则距 A 城 15 km 处选为 D 点，可使运费最省.

例 4　【收入最高】 某房地产公司有 50 套公寓要出租，当租金定为每月 180 元时，公寓会全部租出去，当租金每月增加 10 元时，就有一套公寓租不出去，而租出去的房子每月需花费 20 元的整修维护费. 试问房租定为多少可获得最大收入？

解　设房租为每月 x 元，则租出去的房子有 $50 - \left(\dfrac{x-180}{10} \right)$ 间，每月总收入为

$$R(x) = (x-20)\left[50 - \left(\dfrac{x-180}{10} \right) \right]，\text{即 } R(x) = (x-20)\left(68 - \dfrac{x}{10} \right) \quad (x > 180).$$

令 $R'(x) = \left(68 - \dfrac{x}{10} \right) + (x-20)(-\dfrac{1}{10}) = 70 - \dfrac{x}{5} = 0$，

解得 $x = 350$ 是 $(0, +\infty)$ 中唯一的驻点.

而 $R''(350) < 0$，即 $R(x)$ 在 $x = 350$ 处取得极大值，故知 $R(x)$ 在 $x = 350$ 处取得最大值.

则每月每套租金定为 350 元时收入最高.

例 5　【利润最大】 某公司每月生产 1000 件产品，每件有 10 元纯利润，生产 1000 件后，每增产一件获利减少 0.02 元，问每月生产多少件产品，可使纯利润最大？

解　本问题可分为两方面考虑：每月生产 1000 件产品，该利润是固定的，由题设知，所获利润为 $L_1 = 10 \times 1000 = 10000$（元）.

生产 1000 件产品之后，再增加生产，所获利润将随着产量而改变，只要计算增产件数即可.

设生产 1000 件产品之后，增产 x 件产品可获最大利润. 由此，增产第 x 件产品的纯利润为：$10 - 0.02x$；而增产 x 件产品的纯利润为：

$$L_2 = (10 - 0.02x)x = 10x - 0.02x^2.$$

由于 $L_2' = (10x - 0.02x^2)' = 10 - 0.04x$，

令 $L_2' = 0$，即 $10 - 0.04x = 0$.

解得 $x = 250$（件）.

又因为　$L_2'' = -0.04 < 0$，

所以，增产 250 件产品时，纯利润最大.

增产 250 件产品的纯利润为：

$$L_2 = (10x - 0.02x^2)\big|_{x=250} = 1250 \quad （元）.$$

于是可知，每月生产 1250 件产品时，可获最大利润，其利润为：

$$L = 10000 + 1250 = 11250 \quad （元）.$$

习题 4-5

扫码查答案

1. 求下列函数在给定区间上的最大值和最小值：

（1）$f(x) = 2x^3 + 3x^2 - 12x + 10$，$x \in [-3, 4]$；

（2）$f(x) = \dfrac{1}{2}x^2 - 3\sqrt[3]{x}$，$x \in [-1, 2]$；

（3）$f(x) = \ln(1 + x^2)$，$x \in [-1, 2]$；

（4）$f(x) = x + \sqrt{1 + x}$，$x \in [-5, 1]$.

2. 要做一个容积为 V 的圆柱形油罐，问底半径 r 和高 h 等于多少时才能使所用材料最省？

3. 有一块宽为 $2a$ 的正方形铁片，将它的两个边缘向上折起成一个开口水槽，其横截面为矩形，高为 x，问高 x 取何值时，水槽的流量最大？

4. 甲船位于乙船东 75 海里处，以每小时 12 海里的速度向西行驶，而乙船则以每小时 6 海里的速度向北行驶，问经过多长时间两船相距最近？

5. 某厂生产某种产品 Q 个单位时的费用为 $C(Q) = \dfrac{1}{4}Q^2 + 1$，销售收入为 $R(Q) = 8\sqrt{Q}$，求使利润达到最大的产量 Q.

6. 设生产某种产品 x 个单位的生产费用为

$$C(x) = 900 + 20x + x^2 \quad （元）.$$

问：x 为多少时平均费用最低？最低的平均费用是多少？

7. 欲利用围墙围成面积为 216 平方米的一块矩形土地，并在正中用一堵墙将其隔成两块，问这块土地长和宽选取多大的尺寸，才能使所用建筑材料最省？

§4-6 曲线的凹凸、拐点与渐近线

要想较准确地描绘函数的图形，仅知道 $y = f(x)$ 的单调性和极值是不够的，还需要进一步研究曲线的凹凸性.

一、曲线的凹凸与拐点

如图 4-10 中的两条曲线弧 ACB 和 ADB，都是单调上升的，但它们的弯曲方向明显不同，曲线弧 ACB 向下凹，曲线弧 ADB 向上凸，下面介绍描述曲线弯曲方向的概念.

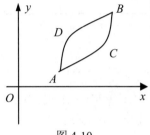

图 4-10

定义 2 在开区间 (a,b) 内，如果曲线上每一点处的切线都在它的下方，则称曲线在 (a,b) 内是凹的，区间 (a,b) 称为曲线的凹区间；如果曲线上每一点处的切线都在它的上方，则称曲线在 (a,b) 内是凸的，区间 (a,b) 称为曲线的凸区间.

为了能用导数来判定曲线是凹的或凸的，我们先分析凹的曲线或凸的曲线与导数的关系. 如图 4-11、图 4-12 所示，对于凹的曲线，当 x 增大时，曲线上对应点的切线的斜率 $f'(x)$ 也是增大的，即 $f'(x)$ 是单调递增的，从而 $f''(x) > 0$；而对于凸的曲线，曲线上对应点的切线的斜率 $f'(x)$ 是减小的，即 $f'(x)$ 是单调递减的，从而 $f''(x) < 0$. 这说明可以用函数 $f(x)$ 的二阶导数 $f''(x)$ 来判定曲线的凹凸性.

定理 6 设函数 $f(x)$ 在 (a,b) 内具有二阶导数.

（1）如果在 (a,b) 内，$f''(x) > 0$，那么曲线在 (a,b) 内是凹的；

（2）如果在 (a,b) 内，$f''(x) < 0$，那么曲线在 (a,b) 内是凸的.

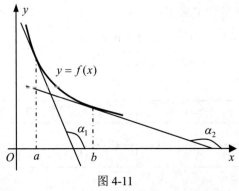

图 4-11

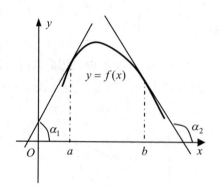

图 4-12

例1 判定曲线 $y = x^4 - 6x^2 + 24x - 12$ 的凹凸性.

解　（1）函数的定义域为 $(-\infty, +\infty)$；

（2）$y' = 4x^3 - 12x + 24$，$y'' = 12x^2 - 12 = 12(x-1)(x+1)$；

（3）令 $y'' = 0$，得 $x = \pm 1$；

（4）列表考查（表中"∩"表示曲线是凸的，"∪"表示曲线是凹的）；

x	$(-\infty, -1)$	$(-1, 1)$	$(1, +\infty)$
y''	+	−	+
曲线 y	∪	∩	∪

（5）由上表可知，曲线在 $(-1, 1)$ 内是凸的，在 $(-\infty, -1)$ 和 $(1, +\infty)$ 内是凹的.

定义3　连续曲线上凹曲线和凸曲线的分界点称为曲线的拐点.

由例1可知，曲线 $y = x^4 - 6x^2 + 24x - 12$ 的拐点为 $(-1, -41)$ 和 $(1, 7)$.

注意　（1）在拐点处，函数的二阶导数为零或不存在；

（2）拐点是指曲线上的点，而不是 x 轴上的点.

例2　求曲线 $y = x^3 - 3x^2$ 的凹凸区间和拐点.

解　（1）函数的定义域为 $(-\infty, +\infty)$；

（2）$y' = 3x^2 - 6x$，$y'' = 6x - 6 = 6(x-1)$；

（3）令 $y'' = 0$，得 $x = 1$；

（4）列表考查

x	$(-\infty, 1)$	1	$(1, +\infty)$
y''	−	0	+
曲线 y	∩	拐点 $(1, -2)$	∪

（5）由上表可知，曲线在 $(-\infty,1)$ 内是凸的，在 $(1,+\infty)$ 内是凹的；曲线的拐点为 $(1,-2)$ ．

例3 求曲线 $y=\sqrt[3]{x}$ 的凹凸区间和拐点．

解 （1）函数的定义域为 $(-\infty,+\infty)$ ；

（2） $y'=\dfrac{1}{3\sqrt[3]{x^2}}$ ， $y''=-\dfrac{2}{9\sqrt[3]{x^5}}$ ；

（3） $x=0$ 是使 y'' 不存在的点；

（4）列表考查

x	$(-\infty,0)$	0	$(0,+\infty)$
y''	+	不存在	−
曲线 y	∪	拐点 $(0,0)$	∩

（5）由上表可知，曲线在 $(0,+\infty)$ 内是凸的，在 $(-\infty,0)$ 内是凹的；曲线的拐点为 $(0,0)$ ．

例4 判断曲线 $y=(2x-1)^4+1$ 是否有拐点？

解 （1）函数的定义域为 $(-\infty,+\infty)$ ；

（2） $y'=8(2x-1)^3$ ， $y''=48(2x-1)^2$ ；

（3）令 $y''=0$ ，得 $x=\dfrac{1}{2}$ ；

（4）因为当 $x\neq\dfrac{1}{2}$ 时， y'' 恒为正数，也就是说在点 $x=\dfrac{1}{2}$ 的左、右近旁， y'' 的符号相同，都是正的，因此点 $\left(\dfrac{1}{2},1\right)$ 不是曲线 $y=(2x-1)^4+1$ 的拐点．事实上，在整个定义域内曲线是凹的，所以它没有拐点（见图4-13）.

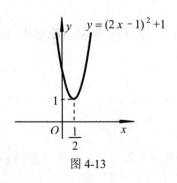

图 4-13

二、曲线的渐近线

先看下面的例子：

（1）当 $x \to +\infty$ 时，曲线 $y = \arctan x$ 无限接近于直线 $y = \dfrac{\pi}{2}$；

当 $x \to -\infty$ 时，曲线 $y = \arctan x$ 无限接近于直线 $y = -\dfrac{\pi}{2}$．

（2）当 $x \to 1 + 0$ 时，曲线 $y = \ln(x-1)$ 无限接近于直线 $x = 1$．

一般地，对于具有上述特性的直线，我们给出下面的定义：

定义 4　如果当自变量 $x \to \infty$（有时仅当 $x \to +\infty$ 或 $x \to -\infty$）时，函数 $f(x)$ 以常量 b 为极限，即

$$\lim_{\substack{x \to \infty \\ \left(\substack{x \to +\infty \\ x \to -\infty}\right)}} f(x) = b，$$

那么直线 $y = b$ 叫做曲线 $y = f(x)$ 的水平渐近线．

例如，因为 $\lim\limits_{x \to +\infty} \arctan x = \dfrac{\pi}{2}$，$\lim\limits_{x \to -\infty} \arctan x = -\dfrac{\pi}{2}$，所以直线 $y = \dfrac{\pi}{2}$ 和 $y = -\dfrac{\pi}{2}$ 是曲线 $y = \arctan x$ 的两条水平渐近线．

定义 5　如果当自变量 $x \to x_0$（有时仅当 $x \to x_0^+$ 或 $x \to x_0^-$）时，函数 $f(x)$ 以无穷大为极限，即

$$\lim_{\substack{x \to x_0 \\ \left(\substack{x \to x_0^+ \\ x \to x_0^-}\right)}} f(x) = \infty，$$

那么直线 $x = x_0$ 叫做曲线 $y = f(x)$ 的垂直渐近线．

例如，因为 $\lim\limits_{x \to 1^+} \ln(x-1) = -\infty$，所以直线 $x = 1$ 是曲线 $y = \ln(x-1)$ 的垂直渐近线．

例 5　求下列曲线的水平渐近线和垂直渐近线：

（1）$y = \dfrac{2x}{1+x^2}$；　　　　　　　　　　（2）$y = \dfrac{x+1}{x-2}$．

解　（1）$y = \dfrac{2x}{1+x^2}$，因为 $\lim\limits_{x \to \infty} \dfrac{2x}{1+x^2} = 0$，所以 $y = 0$ 是曲线 $y = \dfrac{2x}{1+x^2}$ 的水平渐近线．

（2）$y = \dfrac{x+1}{x-2}$，因为 $\lim\limits_{x \to 2} \dfrac{x+1}{x-2} = \infty$，所以直线 $x = 2$ 是曲线 $y = \dfrac{x+1}{x-2}$ 的垂

直渐近线. 又因为 $\lim\limits_{x \to \infty} \dfrac{x+1}{x-2} = 1$，所以直线 $y = 1$ 是曲线的水平渐近线.

习题 4-6

1. 求下列曲线的拐点及凹凸区间：

（1）$y = x^4 - 2x^3 + 1$；

（2）$y = xe^{-x}$；

（3）$y = \ln(x^2 + 1)$；

（4）$y = 2 + (x-4)^{\frac{1}{3}}$.

2. 求下列曲线的渐近线：

（1）$y = \dfrac{1}{x-5}$；

（2）$y = e^{\frac{1}{x}}$；

（3）$y = \dfrac{x^2 + x}{(x-2)(x+3)}$；

（4）$y = \dfrac{2x^2 + 1}{1 - x^2}$.

§4-7 函数图像的描绘

前面我们学习了函数的单调性及极值、曲线的凹凸性与拐点的判定方法，还建立了寻求渐近线的方法，这一节里，将综合运用这些知识，画出函数的图像.

利用导数描绘函数图像的一般步骤如下：

（1）确定函数 $y = f(x)$ 的定义域，考查函数的奇偶性；

（2）求出函数的一阶导数 $f'(x)$ 和二阶导数 $f''(x)$，解出方程 $f'(x) = 0$ 和 $f''(x) = 0$ 在函数定义域内的全部实根，把函数的定义域划分成几个部分区间；

（3）考查在各个部分区间内 $f'(x)$ 和 $f''(x)$ 的符号，列表确定函数的单调性和极值，曲线的凹凸性和拐点；

（4）确定曲线的水平渐近线和垂直渐近线；

（5）计算方程 $f'(x) = 0$ 和 $f''(x) = 0$ 的根所对应的函数值，定出图像上相应的点.

（6）为了把图像描得准确些，有时还要补充一些点，然后结合（3）、（4）中得到的结果，把它们连成光滑的曲线，从而得到函数 $y = f(x)$ 的图像.

例1 作函数 $y = \dfrac{1}{3}x^3 - x$ 的图像.

解 （1）函数的定义域为 $(-\infty, +\infty)$，由于

$$f(-x) = \frac{1}{3}(-x)^3 - (-x) = -(\frac{1}{3}x^3 - x) = -f(x),$$

所以函数是奇函数，它的图像关于原点对称．

（2）$y' = x^2 - 1$，由 $y' = 0$，得 $x = -1$ 和 $x = 1$；

$y'' = 2x$，由 $y'' = 0$，得 $x = 0$．

（3）列表讨论如下：

x	$(-\infty, -1)$	-1	$(-1, 0)$	0	$(0, 1)$	1	$(1, +\infty)$
y'	$+$	0	$-$	$-$	$-$	0	$+$
y''	$-$	$-$	$-$	0	$+$	$+$	$+$
曲线 y''	单增凸	极大值 $\frac{2}{3}$	单减凸	拐点 $(0,0)$	单减凹	极小值 $-\frac{2}{3}$	单增凹

（4）由上表可知，函数有极大值 $f(-1) = \frac{2}{3}$，极小值 $f(1) = -\frac{2}{3}$，曲线有拐点 $(0, 0)$．

（5）取辅助点 $(-2, -\frac{2}{3})$，$(-\sqrt{3}, 0)$，$(2, \frac{2}{3})$ 等，结合上述讨论作出函数的图像（见图 4-14）．

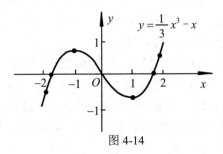

图 4-14

例 2　作函数 $y = \frac{1}{\sqrt{2\pi}} e^{-\frac{x^2}{2}}$ 的图像．

解　（1）函数的定义域为 $(-\infty, +\infty)$，由于

$$f(-x) = \frac{1}{\sqrt{2\pi}} e^{-\frac{(-x)^2}{2}} = \frac{1}{\sqrt{2\pi}} e^{-\frac{x^2}{2}} = f(x),$$

所以 $f(x)$ 是偶函数，它的图像关于 y 轴对称．

（2）$y' = -\frac{1}{\sqrt{2\pi}} x e^{-\frac{x^2}{2}}$，由 $y' = 0$，得 $x = 0$；

$$y'' = -\frac{1}{\sqrt{2\pi}}(1-x^2)e^{-\frac{x^2}{2}}, \quad \text{由 } y'' = 0, \quad \text{得 } x = \pm 1.$$

（3）列表讨论如下：

x	$(-\infty,-1)$	-1	$(-1,0)$	0	$(0, 1)$	1	$(1,+\infty)$
y'	+	+	+	0	—	—	—
y''	+	0	—	—	—	0	+
曲线 y	单增凹	拐点 $(-1,\frac{1}{\sqrt{2\pi}}e^{-\frac{1}{2}})$	单增凸	极大值 $\frac{1}{\sqrt{2\pi}}$	单减凸	拐点 $(1,\frac{1}{\sqrt{2\pi}}e^{-\frac{1}{2}})$	单减凹

由上表可知，函数的极大值为 $f(0) = \frac{1}{\sqrt{2\pi}} \approx 0.4$，曲线的拐点为 $(-1,\frac{1}{\sqrt{2\pi}}e^{-\frac{1}{2}})$

和 $(1,\frac{1}{\sqrt{2\pi}}e^{-\frac{1}{2}})$. 因为 $\frac{1}{\sqrt{2\pi}}e^{-\frac{1}{2}} \approx 0.2$，所以拐点为 $(-1,0.2)$ 和 $(1,0.2)$.

（4）因为 $\lim\limits_{x \to \infty} \frac{1}{\sqrt{2\pi}}e^{-\frac{x^2}{2}} = \frac{1}{\sqrt{2\pi}} \lim\limits_{x \to \infty} \frac{1}{e^{\frac{x^2}{2}}} = 0$,

所以直线 $y = 0$ 是曲线 $y = \frac{1}{\sqrt{2\pi}}e^{-\frac{x^2}{2}}$ 的水平渐近线.

（5）取辅助点：$(2,\frac{1}{\sqrt{2\pi}e^2})$，$(-2,\frac{1}{\sqrt{2\pi}e^2})$，即 $(2,0.05)$，$(-2,0.05)$.

综合以上讨论，作出函数的图像（图 4-15），这条曲线称为标准正态分布曲线.

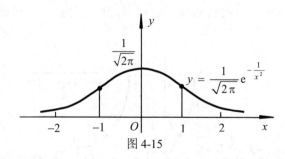

图 4-15

例 3　作函数 $y = \dfrac{x}{(x+1)(x-1)}$ 的图像.

解　（1）函数的定义域为 $(-\infty,-1) \cup (-1,+\infty)$，由于

$$f(x) = \frac{x}{(x+1)(x-1)} = \frac{x}{x^2-1},$$

$$f(-x) = \frac{-x}{(-x)^2 - 1} = -\frac{x}{x^2 - 1} = -f(x),$$

所以 $f(x)$ 是奇函数，它的图像关于原点对称.

（2）$y' = \frac{x^2 - 1 - x(2x)}{(x^2 - 1)^2} = -\frac{1 + x^2}{(x^2 - 1)^2}$，因为 $y' < 0$，所以函数在定义域内是单调减少的.

$$y'' = -\frac{2x(x^2 - 1)^2 - (1 + x^2) \cdot 2(x^2 - 1) \cdot 2x}{(x^2 - 1)^4}$$

$$= -\frac{2x(x^2 - 1) - 4x(1 + x^2)}{(x^2 - 1)^3} = \frac{2x(x^2 + 3)}{(x^2 - 1)^3}.$$

由 $y'' = 0$，得 $x = 0$.

（3）列表讨论如下：

x	$(-\infty, -1)$	$(-1, 0)$	0	$(0, 1)$	$(1, +\infty)$
y'	$-$	$-$	$-$	$-$	$-$
y''	$-$	$+$	0	$-$	$+$
曲线 y	单减凸	单减凹	拐点（0，0）	单减凸	单减凹

由上表可知，函数没有极值，曲线有拐点（0，0）.

（4）曲线有两条垂直渐近线 $x = 1$ 和 $x = -1$，以及一条水平渐近线 $y = 0$.

（5）取辅助点：$M_1\left(3, \frac{3}{8}\right)$，$M_2\left(2, \frac{2}{3}\right)$，$M_3\left(\frac{3}{2}, \frac{6}{5}\right)$，$M_4\left(-\frac{1}{2}, \frac{2}{3}\right)$.

综合上述讨论，并利用曲线关于原点对称的特点，作出函数的图像（图 4-16）.

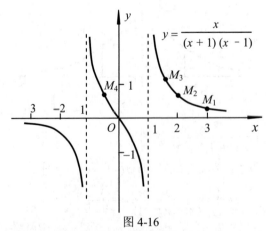

图 4-16

习题 4-7

扫码查答案

作出下列函数的图像：

（1）$y = 3x^2 - x^3$；

（2）$y = e^{-x^2}$；

（3）$y = 1 + \dfrac{1 - 2x}{x^2}$；

（4）$y = x + \dfrac{x}{x - 1}$.

§4-8　导数在经济分析中的应用

导数是经济管理中非常重要的数学工具，在这里我们将介绍边际分析和弹性分析.

一、边际与边际分析

设 $y = f(x)$ 是一个经济函数，如果 $f(x)$ 可导，$f(x)$ 在点 $x = x_0$ 处的导数

$$f'(x_0) = \lim_{\Delta x \to 0} \frac{f(x_0 + \Delta x) - f(x_0)}{\Delta x}.$$

表示 y 关于 x 在"边际上" x_0 处的变化率，即 x 从 $x = x_0$ 起作微小变化时，y 关于 x 的变化率. 经济学中，称达到 $x = x_0$ 前一个单位时 y 的变化为边际变化. 在 $x = x_0$ 处，x 从 x_0 改变一个单位，y 相应改变的值为 $\Delta y \big|_{\substack{x = x_0 \\ \Delta x = 1}}$. 但当 x 改变的"单位"很小时，或 Δx 的"一个单位"与 x_0 值相比很小时，则有

$$\Delta y \Big|_{\substack{x = x_0 \\ \Delta x = 1}} \approx dy \Big|_{\substack{x = x_0 \\ dx = 1}} = f'(x) dx \Big|_{\substack{x = x_0 \\ dx = 1}}$$
$$= f'(x_0)$$

于是有如下定义：

定义 6　设函数 $y = f(x)$ 在 x 处可导，则称导数 $f'(x)$ 为 $f(x)$ 的边际函数. $f'(x)$ 在 x_0 处的值 $f'(x_0)$ 为边际函数值.

这说明，$f(x)$ 在点 $x = x_0$ 处当 x 改变一个单位时，y 近似改变 $f'(x_0)$ 个单位. 在应用问题中，解释边际函数值的具体意义时，我们略去"近似"二字.

例如，设函数 $y = 2x^2$，试求 y 在 $x = 5$ 时的边际函数值.

因为 $y' = 4x$，所以 $y'|_{x=5} = 20$.

该值表明：当 $x = 5$ 时，x 改变一个单位（增加或减少一个单位），y 改变 20 个单位（增加或减少 20 个单位）.

1. 边际成本

边际成本是总成本的变化率.

设 C 为总成本，C_1 为固定成本，C_2 为可变成本，$\overline{C}$ 为平均成本，C' 为边际成本，Q 为产量，则有

总成本函数　$C = C(Q) = C_1 + C_2(Q)$；

平均成本函数　$\overline{C} = \overline{C}(Q) = \dfrac{C_1}{Q} + \dfrac{C_2(Q)}{Q}$；

边际成本函数　$C' = C'(Q)$；

如已知总成本 $C(Q)$，通过除法可求出平均成本 $\overline{C}(Q) = \dfrac{C(Q)}{Q}$；

如已知平均成本 $\overline{C}(Q)$，通过乘法可求出总成本 $C(Q) = Q\overline{C}(Q)$；

如已知成本 $C(Q)$，通过微分法可求出边际成本 $C' = C'(Q)$.

边际成本的经济意义：在产量为 Q 个单位的基础上，再生产一个单位的产品，其总成本的近似增量，即 $C'(Q)$ 近似地描述了从生产第 Q 个到第 $Q+1$ 个单位的产品时，总成本的近似增值.

2. 边际收益

总收益是生产者出售一定量产品所得到的全部收入. 设商品的总收入 R 是销售量 Q 的函数 $R = R(Q)$，那么，总收入函数对销售量的导数 $R'(Q)$，就叫做销售量为 Q 时的**边际收益**. 其经济意义为：当销售量为 Q 个单位时，再增加 1 个单位的销售量，总收入的近似增值.

3. 边际利润

收益与成本之差，就是利润. 设产品的总利润 L 是产量（或销售量）Q 的函数 $L = L(Q)$，则 $L'(Q)$ 称为**边际利润**，其经济意义与前述概念类同.

例 1　设某产品生产 q（吨）的总成本 C（元）为产量 q 的函数：

$$C(q) = 1000 + 7q + 50\sqrt{q} \ (0 \leqslant q \leqslant 1000)，$$

求：（1）当产量为 100 吨时的总成本；

（2）当产量为 100 吨时的平均单位成本；

（3）当产量从 100 吨增加到 225 吨时，总成本的平均变化率；

（4）当产量为 100 吨时，总成本的边际成本.

解　（1）产量为 100 吨时的总成本为

$$C(100) = 1000 + 7 \times 100 + 50\sqrt{100} = 2200 \ （元）；$$

（2）当产量为 100 吨时的平均单位成本为

$$\frac{C(q)}{q}\Big|_{q=100} = \frac{2200}{100} = 22 \quad (\text{元/吨});$$

（3）当产量从 100 吨增加到 225 吨时

$$\Delta q = 225 - 100 = 125 \quad (\text{吨}),$$

相应的　$\Delta C = C(225) - C(100) = 3325 - 2200 = 1125$（元）.

所以此时总成本的平均变化率为

$$\frac{\Delta C}{\Delta q} = \frac{1125}{125} = 9 \quad (\text{元/吨});$$

（4）边际成本

$$C'(q) = 7 + \frac{25}{\sqrt{q}},$$

$$C'(100) = 7 + \frac{25}{\sqrt{100}} = 9.5 \quad (\text{元}).$$

其经济意义：$C'(100) = 9.5$（元）表示当产量在 100 吨的基础上，再增产 1 吨时，所花费的成本为 9.5 元.

例 2　某企业生产某种产品，每天的总利润 L（单位：元）与产量 q（单位：吨）的函数关系为 $L(q) = 250q - 5q^2$，试求当每天产量为 20 吨、25 吨及 35 吨时的边际利润，并说明其经济意义.

解　边际利润是

$$L'(q) = 250 - 10q.$$

每天生产 20 吨、25 吨、35 吨时的边际利润分别为

$$L'(20) = 250 - 10 \times 20 = 50,$$

$$L'(25) = 250 - 10 \times 25 = 0,$$

$$L'(35) = 250 - 10 \times 35 = -100.$$

经济意义：$L'(20) = 50$ 表示当每天产量在 20 吨的基础上，再增产 1 吨时，总利润将增加 50 元；$L'(25) = 0$ 表示当每天产量在 25 吨的基础上，再增产 1 吨时，总利润没有增加；$L'(35) = -100$ 表示当每天产量在 35 吨的基础上，再增产 1 吨时，总利润将减少 100 元.

二、弹性与弹性分析

前面所谈的函数改变量与函数变化率是绝对改变量与绝对变化率. 我们从实践中体会到仅仅研究函数的绝对改变量与绝对变化率是不够的. 例如，商品甲每单位价格为 10 元，涨价 1 元；商品乙每单位价格为 1000 元，也涨价 1 元. 哪种商品的涨价幅度更大呢？两种商品的绝对改变量都是 1 元，但各与其原价相比，两者涨价的百分比却有很大的不同，商品甲涨了 10%，而

商品乙仅涨了 0.1%，显然商品甲的涨价幅度要比乙的涨价幅度更大．因此有必要研究函数的相对改变量与相对变化率．

例如，设函数为 $y = x^2$，当 x 从 8 增加到 10 时，相应的 y 从 64 增加到 100，即自变量 x 的绝对增量 $\Delta x = 2$，函数 y 的绝对增量 $\Delta y = 36$，又

$$\frac{\Delta x}{x} = \frac{2}{8} = 25\%，\quad \frac{\Delta y}{y} = \frac{36}{64} = 56.25\%．$$

即当 x 从 $x = 8$ 增加到 $x = 10$ 时，x 增加了 25%，y 相应地增加了 56.25%．

我们分别称 $\dfrac{\Delta x}{x}$ 与 $\dfrac{\Delta y}{y}$ 为自变量与函数的相对改变量（或相对增量），比值

$$\frac{\Delta y}{y} \bigg/ \frac{\Delta x}{x} = \frac{56.25\%}{25\%} = 2.25，$$

则表示在（8，10）内从 $x = 8$ 到 $x = 10$ 时，函数 $y = x^2$ 的平均相对变化率．

1. 弹性的概念

定义 7　设函数 $y = f(x)$ 在 x 处可导，函数的相对改变量 $\dfrac{\Delta y}{y} = \dfrac{f(x + \Delta x) - f(x)}{f(x)}$ 与自变量的相对改变量 $\dfrac{\Delta x}{x}$ 之比 $\dfrac{\Delta y}{y} \bigg/ \dfrac{\Delta x}{x}$ 称为函数 $f(x)$ 在 x 与 $x + \Delta x$ **两点间的弹性**．当 $\Delta x \to 0$ 时，$\dfrac{\Delta y}{y} \bigg/ \dfrac{\Delta x}{x}$ 的极限，称为 $f(x)$ 在点 x 处的弹性，记为 η，即

$$\eta = \lim_{\Delta x \to 0} \frac{\dfrac{\Delta y}{y}}{\dfrac{\Delta x}{x}}．$$

容易推得

$$\eta = \lim_{\Delta x \to 0} \frac{\dfrac{\Delta y}{y}}{\dfrac{\Delta x}{x}} = \lim_{\Delta x \to 0} \frac{\Delta y}{\Delta x} \cdot \frac{x}{y}$$

$$= f'(x) \cdot \frac{x}{f(x)}，$$

即

$$\eta = x \frac{f'(x)}{f(x)}．$$

这就是函数 $f(x)$ 在点 x 的弹性计算公式．

函数 $f(x)$ 在点 x 的弹性，表示函数 $f(x)$ 在点 x 处的相对变化率，即近似地表示当自变量变化 1% 时，函数变化的百分数．

η 的表达式可改写为

$$\eta = \frac{\dfrac{\mathrm{d}y}{\mathrm{d}x}}{\dfrac{y}{x}} = \frac{\text{边际函数}}{\text{平均函数}}.$$

即在经济学中，弹性又可理解为边际函数与平均函数之比.

2. 需求弹性

"需求"是指在一定价格条件下，消费者愿意购买并且有支付能力购买的商品量. 通常把商品的需求量 Q 看作价格 p 的函数 $Q = f(p)$.

设某商品需求函数 $Q = f(p)$ 在 p 处可导，$\dfrac{\Delta Q}{Q} \Big/ \dfrac{\Delta p}{p}$ 为该商品在 p 与 $p + \Delta p$ 两点间的需求弹性. 当 $\Delta p \to 0$ 时，极限值

$$\eta = \lim_{\Delta p \to 0} \frac{\dfrac{\Delta Q}{Q}}{\dfrac{\Delta p}{p}}$$

称为该商品在 p 处的需求弹性. 显然，若 $f(p)$ 在 p 处可导，则

$$\eta = p\frac{Q'(p)}{Q(p)}.$$

其经济意义为：在价格为 p 时，价格每变动 1%，需求量变化的百分比是 $p\dfrac{Q'(p)}{Q(p)}\%$.

例 3 某商品的需求量 Q 与价格 p 的关系为

$$Q = Q(p) = 1600\left(\frac{1}{4}\right)^p.$$

（1）求需求弹性 $\eta(p)$；

（2）当商品价格 $p = 10$（元）时再增加 1%，求该商品需求量的变化情况.

解 （1）根据弹性的计算公式，需求弹性为

$$\eta(p) = p \cdot \frac{Q'(p)}{Q(p)} = p \cdot \frac{\left(1600\left(\dfrac{1}{4}\right)^p\right)'}{1600\left(\dfrac{1}{4}\right)^p}$$

$$= p\frac{1600\left(\dfrac{1}{4}\right)^p \ln\dfrac{1}{4}}{1600\left(\dfrac{1}{4}\right)^p} = p\ln\frac{1}{4}$$

$$= (-2\ln 2)p \approx -1.39p,$$

需求弹性为负，说明商品价格 p 增加 1%时，商品需求量 Q 将减少 $1.39p$ %.

（2）当商品价格 $p=10$ （元）时，

$$\eta(10) = -1.39 \times 10 = -13.9.$$

这表示价格 $p=10$ 元时，价格增加 1%时，商品需求量将减少 13.9%.

如果价格减少 1%，商品的需求将增加 13.9%.

同样可以定义供给弹性.

习题 4-8

扫码查答案

1. 设某产品的价格和销售量的关系为 $P = 10 - \dfrac{Q}{5}$，求销售量为 30 时的总收益、平均收益与边际收益.

2. 已知某产品的总成本函数为 $C(q) = 200 + 4q + 0.05q^2$（万元），求 $q = 200$ 时的边际成本，并说明其经济意义.

3. 设某商品的需求量 Q 关于价格 p 的函数为 $Q = 5000\mathrm{e}^{-2p}$，求需求量 Q 对 p 的价格弹性函数.

4. 已知某商品的需求函数 $Q = \mathrm{e}^{-\frac{p}{10}}$，求 $p = 5$，$p = 10$，$p = 15$ 时的需求弹性并说明其意义.

5. 某商品的需求函数为 $Q = 12 - \dfrac{p}{2}$，求：

（1）确定需求弹性函数；

（2）确定 $p = 6$ 时的需求弹性；

（3）当 $p = 6$ 时，价格 p 上涨 1%，总收益将变化百分之几？是增加还是减少？

本章小结

一、基本概念

1. 极值点与极值：

若 $f(x) < f(x_0)$，则称 $f(x_0)$ 为函数 $f(x)$ 的极大值，并且称点 x_0 是 $f(x)$ 的极大值点；

若 $f(x) > f(x_0)$，则称 $f(x_0)$ 为函数 $f(x)$ 的极小值，并且称点 x_0 是 $f(x)$ 的极小值点.

2．驻点：使 $f'(x) = 0$ 的点称为驻点.

3．可导函数的极值点必是驻点；函数的驻点却不一定是极值点.

4．拐点：凹凸分界点是拐点.

5．曲线的渐进线：

若 $\lim\limits_{x \to \infty} f(x) = b$，则直线 $y = b$ 叫做曲线 $y = f(x)$ 的水平渐近线；

若 $\lim\limits_{x \to x_0} f(x) = \infty$，则直线 $x = x_0$ 叫做曲线 $y = f(x)$ 的垂直渐近线.

6．**边际成本**：在产量为 x 个单位的基础上，再生产一个单位的产品，其总成本的近似增量，即 $C'(x)$ 近似地描述了生产第 x 个或第 $x+1$ 个单位的产品时，总成本的近似增值.

7．**边际收益**：当销售量为 x 个单位时，再增加 1 个单位的销售量，总收入的近似增值.

8．**边际利润**：当销售量为 x 个单位时，再增加 1 个单位的销售量时所增加的利润.

9．**需求弹性**：在价格为 p 时，价格每变动 1%，需求量变化的百分比是 $p\dfrac{Q'(p)}{Q(p)}\%$.

二、基本定理

1．罗尔（Rolle）定理、拉格朗日中值定理是微分学的基本定理，注意它们的条件和结论.

2．洛必达法则：

$$\lim_{x \to x_0} \frac{f(x)}{g(x)} = \lim_{x \to x_0} \frac{f'(x)}{g'(x)} .$$

该法则只适用于计算 $\dfrac{0}{0}$ 型及 $\dfrac{\infty}{\infty}$ 型未定式的极限. 其他未定式可通过变型转换成 $\dfrac{0}{0}$ 型或 $\dfrac{\infty}{\infty}$ 型未定式. 当法则失效时应换用其他方法求解极限.

3．函数单调性的判定定理：

在 (a,b) 内，$f'(x) > 0$，则 $y = f(x)$ 单调增加；$f'(x) < 0$，则 $y = f(x)$ 单调减少.

4．极值的第一充分条件：

利用一阶导数 $f'(x)$ 在点 x_0 左右两旁的符号变化判断 x_0 处是否取得极值．若 $f'(x)$ 由正变到负，则 $f(x_0)$ 是极大值；反之是极小值.

5．极值的第二充分条件：

若 $f'(x_0)=0$，$f''(x_0) \neq 0$，那么当 $f''(x_0)>0$ 时，则 $f(x_0)$ 是极小值；当 $f''(x_0)<0$ 时，则 $f(x_0)$ 是极大值.

6．曲线的凹凸性的判定定理：

在 (a,b) 内，$f''(x)>0$，那么曲线是凹的；$f''(x)<0$，那么曲线是凸的.

三、基本方法

1．求函数单调区间的步骤：

（1）求函数的定义域；

（2）求导数；

（3）使 $f'(x)=0$ 或 $f'(x)$ 不存在的点；

（4）列表讨论 $f'(x)$ 在各区间内的符号；

（5）由表判断函数在各区间内的单调性从而下结论.

2．求函数极值的步骤：

（1）求函数的定义域；

（2）求导数 $f'(x)$；

（3）求 $f(x)$ 的全部驻点及导数不存在的点；

（4）讨论各驻点及导数不存在的点是否为极值点，是极大值点还是极小值点；

（5）求各极值点的函数值，得到函数的全部极值.

3．求函数的最大值与最小值的步骤：

（1）求函数 $f(x)$ 的导数，并求出所有的驻点和导数不存在的点；

（2）求各驻点、导数不存在的点及各端点的函数值；

（3）比较上述各函数值的大小，其中最大的就是 $f(x)$ 在闭区间 $[a,b]$ 上的最大值，最小的就是 $f(x)$ 在闭区间 $[a,b]$ 上的最小值.

4．求实际问题的最大（小）值有以下步骤：

（1）先根据问题的条件建立目标函数；

（2）求目标函数的定义域；

（3）求目标函数的驻点（唯一驻点）；并判定在此驻点处取得的是极大值还是极小值；

（4）根据实际问题的性质确定该函数值是最大值还是最小值.

5．利用导数描绘函数图像的一般步骤：

（1）确定函数 $y = f(x)$ 的定义域，考查函数的奇偶性；

（2）求出函数的一阶导数 $f'(x)$ 和二阶导数 $f''(x)$，解出方程 $f'(x) = 0$ 和 $f''(x) = 0$ 在函数定义域内的全部实根，把函数的定义域划分成几个部分区间；

（3）考查在各个部分区间内 $f'(x)$ 和 $f''(x)$ 的符号，列表确定函数的单调性和极值，曲线的凹凸性和拐点；

（4）确定曲线的水平渐近线和垂直渐近线；

（5）计算方程 $f'(x) = 0$ 和 $f''(x) = 0$ 的根所对应的函数值，定出图像上相应的点．

（6）为了把图像描得准确些，有时还要补充一些点，然后结合（3）、（4）中得到的结果，把它们连成光滑的曲线，从而得到函数 $y = f(x)$ 的图像．

测试题四

一、填空题

1．若函数 $f(x)$ 在 $[a,b]$ 上连续，且在 (a,b) 内 $f'(x) > 0$，则 $f(x)$ 在 $[a,b]$ 的最大值是_____，最小值是_____．

2．若函数 $f(x) = x^3 + ax^2 + bx$ 在 $x = 1$ 处有极小值-2，则 $a =$ _____，$b =$ _____．

3．拉格朗日中值定理的结论为 $f'(\xi) =$ _____．

4．若 $f'(x_0) = 0$，则 x_0 称为_____．

5．曲线 $f(x) = (x-1)^3 - 1$ 的拐点是_____．

6．设某产品的价格与销售量的关系为 $p = 10 - \dfrac{Q}{5}$，则总收益 $R(Q) =$ _____，边际收益为_____．

7．某商品的需求函数为 $Q = 200e^{-0.06p}$，则价格为 100 元时的需求价格弹性为_____．

二、选择题

1．下列极限中不能使用洛必达法则求极限的是（　　　）．

A．$\lim\limits_{x \to 0} \dfrac{\sin x}{x}$　　　　　　　B．$\lim\limits_{x \to 0} \dfrac{\tan 2x}{\tan 3x}$

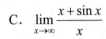

C. $\lim\limits_{x\to\infty}\dfrac{x+\sin x}{x}$ D. $\lim\limits_{x\to0^+}x\ln x$

2. 下列说法正确的是（　　　）.

　　A. 驻点必为极值点 B. 极值点必为驻点

　　C. 可导函数的驻点必为极值点 D. 可导函数的极值点必为驻点

3. 若点 $(1,3)$ 为曲线 $y=ax^3+bx^2$ 的拐点，则 a,b 的值分别为（　　　）.

　　A. $a=2,b=1$ B. $a=-6,b=9$

　　C. $a=\dfrac{9}{2},b=-\dfrac{3}{2}$ D. $a=-\dfrac{3}{2},b=\dfrac{9}{2}$

4. 函数 $f(x)=\mathrm{e}^{-x}$ 在其定义内是（　　　）.

　　A. 单增且凹的 B. 单减且凹的

　　C. 单增且凸的 D. 单减且凸的

5. 下列函数在 $[1,\mathrm{e}]$ 上满足拉格朗日中值定理条件的是（　　　）.

　　A. $\dfrac{1}{\sqrt{\ln x}}$ B. $\dfrac{1}{\ln x}$

　　C. $\ln x$ D. $\ln(2-x)$

三、求下列极限

1. $\lim\limits_{x\to1}\dfrac{\ln x}{x-1}$.　　2. $\lim\limits_{x\to\frac{\pi}{2}}\dfrac{\cos 5x}{\cos 3x}$.

3. $\lim\limits_{x\to0}\left(\dfrac{1}{\sin x}-\dfrac{1}{x}\right)$.　　4. $\lim\limits_{x\to0}\dfrac{1-\cos x}{\ln(1+x)-x}$.

5. $\lim\limits_{x\to0^+}\left(\dfrac{1}{x}\right)^{\tan x}$.　　6. $\lim\limits_{x\to\frac{\pi}{2}}(\sin x)^{\tan x}$.

四、解答题

1. 验证函数 $f(x)=x^2-3x-4$ 在 $[-1,4]$ 上是否满足罗尔定理的条件？如果满足试求罗尔定理中 ξ 的值.

2. 验证函数 $f(x)=x^3-3x$ 在 $[0,2]$ 上是否满足拉格朗日定理的条件？如果满足试求拉格朗日定理中 ξ 的值.

3. 求函数 $f(x)=x^3+3x^2-24x-20$ 的极值.

4. 求出函数 $f(x)=(x-1)\sqrt[3]{x^2}$ 的极值和单调性.

5. 试问 a 为何值时，函数 $f(x) = a\sin x + \dfrac{1}{3}\sin 3x$ 在 $x = \dfrac{\pi}{3}$ 处取得极值？它是极大值还是极小值？并求此极值.

6. 求下列曲线的拐点及凹凸区间：

（1）$y = (x+1)^4 + \mathrm{e}^x$；

（2）$y = (2x-5)\sqrt[3]{x^2}$.

7. 求下列曲线的渐近线：

（1）$y = x^2 - \dfrac{1}{x}$；

（2）$y = \dfrac{1}{4-x^2}$.

8. 作出下列函数的图像：

（1）$y = x^3 - x^2 - x + 1$；

（2）$y = \dfrac{\mathrm{e}^x}{1+x}$；

（3）$y = \dfrac{2x-1}{(x-1)^2}$；

（4）$y = \ln(x^2+1)$.

五、应用题

1. 某厂每批生产某种商品 x 个单位的费用为 $C(x) = 5x + 200$ （元），得到的收入是

$$R(x) = 10x - 0.01x^2 \ （元），$$

问每批应生产多少个单位时才能使利润最大？

2. 窗户形状下部是矩形，上部是半圆形，周长 15 米，问矩形的宽和高各是多少米时窗户的面积最大？

3. 设某商品的需求函数为 $Q(p) = 75 - p^2$，求 $p = 4$ 时的边际需求和弹性需求.

扫码查答案

第五章　不定积分

在前面我们学习了如何求一个函数的导函数或微分问题. 本章将讨论它的相反问题；已知一个函数的导数（或微分），求原来的函数，这就是一元函数积分学，积分学包括不定积分和定积分两部分. 本章介绍不定积分的概念、性质及基本积分方法.

§5-1　不定积分的概念和性质

一、原函数

从微分学知道：已知函数可以求出其导数，例如：

若已知曲线方程 $y = f(x)$，则可以求出该曲线在任一点 x 处的切线的斜率 $k = f'(x)$. 如曲线 $y = x^2$ 在点 x 处切线的斜率为 $k = (x^2)' = 2x$；

若已知某产品的成本函数 $C = C(q)$，则可以求得其边际成本函数 $C' = C'(q)$.

但在实际问题中，常常会遇到与此相反的问题：

引例 1　已知切线斜率，求曲线的方程.

求过点 $(1, 0)$，斜率为 $2x$ 的曲线方程.

引例 2　已知某产品的边际成本函数，求生产该产品的成本函数.

某产品的边际成本函数为 $C'(q) = 2q + 3$，其中 q 是产量，已知生产的固定成本为 3，求生产成本函数.

以上两个问题的共同点：它们都是已知一个函数的导数 $F'(x) = f(x)$，求原来的那个函数 $F(x)$ 的问题，为此引进原函数的概念.

定义 1　设 $f(x)$ 在区间 I 上有定义，如果存在函数 $F(x)$，对任意 $x \in I$，有 $F'(x) = f(x)$（或 $\mathrm{d}F(x) = f(x)\mathrm{d}x$），则称 $F(x)$ 为 $f(x)$ 在区间 I 上的一个原函数.

例如，在区间 **R** 内，$(2^x)' = 2^x \ln 2$，所以 2^x 是 $2^x \ln 2$ 的一个原函数.

函数 $f(x)$ 满足什么条件，它一定有原函数呢？

定理 1（原函数存在定理）　如果函数 $f(x)$ 在区间 I 上连续，则 $f(x)$ 在该区间上的原函数必存在.

一般地，由 $F'(x) = f(x)$，有 $[F(x) + C]' = f(x)$（C 为任意常数).

定理 2　若 $F(x)$ 是 $f(x)$ 在区间 I 上的一个原函数，则 $F(x) + C$（C 为任

意常数）都是 $f(x)$ 在区间 I 上的原函数.

例如，$\sin x$ 为 $\cos x$ 的原函数，则 $\sin x + 1$，$\sin x - \sqrt{5}$，$\sin x + \dfrac{1}{5}$ 都是 $\cos x$ 的原函数. 显然，如果函数有一个原函数存在，则必有无穷多个原函数，且它们彼此间相差一个常数.

$F(x) + C$（C 为任意常数）是 $f(x)$ 的全体原函数，称为原函数族.

二、不定积分的概念

定义 2　在区间 I 内，若 $F(x)$ 是 $f(x)$ 的一个原函数，则 $f(x)$ 的全体原函数 $F(x) + C$（C 为任意常数）称为 $f(x)$ 在 I 内的不定积分，记为 $\displaystyle\int f(x)\mathrm{d}x$，即

$$\int f(x)\mathrm{d}x = F(x) + C .$$

其中 "$\displaystyle\int$" 称为**积分号**，$f(x)$ 称为**被积函数**，$f(x)\mathrm{d}x$ 称为**被积表达式**，x 称为**积分变量**.

我们把求已知函数的全部原函数的方法称为不定积分法，简称积分法. 显然，它是微分运算的逆运算.

例1　求 $\displaystyle\int x^5 \mathrm{d}x$.

解　由于 $\left(\dfrac{1}{6}x^6\right)' = x^5$，所以 $\dfrac{1}{6}x^6$ 是 x^5 的一个原函数，

因此 $\displaystyle\int x^5 \mathrm{d}x = \dfrac{1}{6}x^6 + C$.

例2　求 $\displaystyle\int \dfrac{1}{1+x^2}\mathrm{d}x$.

解　因为 $(\arctan x)' = \dfrac{1}{1+x^2}$，所以

$$\int \dfrac{1}{1+x^2}\mathrm{d}x = \arctan x + C .$$

例3　（引例 2 的解答）某产品的边际成本函数为 $C'(q) = 2q + 3$，其中 q 是产量，已知生产的固定成本为 3，求生产成本函数.

解　设所求生产成本函数为 $C(q)$，由题设，$C'(q) = 2q + 3$，

因为 $(q^2 + 3q)' = 2q + 3$，所以 $C(q) = \displaystyle\int (2q+3)\mathrm{d}x = q^2 + 3q + C$，

因为固定成本为 3，即 $C(0) = 3$，代入上式，得 $C = 3$，

因此，生产成本函数 $C(q) = \displaystyle\int (2q+3)\mathrm{d}x = q^2 + 3q + 3$.

三、不定积分的性质

根据不定积分的定义，不定积分有以下性质：

性质 1：微分运算和积分运算互为逆运算.

（1）$\left[\int f(x)\mathrm{d}x\right]' = f(x)$ 或 $\mathrm{d}\left[\int f(x)\mathrm{d}x\right] = f(x)\mathrm{d}x$；

（2）$\int F'(x)\mathrm{d}x = F(x) + C$ 或 $\int \mathrm{d}F(x) = F(x) + C$.

性质 2：两个函数代数和的积分，等于这两个函数积分的代数和.

$$\int[f(x) \pm g(x)]\mathrm{d}x = \int f(x)\mathrm{d}x \pm \int g(x)\mathrm{d}x.$$

这一性质可推广到任意有限多个函数代数和的情形，即

$$\int[f_1(x) \pm f_2(x) \pm \cdots \pm f_n(x)]\mathrm{d}x$$

$$= \int f_1(x)\mathrm{d}x \pm \int f_2(x)\mathrm{d}x \pm \cdots \pm \int f_n(x)\mathrm{d}x.$$

性质 3：被积函数中的非零常数因子可提到积分号前

$$\int kf(x)\mathrm{d}x = k\int f(x)\mathrm{d}x \qquad (k \text{ 是常数}, \ k \neq 0).$$

四、不定积分的几何意义

$f(x)$ 的一个原函数 $F(x)$ 的图形叫做 $f(x)$ 的一条**积分曲线**，其方程是 $y = F(x)$；而 $f(x)$ 的全部原函数是 $F(x) + C$，所有这些函数 $F(x) + C$ 的图形组成一个曲线族，即 $\int f(x)\mathrm{d}x$ 在几何上表示一簇曲线，称为 $f(x)$ 的**积分曲线族**，其方程是 $y = F(x) + C$. 这就是 $\int f(x)\mathrm{d}x$ 的几何意义，如图 5-1 所示. 其中任何一条积分曲线都可以通过其中某一条曲线沿 y 轴方向向上、下平移而得到. 并且在每条积分曲线上横坐标为 x 的点处作曲线的切线，所有切线的斜率都为 $f(x)$. 这些切线是互相平行的.

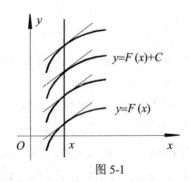

图 5-1

例 4（引例 1 解答） 求过点 $(1,0)$，斜率为 $2x$ 的曲线方程.

解 设曲线方程为 $y = f(x)$，则由题意得 $k = y' = 2x$，由不定积分的定义得 $y = \int 2x \mathrm{d}x$．因为 $(x^2 + C)' = 2x$，所以 $y = \int 2x \mathrm{d}x = x^2 + C$．

$y = x^2 + C$ 就是 $2x$ 的积分曲线族．将 $(1, 0)$ 代入，得 $C = -1$，那么所求曲线为 $y = x^2 - 1$，这是 $2x$ 的一条积分曲线．

五、直接积分法

由于不定积分是求导数（或微分）的逆运算，因此根据导数的基本公式，可得相应的积分公式，下面表 5-1 列出不定积分的基本积分公式以及其对应的导数求导公式．

表 5-1

	导数公式	积分公式
1	$C' = 0$	$\int 0 \mathrm{d}x = C$
2	$(x)' = 1$	$\int 1 \mathrm{d}x = x + C$
3	$(x^{\alpha+1})' = (\alpha + 1)x^{\alpha}$	$\int x^{\alpha} \mathrm{d}x = \dfrac{1}{\alpha + 1} x^{\alpha+1} + C$
4	$(\ln x)' = \dfrac{1}{x}$	$\int \dfrac{1}{x} \mathrm{d}x = \ln|x| + C$
5	$(a^x)' = a^x \ln a$	$\int a^x \mathrm{d}x = \dfrac{a^x}{\ln a} + C$
6	$(\mathrm{e}^x)' = \mathrm{e}^x$	$\int \mathrm{e}^x \mathrm{d}x = \mathrm{e}^x + C$
7	$(\cos x)' = -\sin x$	$\int \sin x \mathrm{d}x = -\cos x + C$
8	$(\sin x)' = \cos x$	$\int \cos x \mathrm{d}x = \sin x + C$
9	$(\tan x)' = \sec^2 x = \dfrac{1}{\cos^2 x}$	$\int \sec^2 x \mathrm{d}x = \int \dfrac{1}{\cos^2 x} \mathrm{d}x = \tan x + C$
10	$(\cot x)' = -\csc^2 x = -\dfrac{1}{\sin^2 x}$	$\int \csc^2 x \mathrm{d}x = \int \dfrac{1}{\sin^2 x} \mathrm{d}x = -\cot x + C$
11	$(\sec x)' = \sec x \tan x$	$\int \sec x \tan x \mathrm{d}x = \sec x + C$
12	$(\csc x)' = -\csc x \cot x$	$\int \csc x \cot x \mathrm{d}x = -\csc x + C$
13	$(\arcsin x)' = \dfrac{1}{\sqrt{1 - x^2}}$	$\int \dfrac{1}{\sqrt{1 - x^2}} \mathrm{d}x = \arcsin x + C$
14	$(\arctan x)' = \dfrac{1}{1 + x^2}$	$\int \dfrac{1}{1 + x^2} \mathrm{d}x = \arctan x + C$

表 5-1 中的公式是计算不定积分的基础，必须熟记．在上述公式的基础

上，再对被积函数进行适当的恒等变形，就可以求一些不定积分．这种方法称为直接积分法．

例 5 求 $\int\left(\frac{1}{x^3} - 3\cos x + \frac{1}{x}\right)dx$．

解 $\int\left(\frac{1}{x^3} - 3\cos x + \frac{1}{x}\right)dx = \int\frac{1}{x^3}dx - \int 3\cos x dx + \int\frac{1}{x}dx$

$= \int x^{-3}dx - 3\int\cos x dx + \int\frac{1}{x}dx$

$= -\frac{1}{2}x^{-2} - 3\sin x + \ln|x| + C$．

例 6 求 $\int\frac{1}{x^2(1+x^2)}dx$．

解 $\int\frac{1}{x^2(1+x^2)}dx = \int\frac{1+x^2-x^2}{x^2(1+x^2)}dx = \int\left(\frac{1}{x^2} - \frac{1}{x^2+1}\right)dx$

$= \int\frac{1}{x^2}dx - \int\frac{1}{x^2+1}dx = -\frac{1}{x} - \arctan x + C$．

例 7 求 $\int\cos^2\frac{x}{2}dx$．

解 $\int\cos^2\frac{x}{2}dx = \int\frac{1+\cos x}{2}dx$

$= \frac{1}{2}\int dx + \frac{1}{2}\int\cos x dx = \frac{1}{2}x + \frac{1}{2}\sin x + C$．

例 8 求 $\int\tan^2 x dx$．

解 $\int\tan^2 x dx = \int(\sec^2 x - 1)dx = \tan x - x + C$．

例 9 设某厂生产某种商品的边际收入为 $R'(Q) = 500 - 2Q$，其中 Q 为该商品的产量，如果该产品可在市场上全部售出，求总收入函数．

解 因为 $R'(Q) = 500 - 2Q$，两边积分得

$$R(Q) = \int R'(Q)dQ = \int(500 - 2Q)dQ$$

$$= 500Q - Q^2 + C，$$

又因为当 $Q = 0$ 时，总收入 $R(0) = 0$，所以 $C = 0$．

总收入函数为 $R(Q) = 500Q - Q^2$．

习题 5-1

1. 求下列不定积分：

扫码查答案

（1）$\int x^2 \sqrt{x}\mathrm{d}x$ ；

（2）$\int \dfrac{1-x}{\sqrt[3]{x}}\mathrm{d}x$ ；

（3）$\int(\dfrac{1}{x}+2^x\mathrm{e}^x+\dfrac{1}{\cos^2 x})\mathrm{d}x$ ；

（4）$\int \dfrac{x^2+\sqrt{x^3}+3}{\sqrt{x}}\mathrm{d}x$ ；

（5）$\int \dfrac{x^2}{1+x^2}\mathrm{d}x$ ；

（6）$\int(10^x+\cot^2 x)\mathrm{d}x$ ；

（7）$\int \dfrac{6^x-2^x}{3^x}\mathrm{d}x$ ；

（8）$\int \dfrac{1}{\sin^2 x\cdot\cos^2 x}\mathrm{d}x$ ；

（9）$\int\sec x(\sec x-\tan x)\mathrm{d}x$ ；

（10）$\int\sin^2\dfrac{x}{2}\mathrm{d}x$ ；

（11）$\int \dfrac{\cos 2x}{\cos x-\sin x}\mathrm{d}x$ ；

（12）$\int \dfrac{\mathrm{e}^{2x}-1}{\mathrm{e}^x+1}\mathrm{d}x$ ；

（13）$\int \dfrac{1}{1+\cos 2x}\mathrm{d}x$ ；

（14）$\int \dfrac{-2}{\sqrt{1-x^2}}\mathrm{d}x$.

2．设物体以速度 $v=2\cos t$ 作直线运动，开始时质点的位移为 s_0 ，求质点的运动方程．

3．曲线 $y=f(x)$ 在点 (x,y) 处的切线斜率为 $-x+2$ ，曲线过点 $(2,5)$ ，求此曲线的方程．

4．某工厂生产某产品的边际成本函数 $C'=3q^2-4q+100$ ，固定成本 $C(0)=10000$ ，求生产 q 个产品的总成本函数．

§5-2　换元积分法

能用直接积分法计算的不定积分是非常有限的．因此我们有必要进一步研究新的积分方法．从这节开始我们会陆续介绍几种求不定积分的方法：换元积分法和分部积分法．

换元积分法就是通过适当的选择变量替换，可以把某些不定积分化为基本积分公式进行积分计算．换元积分法通常分为两类：第一类换元积分法和第二类换元积分法．

一、第一类换元积分法

引例 1　求 $\int \mathrm{e}^{2x}\mathrm{d}x$.

这个积分不能直接用公式 $\int \mathrm{e}^x\mathrm{d}x=\mathrm{e}^x+C$ 来求，为能套用公式，将积分做

如下变化：

$$\int e^{2x}dx \xrightarrow{\text{变换积分}} \frac{1}{2}\int e^{2x}(2x)'dx \xrightarrow{\text{凑微分}} \frac{1}{2}\int e^{2x}d(2x) \xrightarrow{\text{令 } u=2x}$$

$$\frac{1}{2}\int e^u d(u) \xrightarrow{\text{由公式求积分}} \frac{1}{2}e^u+C \xrightarrow{\text{回代 } u=2x} \frac{1}{2}e^{2x}+C.$$

由于 $(\frac{1}{2}e^{2x}+C)'=\frac{1}{2}e^{2x}\cdot(2x)'=e^{2x}$，所以上述结果是正确的.

引例 1 就是利用了第一类换元积分法.

一般地，有下面的定理：

定理 3 如果 $\int f(u)du=F(u)+C$，且 $u=\varphi(x)$ 有连续导数，则

$$\int g(x)dx \xrightarrow{\text{变换积分}} \int f[\varphi(x)]\varphi'(x)dx \xrightarrow{\text{凑微分}} \int f[\varphi(x)]d\varphi(x) \xrightarrow{\text{令 } \varphi(x)=u}$$

$$\int f(u)du \xrightarrow{\text{由公式求积分}} F(u)+C \xrightarrow{\text{回代 } u=\varphi(x)} F[\varphi(x)]+C.$$

这种先"凑"微分式，再作变量代换的积分方法，称为第一类换元积分法. 上式中由 $\varphi'(x)dx$ 凑成微分 $d\varphi(x)$ 是关键的一步. 因此也称为凑微分法.

例1 求 $\int \dfrac{1}{4+3x}dx$.

解 $\int \dfrac{1}{4+3x}dx=\dfrac{1}{3}\int \dfrac{1}{4+3x}(4+3x)'dx=\dfrac{1}{3}\int \dfrac{1}{4+3x}d(4+3x)$

$\xrightarrow{\text{令 } 4+3x=u} \dfrac{1}{3}\int \dfrac{1}{u}du=\dfrac{1}{3}\ln|u|+C \xrightarrow{\text{回代 } u=4+3x} \dfrac{1}{3}\ln|4+3x|+C.$

例2 求 $\int(2x+1)^3dx$.

解 $\int(2x+1)^3dx=\dfrac{1}{2}\int(2x+1)^3(2x+1)'dx=\dfrac{1}{2}\int(2x+1)^3d(2x+1)$

$\xrightarrow{\text{令 } u=2x+1} \dfrac{1}{2}\int u^3du=\dfrac{1}{8}u^4+C \xrightarrow{\text{回代 } u=2x+1} \dfrac{1}{8}(2x+1)^4+C.$

注意，在十分熟练后不必写出新变量 u，直接写出结果.

例3 求 $\int \sin\dfrac{x}{3}dx$.

解 $\int \sin\dfrac{x}{3}dx=3\int \sin\dfrac{x}{3}d\left(\dfrac{x}{3}\right)=-3\cos\dfrac{x}{3}+C.$

例4 求 $\int xe^{-x^2}dx$.

解 $\int xe^{-x^2}dx=-\dfrac{1}{2}\int e^{-x^2}d(-x^2)=-\dfrac{1}{2}e^{-x^2}+C.$

例 5 求 $\int \dfrac{1}{\sqrt{a^2-x^2}}\mathrm{d}x$.

解 $\displaystyle\int \dfrac{1}{\sqrt{a^2-x^2}}\mathrm{d}x = \int \dfrac{1}{\sqrt{1-\left(\dfrac{x}{a}\right)^2}}\mathrm{d}\left(\dfrac{x}{a}\right) = \arcsin\dfrac{x}{a}+C$.

例 6 求 $\int \dfrac{1}{a^2+x^2}\mathrm{d}x$.

解 $\displaystyle\int \dfrac{1}{a^2+x^2}\mathrm{d}x = \dfrac{1}{a}\int \dfrac{1}{1+(\dfrac{x}{a})^2}\mathrm{d}\left(\dfrac{x}{a}\right) = \dfrac{1}{a}\arctan\dfrac{x}{a}+C$.

例 7 求 $\int \dfrac{1}{x^2-a^2}\mathrm{d}x$.

解 $\displaystyle\int \dfrac{1}{x^2-a^2}\mathrm{d}x = \dfrac{1}{2a}\int\left(\dfrac{1}{x-a}-\dfrac{1}{x+a}\right)\mathrm{d}x$

$$= \dfrac{1}{2a}[\ln|x-a|-\ln|x+a|]+C$$

$$= \dfrac{1}{2a}\ln\left|\dfrac{x-a}{x+a}\right|+C .$$

类似地，可得 $\displaystyle\int \dfrac{1}{a^2-x^2}\mathrm{d}x = \dfrac{1}{2a}\ln\left|\dfrac{a+x}{a-x}\right|+C$.

例 8 求 $\int \dfrac{\cos\sqrt{x}}{\sqrt{x}}\mathrm{d}x$.

解 $\displaystyle\int \dfrac{\cos\sqrt{x}}{\sqrt{x}}\mathrm{d}x = 2\int\cos\sqrt{x}\,\mathrm{d}(\sqrt{x}) = 2\sin\sqrt{x}+C$.

例 9 求 $\int \tan x\mathrm{d}x$.

解 $\displaystyle\int \tan x\mathrm{d}x = \int \dfrac{\sin x}{\cos x}\mathrm{d}x = -\int \dfrac{\mathrm{d}(\cos x)}{\cos x}$

$$= -\ln|\cos x|+C .$$

类似地，可得 $\displaystyle\int \cot x\mathrm{d}x = \ln|\sin x|+C$.

例 10 求 $\int \csc x\mathrm{d}x$.

解 $\displaystyle\int \csc x\mathrm{d}x = \int \dfrac{1}{\sin x}\mathrm{d}x = \int \dfrac{1}{2\sin\dfrac{x}{2}\cos\dfrac{x}{2}}\mathrm{d}x = \int \dfrac{\mathrm{d}\left(\dfrac{x}{2}\right)}{\tan\dfrac{x}{2}\cos^2\dfrac{x}{2}}$

$$= \int \frac{\sec^2 \frac{x}{2} d\left(\frac{x}{2}\right)}{\tan \frac{x}{2}} = \int \frac{d\left(\tan \frac{x}{2}\right)}{\tan \frac{x}{2}} = \ln\left|\tan \frac{x}{2}\right| + C .$$

因为 $\quad \tan \frac{x}{2} = \dfrac{\sin \frac{x}{2}}{\cos \frac{x}{2}} = \dfrac{2\sin^2 \frac{x}{2}}{\sin x} = \dfrac{1 - \cos x}{\sin x} = \csc x - \cot x .$

所以 $\quad \int \csc x \, dx = \ln\left|\csc x - \cot x\right| + C .$

类似地，可得 $\quad \int \sec x \, dx = \ln\left|\sec x + \tan x\right| + C .$

例 11 求 $\int \sin^2 x \cdot \cos x \, dx$.

解 $\int \sin^2 x \cdot \cos x \, dx = \int \sin^2 x \cdot (\sin x)' \, dx$

$$= \int \sin^2 x \, d(\sin x) = \frac{1}{3}\sin^3 x + C .$$

例 12 求 $\int \tan^5 x \cdot \sec^3 x \, dx$.

解 $\int \tan^5 x \cdot \sec^3 x \, dx = \int \tan^4 x \cdot \sec^2 x \cdot \sec x \cdot \tan x \, dx$

$$= \int (\sec^2 x - 1)^2 \cdot \sec^2 x \, d(\sec x)$$

$$= \int (\sec^6 x - 2\sec^4 x + \sec^2 x) \, d(\sec x)$$

$$= \frac{1}{7}\sec^7 x - \frac{2}{5}\sec^5 x + \frac{1}{3}\sec^3 x + C .$$

二、第二类换元积分法

1. 根式代换

引例 2 求 $\int \dfrac{1}{1 + \sqrt{x}} dx$.

解 由于被积函数中含有根式 $\sqrt{x}$，用直接积分法和凑微分法难以求解。可通过换元去根式，化难为易。

令 $x = t^2$（$t > 0$），则 $\sqrt{x} = t$，$dx = 2t \, dt$，于是

$$\int \frac{1}{1 + \sqrt{x}} dx = \int \frac{1}{1 + t} \cdot 2t \, dt = 2\int \frac{(1 + t) - 1}{1 + t} dt = 2\int \left(1 - \frac{1}{1 + t}\right) dt$$

$$= 2\left[\int dt - \int \frac{1}{1 + t} d(1 + t)\right] = 2[t - \ln|1 + t|] + C$$

$$= 2[\sqrt{x} - \ln(1 + \sqrt{x})] + C .$$

引例 2 就是利用了第二类换元积分法.

一般地,第二类换元积分法的具体解题步骤如下:

(1) 换元,令 $x = \psi(t)$,即 $\int f(x)\mathrm{d}x = \int f[\psi(t)]\psi'(t)\mathrm{d}t$;

(2) 积分,即 $\int f[\psi(t)]\psi'(t)\mathrm{d}t = F(t) + C$;

(3) 回代,$F(t) + C = F(\overline{\psi}(x)) + C$.

运用第二类换元积分法的关键是适当选择变量代换 $x = \psi(t)$. 而 $x = \psi(t)$ 单调可导,且 $\psi'(t) \neq 0$. $x = \psi(t)$ 的反函数是 $\overline{\psi}(x)$.

例 13 求 $\displaystyle\int \frac{\mathrm{d}x}{\sqrt{x+1} + \sqrt[3]{x+1}}$.

解 为了同时消去两个异次根式,令 $x + 1 = t^6$,$\mathrm{d}x = 6t^5\mathrm{d}t$,从而

$$\int \frac{\mathrm{d}x}{\sqrt{x+1} + \sqrt[3]{x+1}} = \int \frac{6t^5}{t^3 + t^2}\mathrm{d}t = 6\int \frac{t^3 + 1 - 1}{t + 1}\mathrm{d}t$$

$$= 6\int (t^2 - t + 1 - \frac{1}{1+t})\mathrm{d}t = 6(\frac{1}{3}t^3 - \frac{1}{2}t^2 + t - \ln|1 + t|) + C$$

$$= 2\sqrt{x+1} - 3\sqrt[3]{x+1} + \sqrt[6]{x+1} - 6\ln\left|1 + \sqrt[6]{x+1}\right| + C .$$

2. 三角代换

例 14 求 $\displaystyle\int \sqrt{a^2 - x^2}\,\mathrm{d}x \quad (a > 0)$.

解 利用三角公式 $\sin^2 t + \cos^2 t = 1$ 消去根式.

令 $x = a\sin t (-\frac{\pi}{2} < t < \frac{\pi}{2})$,则 $\mathrm{d}x = a\cos t\,\mathrm{d}t$,$\sqrt{a^2 - x^2} = a\cos t$,从而

$$\int \sqrt{a^2 - x^2}\,\mathrm{d}x = \int a\cos t \cdot a\cos t\,\mathrm{d}t = \int a^2 \cos^2 t\,\mathrm{d}t$$

$$= a^2 \int \frac{1 + \cos 2t}{2}\mathrm{d}t = \frac{a^2}{2}(t + \frac{1}{2}\sin 2t) + C .$$

为了换回原积分变量,根据代换 $x = a\sin t$ 作辅助直角三角形,如图 5-2 所示,可知 $\cos t = \dfrac{\sqrt{a^2 - x^2}}{a}$,$t = \arcsin\dfrac{x}{a}$,故

$$\int \sqrt{a^2 - x^2}\,\mathrm{d}x = \frac{a^2}{2}(t + \sin t \cos t) + C$$

$$= \frac{a^2}{2}\arcsin\frac{x}{a} + \frac{x}{2}\sqrt{a^2 - x^2} + C .$$

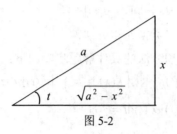

图 5-2

例 15 求 $\int \dfrac{1}{\sqrt{a^2+x^2}}\mathrm{d}x$ $(a>0)$.

解 利用三角公式 $1+\tan^2 t=\sec^2 t$ 消去根式.

令 $x=a\tan t\left(-\dfrac{\pi}{2}<t<\dfrac{\pi}{2}\right)$，则 $\mathrm{d}x=a\sec^2 t\mathrm{d}t$，$\sqrt{a^2+x^2}=a\sec t$，从而

$$\int \frac{1}{\sqrt{a^2+x^2}}\mathrm{d}x=\int \frac{a\sec^2 t}{a\sec t}\mathrm{d}t$$

$$=\int \sec t\mathrm{d}t=\ln|\sec t+\tan t|+C_1.$$

为了换回原积分变量，根据代换 $x=a\tan t$ 作辅助直角三角形，如图 5-3 所示，可知 $\sec t=\dfrac{\sqrt{a^2+x^2}}{a}$，$\tan t=\dfrac{x}{a}$，故

$$\int \frac{1}{\sqrt{a^2+x^2}}\mathrm{d}x=\ln\left|\frac{\sqrt{a^2+x^2}}{a}+\frac{x}{a}\right|+C_1=\ln\left|x+\sqrt{a^2+x^2}\right|+C,$$

其中 $C=C_1-\ln a$.

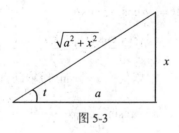

图 5-3

例 16 求 $\int \dfrac{1}{\sqrt{x^2-a^2}}\mathrm{d}x$ $(a>0)$.

解 利用三角公式 $\sec^2 t-1=\tan^2 t$ 消去根式.

令 $x=a\sec t\left(0<t<\dfrac{\pi}{2}\right)$，则 $\mathrm{d}x=a\sec t\cdot\tan t\mathrm{d}t$，$\sqrt{x^2-a^2}=a\tan t$，从而

$$\int \frac{1}{\sqrt{x^2-a^2}}dx = \int \frac{a\sec t \cdot \tan t}{a\tan t}dt$$

$$= \int \sec t dt = \ln|\sec t + \tan t| + C_1.$$

为了换回原积分变量，根据代换 $x = a\sec t$ 作辅助直角三角形，如图 5-4 所示，可知

$$\sec t = \frac{x}{a}, \quad \tan t = \frac{\sqrt{x^2-a^2}}{a}, \quad 故$$

$$\int \frac{1}{\sqrt{x^2-a^2}}dx = \ln\left|\frac{x}{a} + \frac{\sqrt{x^2-a^2}}{a}\right| + C_1 = \ln\left|x + \sqrt{x^2-a^2}\right| + C,$$

其中 $C = C_1 - \ln a$.

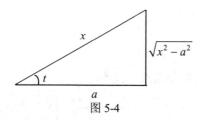

图 5-4

由上面三例可知，若被积函数含有根式 $\sqrt{a^2-x^2}$、$\sqrt{a^2+x^2}$ 或 $\sqrt{x^2-a^2}$，则可利用代换 $x = a\sin t$、$x = a\tan t$ 或 $x = a\sec t$ 消去根式，这种代换叫做三角代换.

可见，第一类换元积分法应先进行凑微分，然后再换元，换元过程可省略；而第二类换元积分法必须先进行换元，目的是把"根号"去掉，不可省略换元及回代过程.

现将本节举过的一些例子的结论作为表 5-1 积分公式的补充，以后可直接引用，归纳如下：

15. $\int \tan x dx = -\ln|\cos x| + C$；

16. $\int \cot x dx = \ln|\sin x| + C$；

17. $\int \sec x dx = \int \frac{dx}{\cos x} = \ln|\sec x + \tan x| + C$；

18. $\int \csc x dx = \int \frac{dx}{\sin x} = \ln|\csc x - \cot x| + C$；

19. $\displaystyle\int \frac{1}{x^2+a^2}dx = \frac{1}{a}\arctan\frac{x}{a}+C$;

20. $\displaystyle\int \frac{1}{a^2-x^2}dx = \frac{1}{2a}\ln\left|\frac{a+x}{a-x}\right|+C$;

21. $\displaystyle\int \frac{1}{x^2-a^2}dx = \frac{1}{2a}\ln\left|\frac{x-a}{x+a}\right|+C$;

22. $\displaystyle\int \frac{dx}{\sqrt{a^2-x^2}} = \arcsin\frac{x}{a}+C \quad (a>0)$;

23. $\displaystyle\int \sqrt{a^2-x^2}\,dx = \frac{a^2}{2}\arcsin\frac{x}{a}+\frac{x}{2}\sqrt{a^2-x^2}+C \quad (a>0)$;

24. $\displaystyle\int \frac{dx}{\sqrt{x^2\pm a^2}} = \ln\left|x+\sqrt{x^2\pm a^2}\right|+C$.

习题 5-2

扫码查答案

1. 应用第一类换元积分法求下列不定积分：

（1） $\displaystyle\int \frac{1}{1-2x}dx$;

（2） $\displaystyle\int \sqrt{2x-1}\,dx$;

（3） $\displaystyle\int e^{3x+1}\,dx$;

（4） $\displaystyle\int \sin\frac{5x}{3}\,dx$;

（5） $\displaystyle\int \cos(1-2x)dx$;

（6） $\displaystyle\int \frac{1}{\cos^2 7x}dx$;

（7） $\displaystyle\int \frac{x}{\sqrt{1-x^2}}dx$;

（8） $\displaystyle\int \frac{e^x}{1+e^x}dx$;

（9） $\displaystyle\int \frac{\ln^2 x}{x}dx$;

（10） $\displaystyle\int \frac{x^2}{1+x^3}dx$;

（11） $\displaystyle\int \sin^3 x\,dx$;

（12） $\displaystyle\int \sec^6 x\,dx$;

（13） $\displaystyle\int \sin^2 x\cos^5 x\,dx$;

（14） $\displaystyle\int \frac{e^{2x}}{1+e^{2x}}dx$;

（15） $\displaystyle\int \frac{(\arctan x)^2}{1+x^2}dx$;

（16） $\displaystyle\int \frac{\sin\sqrt{x}}{\sqrt{x}}dx$.

2. 应用第二类换元积分法求下列不定积分：

（1） $\displaystyle\int \frac{\sqrt{x-1}}{x}dx$;

（2） $\displaystyle\int \frac{1}{\sqrt{2x-3}+1}dx$;

（3）$\displaystyle\int \frac{1}{\sqrt{x}+\sqrt[3]{x}}\mathrm{d}x$ ；

（4）$\displaystyle\int \frac{x+1}{\sqrt[3]{3x+1}}\mathrm{d}x$ ；

（5）$\displaystyle\int \frac{x^2}{\sqrt{4-x^2}}\mathrm{d}x$ ；

（6）$\displaystyle\int \frac{\sqrt{x^2-2}}{x}\mathrm{d}x$.

§5-3　分部积分法

前面我们介绍了直接积分法和换元积分法，但对于某些不定积分，用前面介绍的方法往往不能奏效．为此，本节将利用两个函数乘积的微分法则，来推得另一种求积分的基本方法——分部积分法．分部积分法常用于被积数是两种不同类型函数乘积的积分．例如：$\int x\cos x\mathrm{d}x$ 、$\int x\mathrm{e}^x\mathrm{d}x$ 、$\int x^2\ln x\mathrm{d}x$ 等.

设函数 $u=u(x)$ 、$v=v(x)$ 均可微，根据两个函数乘积的微分法则，有

$$\mathrm{d}(uv)=v\mathrm{d}u+u\mathrm{d}v .$$

移项得　　　　　　　$u\mathrm{d}v=\mathrm{d}(uv)-v\mathrm{d}u$ ，

两边积分得　　　　　$\displaystyle\int u\mathrm{d}v=\int \mathrm{d}(uv)-\int v\mathrm{d}u=uv-\int v\mathrm{d}u$ ，

即　　　　　　　　　$\displaystyle\int u\mathrm{d}v=uv-\int v\mathrm{d}u$.

上式叫做不定积分的分部积分公式.

我们先通过一个例子来说明如何使用分部积分公式.

例 1　求积分 $\displaystyle\int x\mathrm{e}^x\mathrm{d}x$.

解　选取 $u=x$ ，$\mathrm{d}v=\mathrm{e}^x\mathrm{d}x=\mathrm{d}(\mathrm{e}^x)$ ，$v=\mathrm{e}^x$ ，$\mathrm{d}u=\mathrm{d}x$ ，则

$$\int x\mathrm{e}^x\mathrm{d}x=\int x\mathrm{d}(\mathrm{e}^x)=x\mathrm{e}^x-\int \mathrm{e}^x\mathrm{d}x=x\mathrm{e}^x-\mathrm{e}^x+C=\mathrm{e}^x(x-1)+C .$$

如果选取 $u=\mathrm{e}^x$ ，$\mathrm{d}v=x\mathrm{d}x=\mathrm{d}(\dfrac{x^2}{2})$ ，$v=\dfrac{1}{2}x^2$ ，$\mathrm{d}u=\mathrm{d}(\mathrm{e}^x)=\mathrm{e}^x\mathrm{d}x$ ，则

$$\int x\mathrm{e}^x\mathrm{d}x=\int \mathrm{e}^x\mathrm{d}\left(\frac{x^2}{2}\right)=\frac{1}{2}x^2\mathrm{e}^x-\int \frac{1}{2}x^2\mathrm{e}^x\mathrm{d}x .$$

上式右边的积分 $\displaystyle\int \frac{1}{2}x^2\mathrm{e}^x\mathrm{d}x$ 比左边的积分 $\displaystyle\int x\mathrm{e}^x\mathrm{d}x$ 更不易求出.

由此可见，u 和 $\mathrm{d}v$ 的选择不当，就求不出结果．所以在用分部积分法求积分时，关键是在于恰当地选取 u 和 $\mathrm{d}v$ ，选取 u 和 $\mathrm{d}v$ 一般要考虑以下两点：

（1）将被积式凑成 $u\mathrm{d}v$ 的形式时，v 要容易求得；

（2）$\displaystyle\int v\mathrm{d}u$ 要比 $\displaystyle\int u\mathrm{d}v$ 容易积出.

熟练后选取 u 和 $\mathrm{d}v$ 的过程不必写出. 可通过凑微分，将积分 $\int f(x)g(x)\mathrm{d}x$ 凑成 $\int u\mathrm{d}v$ 的形式，然后应用公式. 应用公式后，须将积分 $\int v\mathrm{d}u$ 写成 $\int vu'\mathrm{d}x$，以便进一步计算积分，即

$$\int uv'\mathrm{d}x = \int u\mathrm{d}v = uv - \int v\mathrm{d}u = uv - \int vu'\mathrm{d}x.$$

例2 求积分 $\int x^2 \sin x\mathrm{d}x$.

解
$$\int x^2 \sin x\mathrm{d}x = \int x^2\mathrm{d}(-\cos x) = -x^2\cos x - \int(-\cos x)\mathrm{d}(x^2)$$
$$= -x^2\cos x + \int\cos x\cdot 2x\mathrm{d}x = -x^2\cos x + \int 2x\cos x\mathrm{d}x$$
$$= -x^2\cos x + 2\int x\mathrm{d}(\sin x) = -x^2\cos x + 2x\sin x - 2\int\sin x\mathrm{d}x$$
$$= -x^2\cos x + 2x\sin x + 2\cos x + C.$$

注意 有些积分需要连续使用分部积分法，才能求出积分结果.

例3 求积分 $\int x\arctan x\mathrm{d}x$.

解 令 $u = \arctan x$，$\mathrm{d}v = x\mathrm{d}x = \mathrm{d}(\frac{1}{2}x^2)$，$v = \frac{x^2}{2}$，$\mathrm{d}u = \frac{1}{1+x^2}\mathrm{d}x$，

$$\int x\arctan x\mathrm{d}x = \int\arctan x\cdot x\mathrm{d}x = \int\arctan x\mathrm{d}(\frac{x^2}{2})$$
$$= \frac{x^2}{2}\arctan x - \int\frac{x^2}{2}\mathrm{d}(\arctan x)$$
$$= \frac{x^2}{2}\arctan x - \frac{1}{2}\int\frac{x^2}{1+x^2}\mathrm{d}x$$
$$= \frac{x^2}{2}\arctan x - \frac{1}{2}\int\frac{(1+x^2)-1}{1+x^2}\mathrm{d}x$$
$$= \frac{x^2}{2}\arctan x - \frac{1}{2}\int\left(1-\frac{1}{1+x^2}\right)\mathrm{d}x$$
$$= \frac{x^2}{2}\arctan x - \frac{x}{2} + \frac{1}{2}\arctan x + C.$$

例4 求积分 $\int\ln x\mathrm{d}x$.

解
$$\int\ln x\mathrm{d}x = x\ln x - \int x\mathrm{d}(\ln x) = x\ln x - \int x\cdot\frac{1}{x}\mathrm{d}x$$
$$= x\ln x - \int\mathrm{d}x = x\ln x - x + C.$$

例5 求积分 $\int e^x\sin x\mathrm{d}x$.

解 令 $u = e^x$，$dv = \sin x dx = d(-\cos x)$，$v = -\cos x$，$du = e^x dx$，则

$$\int e^x \sin x dx = -e^x \cos x + \int e^x \cos x dx，$$

而

$$\int e^x \cos x dx = \int e^x d\sin x = e^x \sin x - \int e^x \sin x dx，$$

于是

$$\int e^x \sin x dx = -e^x \cos x + e^x \sin x - \int e^x \sin x dx，$$

上式右端出现原积分，将此项移到左端，再两端同除以 2，得

$$\int e^x \sin x dx = \frac{1}{2} e^x (\sin x - \cos x) + C.$$

注意 （1）实际上，按照 "反→对→幂→指→三" 的顺序来选择 u 和 dv 即可. 当被积表达式是上面五种基本初等函数的乘积时，在顺序前面的当 u，在顺序后面的与 dx 凑成 dv.

（2）例 5 中，两个函数选取哪个为 u 都可以，但一经选定，再次分部积分时，必须按照原来的选择.

习题 5-3

求下列函数的积分：

（1）$\int x^2 e^x dx$；

（2）$\int x \ln x dx$；

扫码查答案

（3）$\int x \cos x dx$；

（4）$\int \arcsin x dx$；

（5）$\int x e^{-x} dx$；

（6）$\int \dfrac{\ln x}{x^2} dx$；

（7）$\int e^{-x} \cos x dx$；

（8）$\int x \sin x \cos x dx$；

（9）$\int x \ln(x-1) dx$；

（10）$\int x \tan^2 x dx$.

§5-4　简单有理函数的积分

有理函数是指两个多项式之商的函数，即

$$\frac{P(x)}{Q(x)} = \frac{b_m x^m + b_{m-1} x^{m-1} + \cdots + b_1 x + b_0}{a_n x^n + a_{n-1} x^{n-1} + \cdots + a_1 x + a_0} \quad (a_n \neq 0,\ b_m \neq 0)，$$

其中 m, n 是非负整数，并且假定 $P(x)$ 与 $Q(x)$ 之间没有公因子. 若 $m < n$，则称 $\dfrac{P(x)}{Q(x)}$ 为有理真分式；若 $m > n$，则称 $\dfrac{P(x)}{Q(x)}$ 为有理假分式.

任何假分式都可以通过多项式除法化成一个多项式和一个有理真分式和

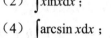

的形式.

例如

$$\frac{x^3}{x-1} = x^2 + x + 1 + \frac{1}{x-1} \quad .$$

有理函数的积分就是多项式和真分式的积分，多项式的积分是很容易求出的，因此只需讨论真分式的积分法.

由代数学我们知道，n 次实系数多项式 $Q(x)$ 在实数范围内总可以分解成一次因式（可能有重因式）与二次质因式的乘积，然后就可以把真分式按分母的因式，分解成若干个简单分式之和.

（1）当 $Q(x)$ 含有一次因式 $(x-a)$ 时，分解后对应有形如 $\dfrac{A}{x-a}$ 的部分分式，其中 A 为待定常数；

（2）当 $Q(x)$ 含有 k 重一次因式 $(x-a)^k$ 时，分解后有下列 k 个部分分式之和：

$$\frac{P(x)}{Q(x)} = \frac{A_1}{(x-a)^k} + \frac{A_2}{(x-a)^{k-1}} + \cdots + \frac{A_k}{x-a} ,$$

其中 A_1，A_2，$\cdots$，A_k 为待定常数；

（3）当 $Q(x)$ 含有质因式 $x^2 + px + q$ $(p^2 - 4q < 0)$ 时，分解后对应有形如 $\dfrac{Bx+C}{x^2+px+q}$ 的部分分式，其中 B, C 为待定常数；

（4）当 $Q(x)$ 含有质因式 $(x^2 + px + q)^s$ $(p^2 - 4q < 0)$ 时，这种情况积分过于复杂，在此不讨论；

（5）当 $Q(x)$ 既有因式 $(x-a)^k$ 又有质因式 $x^2 + px + q$ 时，分解后有下列 $k+1$ 个部分分式之和：

$$\frac{P(x)}{Q(x)} = \frac{A_1}{(x-a)^k} + \frac{A_2}{(x-a)^{k-1}} + \cdots + \frac{A_k}{x-a} + \frac{Bx+C}{x^2+px+q} .$$

例如

$$\frac{2x+3}{(x-1)^2(x^2+x+2)} = \frac{A_1}{(x-1)^2} + \frac{A_2}{x-1} + \frac{Bx+C}{x^2+x+2} ,$$

真分式经过上面的分解后，它的积分就容易求出了.

例 1 $\displaystyle\int \frac{x-1}{x(x+2)} \mathrm{d}x$.

解 由于

$$\frac{x-1}{x(x+2)} = \frac{A}{x} + \frac{B}{x+2},$$

去分母，得 $\qquad x-1 = A(x+2) + Bx$，

合并同类项，得 $\qquad x-1 = (A+B)x + 2A$．

比较两端同次幂的系数，得方程组

$$\begin{cases} A+B=1 \\ 2A=-1 \end{cases}，\ 解得 \begin{cases} A=-\dfrac{1}{2} \\ B=\dfrac{3}{2} \end{cases}.$$

于是， $\qquad \dfrac{x-1}{x(x+2)} = \dfrac{1}{2}\left(-\dfrac{1}{x} + \dfrac{3}{x+2}\right)$．

所以

$$\int \frac{x-1}{x(x+2)}\mathrm{d}x = \frac{1}{2}\int \left(-\frac{1}{x} + \frac{3}{x+2}\right)\mathrm{d}x = \frac{1}{2}\left(-\ln|x| + 3\ln|x+2|\right) + C.$$

例 2 $\displaystyle\int \frac{5x+4}{x^3+4x^2+4x}\mathrm{d}x$．

解 由于

$$\frac{5x+4}{x^3+4x^2+4x} = \frac{5x+4}{x(x+2)^2} = \frac{A}{x} + \frac{B}{x+2} + \frac{C}{(x+2)^2},$$

去分母，得 $\qquad 5x+4 = A(x+2)^2 + Bx(x+2) + Cx$，

合并同类项，得 $\quad 5x+4 = (A+B)x^2 + (4A+2B+C)x + 4A$．

比较两端同次幂的系数，得方程组

$$\begin{cases} A+B=0 \\ 4A+2B+C=5 \\ 4A=4 \end{cases}，\ 解得 \begin{cases} A=1 \\ B=-1 \\ C=3 \end{cases}.$$

于是 $\qquad \dfrac{5x+4}{x^3+4x^2+4x} = \dfrac{1}{x} + \dfrac{-1}{x+2} + \dfrac{3}{(x+2)^2}$．

所以

$$\int \frac{5x+4}{x^3+4x^2+4x}\mathrm{d}x = \int \frac{1}{x} + \frac{-1}{x+2} + \frac{3}{(x+2)^2}\,\mathrm{d}x$$

$$= \ln|x| - \ln|x+2| - \frac{3}{x+2} + C$$

$$= \ln\left|\frac{x}{x+2}\right| - \frac{3}{x+2} + C.$$

例3 $\int \dfrac{x^2}{(x+2)(x^2+2x+2)}\mathrm{d}x$．

解 因为 x^2+2x+2 为质因式，所以设

$$\dfrac{x^2}{(x+2)(x^2+2x+2)} = \dfrac{A}{x+2} + \dfrac{Bx+C}{x^2+2x+2}，$$

易求得 $A=2$，$B=-1$，$C=-2$．

于是

$$\int \dfrac{x^2}{(x+2)(x^2+2x+2)}\mathrm{d}x = \int \dfrac{2}{x+2} + \dfrac{-x-2}{x^2+2x+2}\mathrm{d}x$$

$$= \int \dfrac{2}{x+2}\mathrm{d}x + \int \dfrac{-x-2}{x^2+2x+2}\mathrm{d}x$$

$$= 2\ln|x+2| - \dfrac{1}{2}\int \dfrac{2x+4}{x^2+2x+2}\mathrm{d}x$$

$$= 2\ln|x+2| - \dfrac{1}{2}\int \dfrac{\mathrm{d}(x^2+2x+2)}{x^2+2x+2} - \int \dfrac{\mathrm{d}(x+1)}{(x+1)^2+1}$$

$$= 2\ln|x+2| - \dfrac{1}{2}\ln|x^2+2x+2| - \arctan(x+1) + C.$$

例4 求 $\int \dfrac{x^5+x-1}{x^3-x}\mathrm{d}x$．

解 由于 $\qquad \dfrac{x^5+x-1}{x^3-x} = x^2+1+\dfrac{2x-1}{x^3-x}$，

而真分式 $\qquad \dfrac{2x-1}{x^3-x} = \dfrac{2x-1}{x(x-1)(x+1)} = \dfrac{A}{x} + \dfrac{B}{x-1} + \dfrac{C}{x+1}$，

去分母，得

$$2x-1 = A(x^2-1) + Bx(x+1) + Cx(x-1)，$$

合并同类项，得

$$2x-1 = (A+B+C)x^2 + (B-C)x - A，$$

比较两端同次幂的系数，得方程组

$$\begin{cases} A+B+C=0 \\ B-C=2 \\ -A=-1 \end{cases}，\qquad 解得 \begin{cases} A=1 \\ B=\dfrac{1}{2} \\ C=-\dfrac{3}{2} \end{cases}．$$

于是，$\dfrac{2x-1}{x^3-x}=\dfrac{1}{x}+\dfrac{1}{2(x-1)}-\dfrac{3}{2(x+1)}$，

所以

$$\int \frac{x^5+x-1}{x^3-x}dx = \int[x^2+1+\frac{1}{x}+\frac{1}{2(x-1)}-\frac{3}{2(x+1)}]dx$$

$$=\frac{1}{3}x^3+x+\ln|x|+\ln\sqrt{x-1}-\ln\left|(x+1)\sqrt{x+1}\right|+C$$

$$=\frac{1}{3}x^3+x+\ln\left|\frac{x}{x+1}\sqrt{\frac{x-1}{x+1}}\right|+C .$$

习题 5-4

扫码查答案

求下列函数的积分：

（1）$\displaystyle\int\frac{1}{x^2+5x+6}dx$ ；

（2）$\displaystyle\int\frac{5x-3}{x^2-6x-7}dx$ ；

（3）$\displaystyle\int\frac{2x}{(x+1)^2(x-1)}dx$ ；

（4）$\displaystyle\int\frac{2x^2-3x-3}{(x-1)(x^2-2x+5)}dx$ ；

（5）$\displaystyle\int\frac{2x+3}{x^2+2x+2}dx$ ；

（6）$\displaystyle\int\frac{x^3-4x^2+2x+9}{x^2-5x+6}dx$.

本 章 小 结

一、基本概念

1．原函数

若 $F'(x)=f(x)$（或 $dF(x)=f(x)\,dx$），则称 $F(x)$ 为 $f(x)$ 在区间 I 上的一个原函数．

2．不定积分

称 $f(x)$ 的全体原函数 $F(x)+C$（C 为任意常数）为 $f(x)$ 在 I 内的不定积分，即

$$\int f(x)dx = F(x)+C .$$

二、基本公式

1．微分运算和积分运算互为逆运算

（1）$[\int f(x)dx]' = f(x)$ 或 $d[\int f(x)dx] = f(x)dx$ ；

（2）$\int F'(x)\mathrm{d}x = F(x) + C$　或　$\int \mathrm{d}F(x) = F(x) + C$.

2．运算法则

（1）$\int [f(x) \pm g(x)]\mathrm{d}x = \int f(x)\mathrm{d}x \pm \int g(x)\mathrm{d}x$；

（2）$\int kf(x)\mathrm{d}x = k\int f(x)\mathrm{d}x$.

3．积分的 14 个基本公式：表 5-1.

三、基本积分法

1．直接积分法

直接运用性质和公式进行积分，常常对被积函数进行适当的恒等变形.

2．第一换元积分法

$$\int g(x)\mathrm{d}x \overset{拆成}{=\!=\!=} \int f[\varphi(x)]\varphi'(x)\mathrm{d}x \overset{凑成}{=\!=\!=} \int f[\varphi(x)]\mathrm{d}\varphi(x) \overset{令u=\varphi(x)}{=\!=\!=} \int f(u)\mathrm{d}u$$

$$= F(u) + C \overset{回代u=\varphi(x)}{=\!=\!=} F[\varphi(x)] + C.$$

3．第二换元积分法

$$\int f(x)\mathrm{d}x \overset{令x=\psi(t)}{=\!=\!=} \int f[\psi(t)]\psi'(t)\mathrm{d}t = F(t) + C \overset{t=\bar{\psi}(x)}{=\!=\!=} F[\bar{\psi}(x)] + C.$$

4．分部积分法

$\int u\mathrm{d}v = uv - \int v\mathrm{d}u$.

测试题五

一、填空题

1．$\mathrm{d}\left(\int \dfrac{x}{1+\ln x}\mathrm{d}x\right) = $＿＿＿＿＿＿＿.

2．已知 $f'(x) = x + \ln x$，则 $f(x) = $＿＿＿＿＿＿＿.

3．若 $\int f(x)\mathrm{d}x = 2\sin\dfrac{x}{2} + C$，则 $f(x) = $＿＿＿＿＿＿＿.

4．$\int \dfrac{x}{x^2+2}\mathrm{d}x = $＿＿＿＿＿＿＿.

5．$\int \dfrac{1}{x^2}f'(\dfrac{1}{x})\mathrm{d}x = $＿＿＿＿＿＿＿.

二、选择题

1. 设 $f(x) = e^{-x}$，则不定积分 $\int f(2x)\mathrm{d}x = ($ 　　$)$.

  A. $2e^{-2x} + C$ B. $e^{-2x} + C$

  C. $\dfrac{1}{2}e^{2x} + C$ D. $-\dfrac{1}{2}e^{-2x} + C$

2. 求 $\int \dfrac{\sqrt{x^2 - a^2}}{x}\mathrm{d}x$ （ $a > 0$ ）时，令 $x = a\sec t$，则与此被积函数相同的是

$($ 　　$)$.

  A. $\int a^2 \tan^2 t\,\mathrm{d}t$ B. $\int a\tan^2 t\,\mathrm{d}t$

  C. $\int \dfrac{a\tan^2 t}{\sec t}\mathrm{d}t$ D. $\int a^2 \tan^2 t\sec t\,\mathrm{d}t$

3. $\int\left(\dfrac{1}{\sin^2 x} + 1\right)\mathrm{d}\sin x = ($ 　　$)$.

  A. $-\cot x + x + C$ B. $-\cot x + \sin x + C$

  C. $\dfrac{1}{\sin x} + \sin x + C$ D. $-\dfrac{1}{\sin x} + \sin x + C$

4. 若 $\int f(x)\mathrm{d}x = F(x) + C$，则 $\int f(2x)\mathrm{d}x = ($ 　　$)$.

  A. $F(x) + C$ B. $2F(2x) + C$ C. $\dfrac{1}{2}F(2x) + C$ D. $F(2x) + C$

5. 在计算积分 $\int x^2 \cdot \sqrt[3]{1-x}\,\mathrm{d}x$ 时，为使被积函数有理化，可作变换（ 　　$)$.

  A. $t = \sqrt[3]{1-x}$ B. $x = \tan t$

  C. $x = \sec t$ D. $x = \sin t$

三、求下列函数的不定积分

1. $\int \dfrac{x-4}{\sqrt{x}+2}\mathrm{d}x$.   2. $\int \dfrac{1}{\cos^2 x} - \dfrac{1}{\sin^2 x}\mathrm{d}x$.

3. $\int \dfrac{\sqrt[3]{1+\ln x}}{x}\mathrm{d}x$.   4. $\int \dfrac{x}{\sqrt{4+x^2}}\mathrm{d}x$.

5. $\int \sqrt{e^x - 1}\mathrm{d}x$.   6. $\int \dfrac{\sqrt{x}}{2(1+x)}\mathrm{d}x$.

7. $\int x\cos\dfrac{x}{2}\mathrm{d}x$.   8. $\int \ln(1+x^2)\mathrm{d}x$.

9. $\int \dfrac{1}{x(x-1)^2}\,\mathrm{d}x$.

10. $\int \dfrac{x+1}{x^2+2x-3}\,\mathrm{d}x$.

11. $\int \mathrm{e}^{\sqrt{x}}\,\mathrm{d}x$.

12. $\int \dfrac{1}{x^2-2x-3}\,\mathrm{d}x$.

四、综合应用题

1. 已知某曲线经过点 $(1,2)$，且每一点处的切线斜率为 $k=1-\dfrac{1}{x}$，求此曲线方程.

2. 一物体以速度 $v=3t^2+4t(\mathrm{m/s})$ 作直线运动，当 $t=1\mathrm{s}$ 时，物体经过的路径 $s=3\mathrm{m}$，求物体的运动方程.

3. 若边际收入函数为 $R'=50q-q^2$，式中 q 是销售单位数，求收入函数.

扫码查答案

第六章　定积分及其应用

本章中我们将讨论积分学的另一个基本问题——定积分问题. 我们先从几何学与力学问题出发引进定积分的定义，然后讨论它的性质与计算方法，最后讨论定积分的应用.

§6-1　定积分的定义及其性质

一、引例

1. 曲边梯形的面积

所谓曲边梯形是指由连续曲线 $y=f(x)$ 与直线 $x=a, x=b$ 及 x 轴所围成的图形. 其底边所在的区间是 $[a,b]$，如图 6-1 所示.

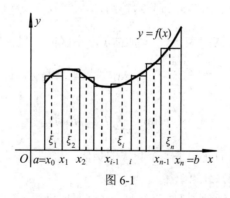

图 6-1

下面我们将采取"化整为零""积零为整"的方法来计算曲边梯形的面积 A. 具体分为四个步骤：

（1）分割区间 $[a,b]$

在区间 $[a,b]$ 中任意插入若干个分点

$a=x_0<x_1<x_2<\cdots<x_{i-1}<x_i<\cdots<x_{n-1}<x_n=b$，把 $[a,b]$ 分成 n 个小区间 $[x_0,x_1]$，$[x_1,x_2]$，$\cdots$，$[x_{i-1},x_i]$，$\cdots$，$[x_{n-1},x_n]$，它们的长度依次为

$\Delta x_1=x_1-x_0$，$\Delta x_2=x_2-x_1$，$\cdots$，$\Delta x_i=x_i-x_{i-1}$，$\cdots$，$\Delta x_n=x_n-x_{n-1}$，

过各分点作平行于 y 轴的直线，把曲边梯形分成 n 个小曲边梯形，其中第 i 个小曲边梯形的面积记为

$$\Delta A_i (i=1,\ 2,\ \cdots,\ n),$$

则有　$A = \Delta A_1 + \Delta A_2 + \cdots + \Delta A_i + \cdots + \Delta A_n.$

（2）近似代替

在第 i 个小底边区间 $[x_{i-1}, x_i]$ 上任取一点 $\xi_i (x_{i-1} \leqslant \xi_i \leqslant x_i)$，用 ξ_i 点的高 $f(\xi_i)$ 近似代替第 i 个小底边区间 $[x_{i-1}, x_i]$ 上各点处的高，即用以第 i 个小区间 $[x_{i-1}, x_i]$（长为 Δx_i）为底，$f(\xi_i)$ 为高的小矩形的面积来近似代替同一底 $[x_{i-1}, x_i]$ 上的第 i 个小曲边梯形的面积，即

$$\Delta A_i \approx f(\xi_i)\ \Delta x_i.$$

（3）连续求和

将 n 个小矩形面积相加，便得所求曲边梯形的面积 A 的近似值

$A \approx f(\xi_1)\Delta x_1 + f(\xi_2)\Delta x_2 + \cdots + f(\xi_i)\Delta x_i + \cdots + f(\xi_n)\Delta x_n$，即

$$A \approx \sum_{i=1}^{n} f(\xi_i)\Delta x_i.$$

（4）计算极限

从直观上看，分点越多，即分割越细，$\sum_{i=1}^{n} f(\xi_i)\Delta x_i$ 就越接近于曲边梯形的面积 A. 因此若用 $\|\Delta x_i\|$ 表示被分割的 n 个小区间中最大的小区间的长度，则当 $\|\Delta x_i\|$ 趋向于零时，和式 $\sum_{i=1}^{n} f(\xi_i)\Delta x_i$ 的极限就是 A，即

$$A = \lim_{\|\Delta x_i\| \to 0} \sum_{i=1}^{n} f(\xi_i)\Delta x_i.$$

可见，曲边梯形的面积是一个和式的极限.

2. 变速直线运动的路程

设某物体作直线运动，已知速度 $v = v(t)$ 是时间区间 $[a, b]$ 上的一个连续函数，且 $v(t) \geqslant 0$，求在这段时间内物体所经过的路程 s.

我们知道，对于匀速直线运动，有公式：

$$\text{路程} = \text{速度} \times \text{时间}.$$

但现在速度不是常量而是随时间变化的变量，因此所求路程不能直接按匀速直线运动的路程公式来计算.

然而，在很短的一段时间内速度的变化很小，近似于匀速，因此在这段时间内可以用匀速运动的路程公式计算出这部分路程的近似值，时间间隔越小，

得出的结果越准确. 由此，我们可以采用与求曲边梯形的面积类似的方法来计算路程 s. 具体计算步骤如下：

（1）分割区间

在时间区间 $[a,b]$ 中任意插入若个分点，把 $[a,b]$ 分成 n 个小时间段

$$[t_0, t_1], [t_1, t_2], \cdots, [t_{i-1}, t_i], \cdots, [t_{n-1}, t_n],$$

其中第 i 个小时间段 $[t_{i-1}, t_i]$ 的长记为

$$\Delta t_i = t_i - t_{i-1} \quad (i = 1, 2, \cdots, n),$$

并将物体在第 i 个小时间段 $[t_{i-1}, t_i]$ 内走过的路程记为

$$\Delta s_i \quad (i = 1, 2, \cdots, n),$$

则有　　$s = \Delta s_1 + \Delta s_2 + \cdots + \Delta s_i + \cdots + \Delta s_n.$

（2）近似代替

在第 i 个小时间段 $[t_{i-1}, t_i]$ 上，任取一个时刻 ξ_i，用这个时刻 ξ_i 的速度 $v(\xi_i)$ 近似代替在第 i 个小时间段 $[t_{i-1}, t_i]$ 上各时刻的速度，便可得到第 i 个小时间段 $[t_{i-1}, t_i]$ 上的路程 Δs_i 的近似值为

$$\Delta s_i \approx v(\xi_i) \Delta t_i. \quad (i = 1, 2, \cdots, n).$$

（3）求和

将 n 段小时间段上的路程 s_i 的近似值 $v(\xi_i) \Delta t_i$ 相加，便得所求路程 s 的近似值为

$$s \approx v(\xi_1)\Delta t_1 + v(\xi_2)\Delta t_2 + \cdots + v(\xi_i)\Delta t_i + \cdots + v(\xi_n)\Delta t_n, \text{即}$$

$$s \approx \sum_{i=1}^{n} v(\xi_i)\Delta t_i.$$

（4）求极限

若用 $\|\Delta t_i\|$ 表示被分割的 n 段小时间段中最长的小时间段的时间长，则当 $\|\Delta t_i\|$ 趋向于零时，和式 $\sum_{i=1}^{n} v(\xi_i)\Delta t_i$ 的极限就是 s，即

$$s = \lim_{\|\Delta t_i\| \to 0} \sum_{i=1}^{n} v(\xi_i)\Delta t_i,$$

可见，变速直线运动的路程也是一个和式的极限.

二、定积分的定义

从上面两个例子可以看到，虽然我们所要计算的量的实际意义不同，前者是几何量，后者是物理量，但是计算这些量的思想方法和步骤都是相同的，并且最终归结为求一个和式的极限：

面积 $\quad A = \lim\limits_{\|\Delta x_i\| \to 0} \sum\limits_{i=1}^{n} f(\xi_i)\Delta x_i$；

路程 $\quad s = \lim\limits_{\|\Delta t_i\| \to 0} \sum\limits_{i=1}^{n} v(\xi_i)\Delta t_i$．

类似于这样的实际问题还有很多，抛开这些问题的具体意义，抓住它们在数量关系上共同的本质与特性加以概括，我们就可以抽象出下述定积分的定义：

定义 1 设函数 $y = f(x)$ 在 $[a, b]$ 上有界，在 $[a, b]$ 中任意插入若干个分点

$$a = x_0 < x_1 < x_2 < \cdots < x_{i-1} < x_i < \cdots < x_{n-1} < x_n = b,$$

把区间 $[a, b]$ 分成 n 个小区间

$$[x_0, x_1], \ [x_1, x_2], \ \cdots, \ [x_{i-1}, x_i], \ \cdots, \ [x_{n-1}, x_n],$$

各个小区间的长度依次为：

$$\Delta x_1 = x_1 - x_0, \ \ \Delta x_2 = x_2 - x_1, \ \cdots, \ \Delta x_i = x_i - x_{i-1}, \ \cdots, \ \Delta x_n = x_n - x_{n-1},$$

在每个小区间 $[x_{i-1}, x_i]$ 上任取一点 ξ_i $(x_{i-1} \leqslant \xi_i \leqslant x_i)$，作函数值 $f(\xi_i)$ 与小区间长度 Δx_i 的乘积 $f(\xi_i) \Delta x_i (i=1,2,\cdots,n)$，并作出和

$$\sum_{i=1}^{n} f(\xi_i)\Delta x_i . \tag{6-1}$$

记 $\lambda = \max\{\Delta x_1, \Delta x_2, \cdots, \Delta x_n\}$，如果不论对 $[a,b]$ 怎样分法，也不论在小区间 $[x_{i-1}, x_i]$ 上点 ξ_i 怎样取法，只要当 $\lambda \to 0$ 时，上面的和式均有极限，那么我们称这个极限为函数 $y = f(x)$ 在区间 $[a, b]$ 上的**定积分**，记为 $\int_a^b f(x)\mathrm{d}x$，即

$$\lim_{\lambda \to 0} \sum_{i=1}^{n} f(\xi_i)\Delta x_i = \int_a^b f(x)\mathrm{d}x .$$

其中 $f(x)$ 叫做**被积函数**，$f(x)\mathrm{d}x$ 叫做**被积表达式**，x 叫做**积分变量**，a，b 分别叫做**积分下限**与**积分上限**，$[a, b]$ 叫做**积分区间**．

如果定积分 $\int_a^b f(x)\mathrm{d}x$ 存在，则称 $f(x)$ 在 $[a, b]$ 上**可积**．

利用定积分的定义，前面所讨论的两个实际问题可以分别表述如下：

曲边梯形的面积 A 等于其曲边函数 $y = f(x)$ 在其底边所在的区间 $[a, b]$ 上的定积分：

$$A = \int_a^b f(x)\mathrm{d}x .$$

变速直线运动的物体所经过的路程 s 等于其速度函数 $v = v(t)$ 在时间区间 $[a, b]$ 上的定积分：

$$s = \int_a^b v(t)\mathrm{d}t .$$

注意 （1）定积分只与被积函数 $f(x)$ 及积分区间 $[a, b]$ 有关，而与积分变量无关. 如果不改变被积函数和积分区间，而只把积分变量 x 换成其他字母，例如 t 或 u，那么，这时定积分的值不变，即

$$\int_a^b f(x)\mathrm{d}x = \int_a^b f(t)\mathrm{d}t = \int_a^b f(u)\mathrm{d}u ,$$

换言之，定积分中积分变量符号的更换不影响它的值.

（2）在上述定积分的定义中要求 $a<b$，为了今后运算方便，我们给出以下的补充规定：

$$\int_a^b f(x)\mathrm{d}x = - \int_b^a f(x)\mathrm{d}x \qquad (a>b) ,$$

$$\int_a^a f(x)\mathrm{d}x = 0 .$$

三、定积分的几何意义

我们已经知道，在 $[a,b]$ 上当 $f(x) \geqslant 0$ 时，定积分 $\int_a^b f(x)\mathrm{d}x$ 表示由连续曲线 $y = f(x)$ 与直线 $x = a$、$x = b$ 及 x 轴所围成的曲边梯形的面积.

而在 $[a,b]$ 上当 $f(x) \leqslant 0$ 时，如图 6-2 所示，由于曲边梯形位于 x 轴的下方，$f(\xi_i)<0$，但 $\Delta x_i>0$，因此和式 $\sum_{i=1}^n f(\xi_i)\Delta x_i$ 的值为负值，从而定积分

$$\int_a^b f(x)\mathrm{d}x = \lim_{\|\Delta x_i\| \to 0} \sum_{i=1}^n f(\xi_i)\Delta x_i$$

也是一个负数，故此时曲边梯形的面积为

$$S = - \int_a^b f(x)\mathrm{d}x \quad \text{或} \qquad \int_a^b f(x)\mathrm{d}x = -S .$$

若 $f(x)$ 在 $[a,b]$ 上既取得正值又取得负值时，如图 6-3 所示，则曲线 $f(x)$ 与直线 $x=a$、$x=b$ 及 x 轴所围成的图形是由三个曲边梯形组成，那么由定积分的定义可得：

$$\int_a^b f(x)\mathrm{d}x = S_1 - S_2 + S_3 .$$

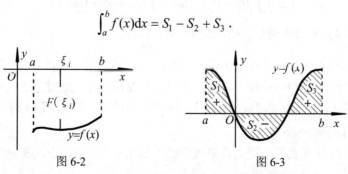

图 6-2　　　　　　　　　　　　　　图 6-3

由上面的分析我们可以得到如下结果：

定积分 $\int_a^b f(x)\mathrm{d}x$ 的几何意义为：它的数值可以用曲边梯形的面积的代数和来表示.

利用定积分表示图 6-4 中四个图形的面积：

解 图（1）中的阴影部分的面积为 $S = \int_0^a x^2 \mathrm{d}x$；

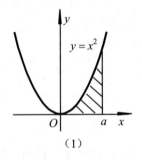

（1）

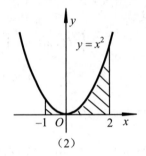

（2）

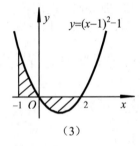

（3）

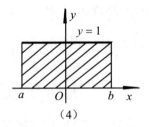

（4）

图 6-4

图（2）中的阴影部分的面积为 $S = \int_{-1}^2 x^2 \mathrm{d}x$；

图（3）中的阴影部分的面积为

$$S = \int_{-1}^0 [(x-1)^2 - 1]\mathrm{d}x - \int_0^2 [(x-1)^2 - 1]\mathrm{d}x ;$$

图（4）中的阴影部分的面积为 $S = \int_a^b \mathrm{d}x$.

对于定积分，有这样一个重要问题：什么函数是可积的？

这个问题我们不作深入讨论，而只是直接给出下面的定积分存在定理：

定理 1 如果函数 $f(x)$ 在 $[a,b]$ 上连续，则函数 $y = f(x)$ 在 $[a,b]$ 上可积.

证明从略.

这个定理在直观上是很容易接受的：如图 6-3 所示，由定积分的几何意义可知，若 $f(x)$ 在 $[a,b]$ 上连续，则由曲线 $y=f(x)$、直线 $x=a$、$x=b$ 和 x 轴所围成的曲边梯形面积的代数和是一定存在的，即定积分 $\int_a^b f(x)\mathrm{d}x$ 一定存在.

四、定积分的基本性质

下面我们总假定各函数在闭区间 $[a,b]$ 上连续，而对 a，b 的大小不加限制（特别情况除外）.

性质 1　函数的和（差）的定积分等于它们的定积分的和（差），即
$$\int_a^b \left[f(x) \pm g(x) \right] \mathrm{d}x = \int_a^b f(x)\mathrm{d}x \pm \int_a^b g(x)\,\mathrm{d}x .$$

这个性质可以推广到有限个连续函数的代数和的定积分.

性质 2　被积函数的常数因子可以提到积分号外面，即
$$\int_a^b kf(x)\mathrm{d}x = k\int_a^b f(x)\mathrm{d}x .$$

性质 3　如果在区间 $[a,b]$ 上，$f(x) \equiv 1$，那么有
$$\int_a^b 1\cdot\mathrm{d}x = \int_a^b \mathrm{d}x = b-a .$$

以上三条性质可用定积分定义和极限运算法则导出.

证明从略.

性质 4　如果把区间 $[a,b]$ 分为 $[a,c]$ 和 $[c,b]$ 两个区间，不论 a，b，c 的大小顺序如何，总有
$$\int_a^b f(x)\mathrm{d}x = \int_a^c f(x)\mathrm{d}x + \int_c^b f(x)\,\mathrm{d}x .$$

性质 5（**定积分中值定理**）如果函数 $f(x)$ 在区间 $[a,b]$ 上连续，则在 $[a,b]$ 上至少存在一点 ξ，使得下式成立：
$$\int_a^b f(x)\mathrm{d}x = f(\xi)(b-a) \qquad (a\leqslant \xi \leqslant b).$$

证　根据闭区间上连续函数的介值定理（§2-6 节定理 13），在 $[a,b]$ 上至少存在一点 ξ，使得
$$\frac{1}{b-a}\int_a^b f(x)\mathrm{d}x = f(\xi) \quad (a\leqslant \xi \leqslant b)，即$$

$$\int_a^b f(x)\mathrm{d}x = f(\xi)(b-a) .$$

如图 6-5 可知，在 $[a,b]$ 上至少能找到一点 ξ，使以 $f(\xi)$ 为高，$[a,b]$ 为底的矩形面积等于曲边梯形 $abBA$ 的面积.

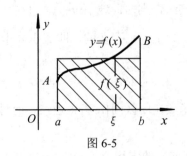

图 6-5

习题 6-1

1. 利用定积分定义计算由抛物线 $y = x^2+1$，两直线 $x = a$、$x = b(b>a)$ 及横轴所围成的图形的面积.

2. 利用定积分定义计算下列积分：

（1） $\int_a^b x\mathrm{d}x \ \ (a < b)$ ；

（2） $\int_0^1 \mathrm{e}^x\mathrm{d}x$.

3. 利用定积分表示下列图形的面积：

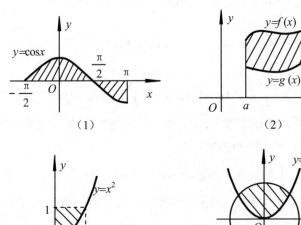

（1）

（2）

（3）

（4）

第 3 题图

4. 利用定积分的几何意义，求下列各定积分：

（1） $\int_1^3 (x-1)\mathrm{d}x$ ；

（2） $\int_0^2 4\mathrm{d}x$.

5. 已知 $\int_0^2 x^2 \mathrm{d}x = \dfrac{8}{3}$，$\int_0^2 x \mathrm{d}x = 2$，计算下列各式的值：

（1）$\displaystyle\int_0^2 (x+1)^2 \mathrm{d}x$；　　　　　　　　（2）$\displaystyle\int_0^2 (x-\sqrt{3})(x+\sqrt{3})\mathrm{d}x$．

§6-2　定积分的计算

按照定积分定义计算定积分的值是困难的，本节先研究定积分与不定积分的关系，从而得到计算定积分的基本公式（微积分基本公式）牛顿—莱布尼兹公式．并进一步学习定积分的两种常用计算方法：定积分的换元积分法和分部积分法．

一、微积分基本公式

积分上限的函数及其导数

设函数 $f(x)$ 在区间 $[a,b]$ 上连续，x 为 $[a,b]$ 上任一点，则 $f(x)$ 在 $[a,x]$ 上仍连续，从而积分

$$\int_a^x f(x)\mathrm{d}x$$

存在，且确定了 $[a,b]$ 上的一个以上限 x 为自变量的函数，称为积分上限的函数，记为

$$\varPhi(x) = \int_a^x f(x)\mathrm{d}x \quad （a \leqslant x \leqslant b），$$

这里 x 既是定积分的上限，又是积分变量．为避免混淆，把积分变量改用 t 表示．则上式改写为

$$\varPhi(x) = \int_a^x f(t)\mathrm{d}t \quad （a \leqslant x \leqslant b）.$$

定理 2　如果函数 $f(x)$ 在区间 $[a,b]$ 上连续，那么积分上限函数 $\varPhi(x) = \int_a^x f(t)\mathrm{d}t$ 在 $[a,b]$ 上具有导数，且它的导数为

$$\varPhi'(x) = f(x) \quad （a \leqslant x \leqslant b）.$$

证　如图 6-6 所示，给 x 以增量 Δx，则 $\varPhi(x)$ 有增量为

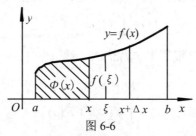

图 6-6

$$\Delta\varPhi(x) = \varPhi(x+\Delta x) - \varPhi(x) = \int_a^{x+\Delta x} f(t)\mathrm{d}t - \int_a^x f(t)\mathrm{d}t$$

$$= \int_a^x f(t)\mathrm{d}t + \int_x^{x+\Delta x} f(t)\mathrm{d}t - \int_a^x f(t)\mathrm{d}t$$

$$= \int_x^{x+\Delta x} f(t)\mathrm{d}t,$$

由积分中值定理，得在$[x,x+\Delta x]$内必存在一点 ξ，使得

$$\Delta\varPhi(x) = \int_x^{x+\Delta x} f(t)\mathrm{d}t = f(\xi)\Delta x,$$

即
$$\frac{\Delta\varPhi(x)}{\Delta x} = f(\xi),$$

当$\Delta x \to 0$ 时，$\xi \to x$，根据$f(x)$的连续性,得

$$\lim_{\Delta x \to 0} \frac{\Delta\varPhi(x)}{\Delta x} = \lim_{\Delta x \to 0} f(\xi) = \lim_{\xi \to x} f(\xi) = f(x),$$

即
$$\varPhi'(x) = f(x).$$

由原函数的定义可知，$\varPhi(x)$是连续函数 $f(x)$的一个原函数．因此也证明了下面的定理：

定理 3　如果函数 $f(x)$在区间$[a,b]$上连续，则函数

$$\varPhi(x) = \int_a^x f(t)\mathrm{d}t$$

就是$f(x)$在区间$[a,b]$上的一个原函数.

二、牛顿—莱布尼兹（Newton - Leibniz）公式

定理 4（微积分基本定理）　　如果函数 $F(x)$是连续函数 $f(x)$在区间$[a,b]$上的一个原函数，则

$$\int_a^b f(x)\mathrm{d}x = F(b) - F(a) . \tag{6-2}$$

证　由定理 2 知，$\varPhi(x) = \int_a^x f(t)\mathrm{d}t$ 是$f(x)$的一个原函数，又假设 $F(x)$也是$f(x)$的一个原函数，故

$$F(x) - \varPhi(x) = C \quad (a \leqslant x \leqslant b,\ C\ 为常数），$$

即
$$F(x) - \int_a^x f(t)\mathrm{d}t = C .$$

在上式中令 $x = a$ ，根据$\int_a^a f(t)\mathrm{d}t = 0$，得

$$F(a) = C,$$

于是
$$F(x) = \int_a^x f(t)\mathrm{d}t + F(a) .$$

在上式中再令 $x = b$，得

$$\int_a^b f(t)\mathrm{d}t = F(b) - F(a) \quad \text{或} \quad \int_a^b f(x)\mathrm{d}x = F(b) - F(a).$$

这就证明了定理 4.

公式（6-2）又称为牛顿－莱布尼兹公式，也称为微积分基本公式．它表明：连续函数 $f(x)$ 在 $[a,b]$ 上的定积分等于它的一个原函数 $F(x)$ 在该区间上的增量．它为定积分的计算提供了一个简便有效的方法．

若记 $F[b] - F[a] = \big[F(x)\big]_a^b$，则公式（6-2）也可以写成

$$\int_a^b f(x)\mathrm{d}x = \big[F(x)\big]_a^b = F(b) - F(a).$$

例 1　计算 $\int_1^e \dfrac{\mathrm{d}x}{x}$.

解　因为 $\ln x$ 是 $\dfrac{1}{x}$ 的一个原函数，所以

$$\int_1^e \frac{\mathrm{d}x}{x} = [\ln x]_1^e = \ln e - \ln 1 = 1 .$$

例 2　计算 $\int_{-\frac{\pi}{4}}^{\frac{\pi}{4}} \sec^2 x\mathrm{d}x$.

解　因为 $\tan x$ 是 $\sec^2 x$ 的一个原函数，所以

$$\int_{-\frac{\pi}{4}}^{\frac{\pi}{4}} \sec^2 x\mathrm{d}x = [\tan x]_{-\frac{\pi}{4}}^{\frac{\pi}{4}} = 1 - (-1) = 2 .$$

例 3　求曲线 $y = 2^x$、$x = -1$、$x = 2$ 及 x 轴所围图形的面积.

解　如图 6-7 所示，曲边梯形的面积为

$$A = \int_{-1}^2 2^x \mathrm{d}x .$$

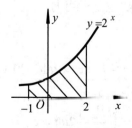

图 6-7

因为 $\dfrac{2^x}{\ln 2}$ 是 2^x 的一个原函数，所以

$$A = \int_{-1}^{2} 2^x \, dx = \left[\frac{2^x}{\ln 2} \right]_{-1}^{2} = \frac{7}{\ln 4} .$$

三、定积分的换元积分法和分部积分法

1. 定积分的换元积分法

定理 5　如果

（1）函数 $f(x)$ 在区间 $[a,b]$ 上连续；

（2）函数 $x = \varphi(t)$ 在区间 $[\alpha, \beta]$ 上是单值的且有连续导数；

（3）当 t 在 $[\alpha, \beta]$ 上变化时，$x = \varphi(t)$ 的值在 $[a,b]$ 上变化，且 $\varphi(\alpha) = a$，$\varphi(\beta) = b$，

那么有定积分的换元公式

$$\int_{a}^{b} f(x) dx = \int_{\alpha}^{\beta} f[\varphi(t)] \varphi'(t) dt . \tag{6-3}$$

证　由定理条件（1）、（2）可知，公式（6-3）两端的被积函数的原函数存在，并可用牛顿－莱布尼兹公式，设 $F(x)$ 是 $f(x)$ 的一个原函数，则

$$\int_{a}^{b} f(x) dx = F(b) - F(a) ,$$

而 $x = \varphi(t)$，故 $F[\varphi(t)]$ 可看作由 $F(x)$ 和 $x = \varphi(t)$ 复合而成的函数，根据复合函数求导法则，得

$$F'[\varphi(t)] = f[\varphi(t)] \varphi'(t) .$$

这说明 $F[\varphi(t)]$ 是 $f[\varphi(t)] \varphi'(t)$ 的一个原函数，所以有

$$\int_{\alpha}^{\beta} f[\varphi(t)] \varphi'(t) dt = \left[F[\varphi(t)] \right]_{\alpha}^{\beta} = F[\varphi(\beta)] - F[\varphi(\alpha)] = F(b) - F(a) .$$

这就证明了换元公式.

显然，公式（6-3）对 $\alpha > \beta$ 也是适用的.

例 4　计算 $\int_{0}^{3} \dfrac{x}{\sqrt{1+x}} \, dx$.

解　设 $\sqrt{1+x} = t$，则 $x = t^2 - 1$，$dx = 2t dt$. 当 $x = 0$ 时，$t = 1$；当 $x = 3$ 时，$t = 2$. 根据定理 5，

$$\int_{0}^{3} \frac{x}{\sqrt{1+x}} dx = \int_{1}^{2} \frac{t^2 - 1}{t} 2t dt = 2 \int_{1}^{2} (t^2 - 1) dt = \frac{8}{3} .$$

例 5　计算 $\int_{0}^{a} \sqrt{a^2 - x^2} \, dx \quad (a > 0)$.

解　设 $x = a \sin t$，则 $dx = a \cos t dt$，

当 $x=0$ 时，$t=0$；当 $x=a$ 时，$t=\dfrac{\pi}{2}$，于是

$$\int_0^a \sqrt{a^2-x^2}\,\mathrm{d}x = a^2\int_0^{\frac{\pi}{2}}\cos^2 t\,\mathrm{d}t = \frac{a^2}{2}\int_0^{\frac{\pi}{2}}(1+\cos 2t)\,\mathrm{d}t$$

$$= \frac{a^2}{2}\left[t+\frac{1}{2}\sin 2t\right]_0^{\frac{\pi}{2}} = \frac{\pi a^2}{4}.$$

例 6　计算 $\int_0^{\frac{\pi}{2}}\cos^3 x\sin x\,\mathrm{d}x$.

解： 设 $\cos x=t$，则 $-\sin x\,\mathrm{d}x=\mathrm{d}t$.

当 $x=0$ 时，$t=1$；当 $x=\dfrac{\pi}{2}$ 时，$t=0$，于是

$$\int_0^{\frac{\pi}{2}}\cos^3 x\sin x\,\mathrm{d}x = -\int_1^0 t^3\,\mathrm{d}t = \int_0^1 t^3\,\mathrm{d}t = [\frac{1}{4}t^4]_0^1 = \frac{1}{4}.$$

这个定积分也可采用凑微分法来计算，即

$$\int_0^{\frac{\pi}{2}}\cos^3 x\sin x\,\mathrm{d}x = -\int_0^{\frac{\pi}{2}}\cos^3 x\,\mathrm{d}(\cos x) =$$

$$-\left[\frac{1}{4}\cos^4 x\right]_0^{\frac{\pi}{2}} = \frac{1}{4}.$$

可以看出，这时由于没有进行变量代换，积分区间不变，所以计算更为简便.

例 7　计算 $\int_0^{\pi}\sqrt{\sin^3 x-\sin^5 x}\,\mathrm{d}x$.

解　由于

$$\sqrt{\sin^3 x-\sin^5 x} = \sqrt{\sin^3 x(1-\sin^2 x)} = \sin^{\frac{3}{2}}x\,|\cos x|,$$

在 $\left[0,\dfrac{\pi}{2}\right]$ 上，$|\cos x|=\cos x$，在 $\left[\dfrac{\pi}{2},\pi\right]$ 上，$|\cos x|=-\cos x$，所以

$$\int_0^{\pi}\sqrt{\sin^3 x-\sin^5 x}\,\mathrm{d}x =$$

$$\int_0^{\frac{\pi}{2}}\sin^{\frac{3}{2}}x\cos x\,\mathrm{d}x + \int_{\frac{\pi}{2}}^{\pi}\sin^{\frac{3}{2}}x(-\cos x)\,\mathrm{d}x =$$

$$\int_0^{\frac{\pi}{2}}\sin^{\frac{3}{2}}x\,\mathrm{d}(\sin x) - \int_{\frac{\pi}{2}}^{\pi}\sin^{\frac{3}{2}}x\,\mathrm{d}(\sin x) =$$

$$\left[\frac{2}{5}\sin^{\frac{5}{2}}x\right]_0^{\frac{\pi}{2}} - \left[\frac{2}{5}\sin^{\frac{5}{2}}x\right]_{\frac{\pi}{2}}^{\pi} = \frac{2}{5}-(-\frac{2}{5}) = \frac{4}{5}.$$

注意，如果忽略 $\cos x$ 在 $\left[\dfrac{\pi}{2}, \pi\right]$ 上非正，而按 $\sqrt{\sin^3 x - \sin^5 x} = \sin^{\frac{3}{2}} x \cos x$ 计算，将导致错误.

例 8　求椭圆 $\dfrac{x^2}{a^2} + \dfrac{y^2}{b^2} = 1$ 的面积.

解　如图 6-8 所示，根据椭圆的对称性，得

$$A = 4 \int_0^a \frac{b}{a} \sqrt{a^2 - x^2}\, \mathrm{d}x = \frac{4b}{a} \int_0^a \sqrt{a^2 - x^2}\, \mathrm{d}x .$$

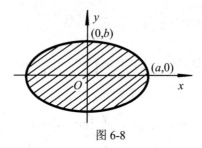

图 6-8

设 $x = a\sin t$，则

$$\mathrm{d}x = a\cos t\, \mathrm{d}t,$$

当 $x = 0$ 时，$t = 0$；

当 $x = a$ 时，$t = \dfrac{\pi}{2}$．于是

$$A = \frac{4b}{a} \int_0^{\frac{\pi}{2}} a^2 \cos^2 t\, \mathrm{d}t$$

$$= 4ab \int_0^{\frac{\pi}{2}} \cos^2 t\, \mathrm{d}t = 2ab \int_0^{\frac{\pi}{2}} (1 + \cos 2t)\, \mathrm{d}t$$

$$= 2ab \left[t + \frac{\sin 2t}{2} \right]_0^{\frac{\pi}{2}} = ab\pi .$$

定理 6　设 $f(x)$ 在 $[a,b]$ 上连续，

（1）如果 $f(x)$ 为偶函数，那么 $\displaystyle\int_{-a}^{a} f(x)\,\mathrm{d}x = 2\int_0^a f(x)\,\mathrm{d}x$；

（2）如果 $f(x)$ 为奇函数，那么 $\displaystyle\int_{-a}^{a} f(x)\,\mathrm{d}x = 0$．

我们用图形来说明：

（1）当 $f(x)$ 为偶函数时，$f(x)$ 的图形关于 y 轴对称，则由图 6-9 可知，

$\int_{-a}^{0} f(x)\mathrm{d}x = \int_{0}^{a} f(x)\mathrm{d}x$，从而有

$$\int_{-a}^{a} f(x)\mathrm{d}x = 2\int_{0}^{a} f(x)\mathrm{d}x\ ;$$

（2）当 $f(x)$ 为奇函数时，$f(x)$ 的图形关于原点对称，则由图 6-10 可知，

$\int_{-a}^{0} f(x)\mathrm{d}x = -\int_{0}^{a} f(x)\mathrm{d}x$，从而有

$$\int_{-a}^{a} f(x)\mathrm{d}x = 0\ .$$

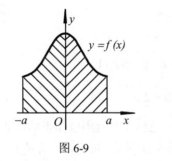

图 6-9

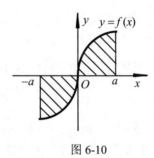

图 6-10

2. 定积分的分部积分法

定理 7 如果函数 $u(x)$、$v(x)$ 在区间 $[a,b]$ 上具有连续导数，那么

$$\int_{a}^{b} u(x)\mathrm{d}[v(x)] = [u(x)\ v(x)]_{a}^{b} - \int_{a}^{b} v(x)\mathrm{d}[u(x)]\ .$$

上式还可简写成

$$\int_{a}^{b} u\mathrm{d}v = [uv]_{a}^{b} - \int_{a}^{b} v\mathrm{d}u\ .$$

例 9 计算 $\int_{0}^{\pi} x\cos x\,\mathrm{d}x$.

解 $\int_{0}^{\pi} x\cos x\,\mathrm{d}x = \int_{0}^{\pi} x\mathrm{d}(\sin x) = [x\sin x]_{0}^{\pi} - \int_{0}^{\pi}\sin x\,\mathrm{d}x$

$\qquad\qquad = 0 - [-\cos x]_{0}^{\pi} = -2$.

例 10 计算 $\int_{0}^{\frac{\pi}{2}} x^2 \sin x\,\mathrm{d}x$.

解 $\int_{0}^{\frac{\pi}{2}} x^2 \sin x\,\mathrm{d}x = -\int_{0}^{\frac{\pi}{2}} x^2\mathrm{d}(\cos x) = -[x^2\cos x]_{0}^{\frac{\pi}{2}} + 2\int_{0}^{\frac{\pi}{2}} x\cos x\,\mathrm{d}x$

$\qquad\qquad = 0 + 2\int_{0}^{\frac{\pi}{2}} x\cos x\,\mathrm{d}x = 2\int_{0}^{\frac{\pi}{2}} x\mathrm{d}(\sin x)$

$$= 2\left\{\left[x\sin x\right]_0^{\frac{\pi}{2}} - \int_0^{\frac{\pi}{2}}\sin x dx\right\}$$

$$= 2\left\{\frac{\pi}{2} + \left[\cos x\right]_0^{\frac{\pi}{2}}\right\} = 2(\frac{\pi}{2} - 1) = \pi - 2 .$$

例 11 计算 $\int_0^1 e^{\sqrt{x}} dx$.

解 先用换元法. 令 $\sqrt{x} = t$，则 $x = t^2$，$dx = 2tdt$，并且当 $x = 0$ 时，$t = 0$；当 $x = 1$ 时，$t = 1$. 于是有

$$\int_0^1 e^{\sqrt{x}} dx = 2\int_0^1 te^t dt .$$

再用分部积分法计算上式右端的积分.

设 $u = t$，$dv = e^t dt$，则 $du = dt$，$v = e^t$. 于是

$$\int_0^1 te^t dt = [te^t]_0^1 - \int_0^1 e^t dt = e - [e^t]_0^1 = e - (e-1) = 1 ,\quad 即$$

$$\int_0^1 e^{\sqrt{x}} dx = 2 .$$

例 12 求由 $y = \ln x$ 与 $x = 1$、$x = e$，及 $y = 0$ 所围成图形的面积.

解 设所围成的图形面积为 S, 如图 6-11 所示，根据定积分的几何意义可知，

$$S = \int_1^e \ln x dx = [x\ln x]_1^e - \int_1^e x \cdot \frac{1}{x} dx$$

$$= e - [x]_1^e = e - (e-1) = 1 .$$

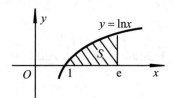

图 6-11

习题 6-2

1. 计算下列各定积分：

（1）$\int_1^3 x^3 dx$ ；

（2）$\int_0^a (3x^2 - x + 1)dx$ ；

（3）$\int_1^2 (x^2 + \frac{1}{x^4})dx$ ；

（4）$\int_4^9 \sqrt{x}(1 + \sqrt{x})dx$ ；

（5）$\int_{\frac{1}{\sqrt{3}}}^{\sqrt{3}} \dfrac{\mathrm{d}x}{1+x^2}$ ；　　　　　　　　（6）$\int_{-\frac{1}{2}}^{\frac{1}{2}} \dfrac{\mathrm{d}x}{\sqrt{1-x^2}}$ ；

（7）$\int_{0}^{\sqrt{3}a} \dfrac{\mathrm{d}x}{a^2+x^2}$ ；　　　　　　（8）$\int_{0}^{1} \dfrac{\mathrm{d}x}{\sqrt{4-x^2}}$ ；

（9）$\int_{-1}^{0} \dfrac{3x^4+3x^2+1}{x^2+1}\mathrm{d}x$ ；　　（10）$\int_{-\mathrm{e}-1}^{-2} \dfrac{\mathrm{d}x}{1+x}$ ；

（11）$\int_{0}^{\frac{\pi}{4}} \tan^2\theta\,\mathrm{d}\theta$ ；　　　　　　（12）$\int_{0}^{2\pi} |\sin x|\,\mathrm{d}x$ ；

（13）设 $f(x)=\begin{cases} x+1 & (x \leqslant 1); \\ \dfrac{1}{2}x^2 & (x>1), \end{cases}$ 求 $\int_{0}^{2} f(x)\mathrm{d}x$ ．

2．求下列各曲线（直线）围成的图形的面积：

（1）$y=2\sqrt{x}$ 、$x=4$ 、$x=9$ 、$y=0$ ；

（2）$y=\cos x$ 、$x=0$ 、$x=\pi$ 、$y=0$ ．

3．计算下列定积分：

（1）$\int_{\frac{\pi}{3}}^{\pi} \sin(x+\dfrac{\pi}{3})\mathrm{d}x$ ；　　　　（2）$\int_{0}^{\frac{\pi}{2}} \sin t \cos^3 t\,\mathrm{d}t$ ；

（3）$\int_{\frac{\pi}{6}}^{\frac{\pi}{2}} \cos^2 u\,\mathrm{d}u$ ；　　　　　　（4）$\int_{-\sqrt{2}}^{\sqrt{2}} \sqrt{8-2y^2}\,\mathrm{d}y$ ；

（5）$\int_{0}^{a} x^2\sqrt{a^2-x^2}\,\mathrm{d}x$ ；　　　（6）$\int_{-1}^{1} \dfrac{x\,\mathrm{d}x}{\sqrt{5-4x}}$ ；

（7）$\int_{\frac{3}{4}}^{1} \dfrac{\mathrm{d}x}{\sqrt{1-x}-1}$ ；　　　　（8）$\int_{0}^{1} t\,\mathrm{e}^{-\frac{t^2}{2}}\,\mathrm{d}t$ ；

（9）$\int_{-2}^{0} \dfrac{\mathrm{d}x}{x^2+2x+2}$ ．

4．利用定理 6 计算下列定积分：

（1）$\int_{-\pi}^{\pi} x^4\sin x\,\mathrm{d}x$ ；　　　　　（2）$\int_{-\frac{\pi}{2}}^{\frac{\pi}{2}} 4\cos^4 t\,\mathrm{d}t$ ；

（3）$\int_{-5}^{5} \dfrac{x^3\sin^2 x}{x^4+2x^2+1}\mathrm{d}x$ ．

5．计算下列定积分：

（1）$\int_{0}^{1} x\mathrm{e}^{-x}\,\mathrm{d}x$ ；　　　　　　（2）$\int_{0}^{\frac{2\pi}{\omega}} t\sin\omega t\,\mathrm{d}t$ （ω 为常数）；

（3）$\displaystyle\int_1^4 \frac{\ln x}{\sqrt{x}}\,\mathrm{d}x$ ；　　　　　　（4）$\displaystyle\int_0^{\frac{\pi}{2}} \mathrm{e}^{2x}\cos x\,\mathrm{d}x$ ；

（5）$\displaystyle\int_0^\pi (x\sin x)^2\,\mathrm{d}x$ ；　　　　　（6）$\displaystyle\int_{\frac{1}{e}}^{e} |\ln x|\,\mathrm{d}x$ ．

§6-3　广 义 积 分

在一些实际问题中，我们常遇到积分区间为无穷区间，或被积函数在积分区间上有无穷型间断点（即被积函数为无界函数）的情形，它们已经不属于前面所说的定积分了．因此，我们对定积分作如下两种推广，从而形成了"广义积分"的概念．

一、无穷区间的广义积分

定义 2　设函数 $f(x)$ 在区间 $[a,+\infty)$ 上连续，取 $b>a$，如果极限

$$\lim_{b\to+\infty}\int_a^b f(x)\mathrm{d}x$$

存在，那么称此极限为函数 $f(x)$ 在无穷区间 $[a,+\infty)$ 上的**广义积分**．记作 $\displaystyle\int_a^{+\infty} f(x)\mathrm{d}x$，即

$$\int_a^{+\infty} f(x)\mathrm{d}x = \lim_{b\to+\infty}\int_a^b f(x)\mathrm{d}x . \qquad (6\text{-}5)$$

这时也称广义积分 $\displaystyle\int_a^{+\infty} f(x)\mathrm{d}x$ **收敛**；如果上述极限不存在，那么称广义积分 $\displaystyle\int_a^{+\infty} f(x)\mathrm{d}x$ **发散**，这时虽用同样的记号，但已不表示数值了．

类似地，可以定义下限为负无穷大或上下限都是无穷大的广义积分：

$$\int_{-\infty}^b f(x)\mathrm{d}x = \lim_{a\to-\infty}\int_a^b f(x)\mathrm{d}x . \qquad (6\text{-}6)$$

$\displaystyle\int_{-\infty}^{+\infty} f(x)\mathrm{d}x = \int_{-\infty}^0 f(x)\mathrm{d}x + \int_0^{+\infty} f(x)\mathrm{d}x$，即

$$\int_{-\infty}^{+\infty} f(x)\mathrm{d}x = \lim_{a\to-\infty}\int_a^0 f(x)\mathrm{d}x + \lim_{b\to+\infty}\int_0^b f(x)\mathrm{d}x . \qquad (6\text{-}7)$$

上述广义积分统称为**无穷区间的广义积分**．

例 1　计算广义积分 $\displaystyle\int_{-\infty}^{+\infty} \frac{\mathrm{d}x}{1+x^2}$ ．

解　如图 6-12 所示，由（6-7）、（6-6）、（6-5）式得：

$$\int_{-\infty}^{+\infty} \frac{\mathrm{d}x}{1+x^2} = \int_{-\infty}^{0} \frac{\mathrm{d}x}{1+x^2} + \int_{0}^{+\infty} \frac{\mathrm{d}x}{1+x^2}$$

$$= \lim_{a\to-\infty} \int_{a}^{0} \frac{\mathrm{d}x}{1+x^2} + \lim_{b\to+\infty} \int_{0}^{b} \frac{\mathrm{d}x}{1+x^2}$$

$$= \lim_{a\to-\infty} [\arctan x]_{a}^{0} + \lim_{b\to+\infty} [\arctan x]_{0}^{b}$$

$$= -\lim_{a\to-\infty} \arctan a + \lim_{b\to+\infty} \arctan b$$

$$= -(-\frac{\pi}{2}) + \frac{\pi}{2} = \pi .$$

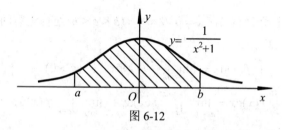

图 6-12

这个广义积分值的几何意义是：当 $a \to -\infty$，$b \to +\infty$ 时，虽然图 6-12 中阴影部分向左、右无限延伸，但阴影部分的面积却有极限值 π.

例2 计算广义积分 $\int_{0}^{+\infty} t\mathrm{e}^{-pt}\mathrm{d}t$ （p 是常数，且 $p > 0$）.

解 $\int_{0}^{+\infty} t\mathrm{e}^{-pt}\mathrm{d}t = \lim_{b\to+\infty} \int_{0}^{b} t\mathrm{e}^{-pt}\mathrm{d}t$

$$= \lim_{b\to+\infty} \left\{ \left[-\frac{t}{p}\mathrm{e}^{-pt} \right]_{0}^{b} + \frac{1}{p} \int_{0}^{b} \mathrm{e}^{-pt}\mathrm{d}t \right\}$$

$$= \left[-\frac{t}{p}\mathrm{e}^{-pt} \right]_{0}^{+\infty} - \frac{1}{p^2} \left[\mathrm{e}^{-pt} \right]_{0}^{+\infty}$$

$$= -\frac{1}{p} \lim_{t\to+\infty} t\mathrm{e}^{-pt} - 0 - \frac{1}{p^2}(0-1) = \frac{1}{p^2} .$$

注意 （1）有时为了方便，把 $\lim\limits_{b\to+\infty} [F(x)]_{a}^{b}$ 记作 $[F(x)]_{a}^{+\infty}$；

（2）式中的极限 $\lim\limits_{t\to+\infty} t\mathrm{e}^{-pt}$ 是未定式，可用洛必达法则确定为零.

二、无界函数的广义积分

定义3 设函数 $f(x)$ 在区间 $(a,b]$ 内连续，而

$$\lim_{x\to a+0} f(x) = \infty ,$$

如果极限 $\displaystyle\lim_{\varepsilon\to 0^+}\int_{a+\varepsilon}^{b}f(x)\mathrm{d}x$ $(\varepsilon>0)$

存在，那么称这个极限为函数 $f(x)$ 在区间 $(a,b]$ 内的**广义积分**，记为 $\displaystyle\int_a^b f(x)\mathrm{d}x$，即

$$\int_a^b f(x)\mathrm{d}x=\lim_{\varepsilon\to 0^+}\int_{a+\varepsilon}^{b}f(x)\mathrm{d}x. \qquad (6\text{-}8)$$

这时也称广义积分 $\displaystyle\int_a^b f(x)\mathrm{d}x$ **收敛**；如果极限不存在，就称广义积分 $\displaystyle\int_a^b f(x)\mathrm{d}x$ **发散**.

同样地，对于函数 $f(x)$ 在 $x=b$ 及 $x=c\ (a<c<b)$ 处有无穷间断点的广义积分分别给出以下的定义：

$$\int_a^b f(x)\mathrm{d}x=\lim_{\varepsilon\to 0^+}\int_a^{b-\varepsilon}f(x)\mathrm{d}x \qquad (\varepsilon>0)\,; \qquad (6\text{-}9)$$

$$\int_a^b f(x)\mathrm{d}x=\lim_{\varepsilon_1\to 0^+}\int_a^{c-\varepsilon_1}f(x)\mathrm{d}x+\lim_{\varepsilon_2\to 0^+}\int_{c+\varepsilon_2}^{b}f(x)\mathrm{d}x \qquad (6\text{-}10)$$

$(\varepsilon_1>0,\varepsilon_2>0)\,.$

如果（6-9）、（6-10）式中各极限存在，那么称对应的广义积分 $\displaystyle\int_a^b f(x)\mathrm{d}x$ 收敛；否则称广义积分 $\displaystyle\int_a^b f(x)\mathrm{d}x$ 发散.

例 3 若 $f(x)=\dfrac{1}{\sqrt{1-x^2}}$，计算 $\displaystyle\int_0^1 f(x)\mathrm{d}x$.

解 如图 6-13 所示，因为 $\displaystyle\lim_{x\to 1-0}\dfrac{1}{\sqrt{1-x^2}}=+\infty$，所以，$x=1$ 为被积函数的无穷间断点. 于是，按（6-9）式有

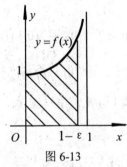

图 6-13

$$\int_0^1 f(x)\mathrm{d}x=\int_0^1\frac{\mathrm{d}x}{\sqrt{1-x^2}}$$

$$= \lim_{\varepsilon \to 0^+} \int_0^{1-\varepsilon} \frac{dx}{\sqrt{1-x^2}} = \lim_{\varepsilon \to 0^+} [\arcsin x]_0^{1-\varepsilon}$$

$$= \lim_{\varepsilon \to 0^+} \arcsin(1-\varepsilon) = \frac{\pi}{2}.$$

例 4 计算 $\int_{-1}^1 \frac{dx}{x^2}$.

解 因为 $\lim\limits_{x \to 0} \frac{1}{x^2} = +\infty$，所以，$x = 0$ 为被积函数的无穷间断点. 于是，按 （6-8）式有

$$\int_{-1}^1 \frac{1}{x^2} dx = \lim_{\varepsilon_1 \to 0^+} \int_{-1}^{0-\varepsilon_1} \frac{1}{x^2} dx + \lim_{\varepsilon_2 \to 0^+} \int_{0+\varepsilon_2}^1 \frac{1}{x^2} dx$$

$$= \lim_{\varepsilon_1 \to 0^+} \left[-\frac{1}{x} \right]_{-1}^{0-\varepsilon_1} + \lim_{\varepsilon_2 \to 0^+} \left[-\frac{1}{x} \right]_{0+\varepsilon_2}^1$$

$$= \lim_{\varepsilon_1 \to 0^+} \left(\frac{1}{\varepsilon_1} - 1 \right) + \lim_{\varepsilon_2 \to 0^+} \left(-1 + \frac{1}{\varepsilon_2} \right).$$

因为 $\lim\limits_{\varepsilon_1 \to 0^+} \left(\frac{1}{\varepsilon_1} - 1 \right) = +\infty$，$\lim\limits_{\varepsilon_2 \to 0^+} \left(-1 + \frac{1}{\varepsilon_2} \right) = +\infty$，所以广义积分 $\int_{-1}^1 \frac{dx}{x^2}$ 是发散的.

注意，如果疏忽了 $x=0$ 是被积函数的无穷间断点，就会得到以下的错误结果：

$$\int_{-1}^1 \frac{dx}{x^2} = \left[-\frac{1}{x} \right]_{-1}^1 = -1 - 1 = -2.$$

习题 6-3

判别下列各广义积分的收敛性，如果收敛，则计算广义积分的值：

（1）$\int_1^{+\infty} \frac{dx}{x^4}$；

（2）$\int_1^{+\infty} \frac{dx}{\sqrt{x}}$；

（3）$\int_{-\infty}^{+\infty} \frac{dx}{x^2 + 2x + 2}$；

（4）$\int_0^1 \frac{x dx}{\sqrt{1-x^2}}$；

（5）$\int_0^2 \frac{dx}{(1-x)^2}$；

（6）$\int_1^2 \frac{x dx}{\sqrt{x-1}}$；

（7）$\int_1^e \frac{dx}{x\sqrt{1-(\ln x)^2}}$.

第六章　定积分及其应用

§6-4　定积分的应用

本节中我们将应用前面学过的定积分理论来分析和解决一些几何中的问题，通过这些例子，不仅在于建立计算这些几何量的公式，而且更重要的还在于介绍运用元素法将一个量表示成定积分的分析方法．

一、定积分在函数的平均值上的应用

定理 8　如果函数 $y=f(x)$ 在区间 $[a,b]$ 上连续，那么 $y=f(x)$ 在区间 $[a,b]$ 上的平均值为

$$\bar{y}=\frac{1}{b-a}\int_a^b f(x)\mathrm{d}x . \tag{6-11}$$

这个定理的正确性可用图 6-14 说明．

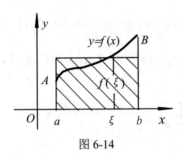

图 6-14

函数 $y=f(x)$ 的平均值 $\bar{y}$ 在图 6-14 中表示曲边梯形的"平均高度"，因而曲边梯形的面积 S 可以写成下式：

$$S=\bar{y}(b-a) .$$

而另一方面，由定积分的几何意义，曲边梯形的面积 S 可以写成下式：

$$S=\int_a^b f(x)\mathrm{d}x ,$$

因而有 $S=\bar{y}(b-a)=\int_a^b f(x)\mathrm{d}x$ ，即

$$\bar{y}=\frac{1}{b-a}\int_a^b f(x)\mathrm{d}x .$$

例 1　求函数 $y=x^3$ 在区间 $[0,2]$ 上的平均值．

解　$\bar{y}=\dfrac{1}{2-0}\int_0^2 x^3\mathrm{d}x=\dfrac{1}{2}\cdot\dfrac{1}{4}\Big[x^4\Big]_0^2=\dfrac{1}{8}\cdot 16=2 .$

二、定积分在几何上的应用

1. 定积分的元素法

在§6-1节中，我们用定积分表示过曲边梯形的面积和变速直线运动的路程．解决这两个问题的基本思想是：分割区间、近似代替、连续求和、计算极限．其中关键一步是近似代替，即在局部范围内"以常代变""以直代曲"．我们称这种方法为**"元素法"**或**"微元法"**．用元素法可以解决很多"累计求和"的问题．

用元素法解决总量 A 的"累计求和"问题的步骤为：

（1）根据问题的具体情况，选取一个变量例如 x 为积分变量，并确定它的变化区间$[a,b]$;

（2）设想把区间$[a,b]$分成 n 个小区间，任取其中任一个小区间并记作$[x,x+dx]$，求出相应于这个小区间的部分量 ΔA 的近似值，如果 ΔA 能近似地表示为$[a,b]$上的一个连续函数在 x 处的值 $f(x)$ 与 dx 的乘积（这里 ΔA 与 $f(x)dx$ 相差一个比 dx 高阶的无穷小），就把 $f(x)dx$ 称为量 A 的元素且记为 dA，即

$$dA=f(x)dx;$$

（3）以所求量 A 的元素 $f(x)dx$ 为被积表达式，在区间$[a,b]$上作定积分，得

$$A=\int_a^b f(x)dx .$$

这就是所求总量 A 的定积分表达式．

这个方法通常叫做**元素法**，以下我们将应用这个方法来讨论几何、物理中的一些问题．

2. 平面图形的面积

设函数 $f(x), g(x)$ 在$[a, b]$上连续且 $f(x) \geqslant g(x)$，求由曲线 $y=f(x)$、$y=g(x)$、直线 $x=a$、$x=b$ 所围图形的面积，如图 6-15 所示．

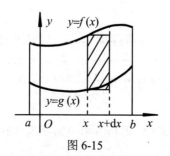

图 6-15

（1）取 x 为积分变量，且 $x \in [a, b]$；

（2）在 $[a, b]$ 上任取小区间 $[x, x+dx]$，与 $[x, x+dx]$ 对应的小窄条面积近似于高为 $f(x) - g(x)$，底为 dx 的窄矩形的面积，故面积元素为

$$dA = [f(x) - g(x)]dx;$$

（3）作定积分

$$A = \int_a^b [f(x) - g(x)]dx .$$ （6-12）

例2 计算由两条抛物线：$y^2 = x$、$y = x^2$ 所围成的图形的面积.

解 如图 6-16 所示. 解方程组 $\begin{cases} y^2 = x \\ y = x^2 \end{cases}$，得两抛物线的交点为 $(0,0)$ 和 $(1,1)$. 由（6-12）式得

$$A = \int_0^1 \left(\sqrt{x} - x^2 \right)dx = \left[\frac{2}{3}x^{\frac{3}{2}} - \frac{1}{3}x^3 \right]_0^1 = \frac{1}{3} .$$

同理，如图 6-17 所示，设 $x = \phi_1(y)$、$x = \phi_2(y)$ 在 $[c,d]$ 上连续且 $\phi_1(y) \leqslant \phi_2(y)$，$y \in [c,d]$，则由曲线 $x = \phi_1(y)$、$x = \phi_2(y)$ 和直线 $y = c$、$y = d$ 所围图形的面积为

$$A = \int_c^d [\phi_2(y) - \phi_1(y)] \, dy .$$ （6-13）

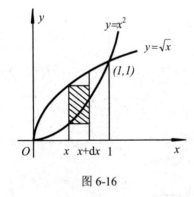

图 6-16

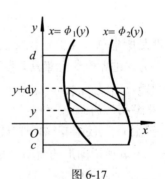

图 6-17

例3 计算抛物线 $y^2 = 2x$ 与直线 $y = x - 4$ 所围成的图形的面积.

解 如图 6-18 所示，解方程组 $\begin{cases} y^2 = 2x, \\ y = x - 4, \end{cases}$

得抛物线与直线的交点 $(2,-2)$ 和 $(8,4)$，由公式（6-13）得

$$A = \int_{-2}^{4} (y + 4 - \frac{1}{2}y^2)\mathrm{d}y = \left[\frac{y^2}{2} + 4y - \frac{y^3}{6}\right]_{-2}^{4} = 18 .$$

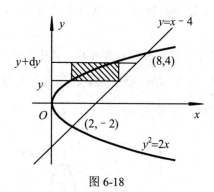

图 6-18

若用公式（6-12）来计算，则要复杂一些. 读者可以试一试，你可以发现积分变量选得适当，计算会简便一些.

3. 旋转体的体积

设函数 $y = f(x) \geqslant 0$，$x \in [a,b]$，求由曲线 $y = f(x)$、直线 $x = a$、$x = b$ 及 x 轴所围成的曲边梯形绕 x 轴旋转一周所得旋转体的体积，如图 6-19，任取 $x \in [a,b]$，用过点 x 且垂直于 x 轴的平面去截旋转体，则截面为圆. 这个截面圆的面积为

$$A(x) = \pi y^2 = \pi f^2(x),$$

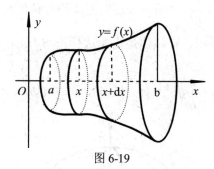

图 6-19

代入公式（6-12），得旋转体体积为

$$V = \pi \int_{a}^{b} f^2(x)\mathrm{d}x . \tag{6-14}$$

同理，设函数 $x = \phi(y) \geqslant 0$，$y \in [c,d]$，由曲线 $x = \phi(y)$、直线 $y = c$、$y = d$ 及 y 轴所围成的曲边梯形绕 y 轴旋转一周所得的旋转体的体积为

$$V = \pi \int_c^d \phi^2(y)\mathrm{d}y . \qquad (6\text{-}15)$$

例4 连接坐标原点 O 及点 $A(h,r)$ 的直线 OA、直线 $x=h$ 及 x 轴围成一个直角三角形．将它绕 x 轴旋转构成一个底面半径为 r、高为 h 的圆锥体．计算这个圆锥体的体积．

解 如图 6-20 所示，取圆锥顶点为原点，其中心轴为 x 轴建立坐标系．圆锥体可看成是由直角三角形 ABO 绕 x 轴旋转而成，直线 OA 的方程为 $y = \dfrac{r}{h}x$（$0 \leqslant x \leqslant h$），

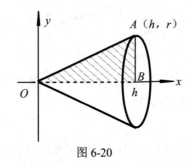

图 6-20

代入公式（6-14）得圆锥体体积为

$$V = \int_0^h \pi\left(\frac{r}{h}x\right)^2 \mathrm{d}x = \frac{\pi r^2}{h^2}\left[\frac{x^3}{3}\right]_0^h = \frac{1}{3}\pi r^2 h .$$

例5 求椭圆 $\dfrac{x^2}{a^2} + \dfrac{y^2}{b^2} = 1$ 绕 y 轴旋转而成的旋转体的体积．

解 如图 6-21 所示，旋转体是由曲边梯形 BAC 绕 y 轴旋转而成．曲边 BAC 的方程为

$$x = \frac{a}{b}\sqrt{b^2 - y^2} \quad (x>0,\ y\in[-b,b]),$$

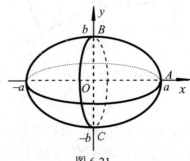

图 6-21

代入公式（6-14），得

$$V = \int_{-b}^{b} \pi (\frac{a}{b} \sqrt{b^2 - y^2})^2 \mathrm{d}y$$

$$= \frac{2\pi a^2}{b^2} \int_{0}^{b} (b^2 - y^2) \mathrm{d}y$$

$$= \frac{2\pi a^2}{b^2} \left[b^2 y - \frac{1}{3} y^3 \right]_{0}^{b}$$

$$= \frac{2\pi a^2}{b^2} (b^3 - \frac{1}{3} b^3) = \frac{4}{3} \pi a^2 b .$$

三、定积分在物理上的应用

1. 弹簧作功问题

例 6　已知弹簧每拉长 0.02m 要用 9.8 N 的力，求把弹簧拉长 0.1m 所作的功.

解　从物理学知道，在一个常力 F 的作用下，物体沿力的方向作直线运动，当物体移动一段距离 s 时，F 所作的功为

$$W = F \cdot s.$$

如果物体在运动过程中所受到的力是变化的，则不能直接使用上面的公式，这时必须利用定积分的思想解决这个问题，后面的几个例子均是如此.

如图 6-22 所示，我们知道，在弹性限度内，拉伸（或压缩）弹簧所需的力 F 与弹簧的伸长量（或压缩量）x 成正比，即 $F = kx$.

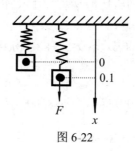

图 6-22

在上式中 k 为比例系数.

根据题意，当 $x = 0.02$ 时，$F = 9.8$，故由 $F = kx$ 得 $k = 490$. 这样得到的变力函数为 $F = 490x$. 下面用元素法求此变力所作的功.

取 x 为积分变量，积分区间为[0, 0.1]. 在[0, 0.1]上任取一小区间[x, $x+\mathrm{d}x$]，与它对应的变力 F 所作的功近似于把变力 F 看作常力所作的功，从而得到功元

素为

$$\mathrm{d}W = 490x\mathrm{d}x,$$

于是所求的功为

$$W = \int_0^{0.1} 490x\mathrm{d}x = 490\left[\frac{x^2}{2}\right]_0^{0.1} = 2.45 \,(\mathrm{J}).$$

2. 抽水作功问题

例 7 一圆柱形的贮水桶高为 5 米，底圆半径为 3 米，桶内盛满了水．试问要把桶内的水全部抽出需作多少功？

解 作 x 轴如图 6-23 所示．取深度 x 为积分变量，它的变化区间为 $[0,5]$，在 $[0,5]$ 上任取一小区间 $[x, x+\mathrm{d}x]$，与它对应的一薄层水（圆柱）的底面半径为 3，高度为 $\mathrm{d}x$，故这薄层水的重量为

$$9800\pi \times 3^2 \mathrm{d}x.$$

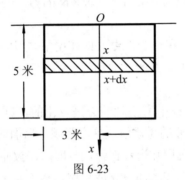

图 6-23

因这一薄层水抽出贮水桶所作的功近似于克服这一薄层水的重量所作的功，所以功元素为

$$\mathrm{d}W = 9800\pi \times 3^2 \mathrm{d}x \cdot x = 88200\pi x\mathrm{d}x,$$

于是所求的功为

$$W = \int_0^5 88200\pi x\mathrm{d}x = 88200\pi\left[\frac{x^2}{2}\right]_0^5 = 88200\pi \cdot \frac{25}{2} \approx 3.462 \times 10^6 \,(\mathrm{J}).$$

3. 静水压力问题

从物理学知道，在水深为 h 处的压强为 $p = \gamma hg$，这里 γ 是水的比重．如果有一面积为 A 的平板水平地放置在水深为 h 处，那么，平板一侧所受的压力为

$$P = p \cdot A.$$

如果平板垂直地放置在水中，那么，由于水深不同的点处压强 p 不相等，平板一侧所受的水压力就不能用上述方法计算．下面我们举例说明它的计算方法．

例 8 某水坝中有一个等腰三角形的闸门，该闸门垂直地竖立在水中，它的底边与水面相齐. 已知三角形底边长 2 米，高 3 米. 问该闸门所受的水压力等于多少？

解 如图 6-24 所示，取过三角形底边中点且垂直向下的直线为 x 轴，与底边重合的水平线为 y 轴.

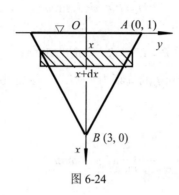

图 6-24

显然，AB 的方程为

$$y = -\frac{1}{3}x + 1 .$$

取 x 为积分变量，在 $[0,3]$ 上任取一小区间 $[x, x+dx]$，则相应于 $[x, x+dx]$ 的窄条的面积 dS 近似于宽为 dx，长为 $2y = -\frac{2}{3}x + 2$ 的小矩形面积.

这个小矩形上受到的压力近似于把这个小矩形水平地放在距水平面深度为 $h = x$ 的位置上一侧所受到的压力. 由于水的密度 $\rho = 10^3$ (kg/m³)，$dS = 2ydx$，即

$$dS = (-\frac{2}{3}x + 2)dx ，h = x，因此，该窄条所受水压力的近似值，即压力元$$

素为

$$dP = 9.8 \times 10^3 \times x(-\frac{2}{3}x + 2)dx \quad \text{(N)}.$$

于是所求压力为

$$P = \int_0^3 9.8 \times 10^3 \times x(-\frac{2}{3}x + 2)dx$$

$$= 9.8 \times 10^3 \left[-\frac{2}{9}x^3 + x^2 \right]_0^3 = 2.94 \times 10^4 \quad \text{(N)}.$$

4. 电学上的应用

（1）交流电的平均功率问题

例 9 计算纯电阻电路中正弦交流电 $i = I_m \sin \omega t$ 在一个周期内功率的平均值.

解 设电阻为 R，那么该电路中，R 两端的电压为

$$U = R\,i = R\,I_m \sin \omega t,$$

而功率

$$P = U\,i = R\,i^2 = R\,I_m^2 \sin^2 \omega t,$$

由于交流电 $i = I_m \sin \omega t$ 的周期为 $T = \dfrac{2\pi}{\omega}$，因此由公式（6-11），在一个周期 $\left[0, \dfrac{2\pi}{\omega}\right]$ 上，P 的平均值为

$$\overline{P} = \frac{1}{\dfrac{2\pi}{\omega} - 0} \int_0^{\frac{2\pi}{\omega}} R I_m^2 \sin^2 \omega t\, \mathrm{d}t$$

$$= \frac{\omega R I_m^2}{2\pi} \int_0^{\frac{2\pi}{\omega}} \left(\frac{1 - \cos 2\omega t}{2}\right) \mathrm{d}t$$

$$= \frac{\omega R I_m^2}{4\pi} \left[t - \frac{1}{2\omega} \sin 2\omega t\right]_0^{\frac{2\pi}{\omega}} = \frac{\omega R I_m^2}{4\pi} \cdot \frac{2\pi}{\omega}$$

$$= \frac{R I_m^2}{2} = \frac{I_m U_m}{2} \qquad (U_m = I_m R).$$

即纯电阻电路中，正弦交流电的平均功率等于电流、电压的峰值的乘积的一半.

（2）交流电流的有效值问题

由电工学可知，如果交流电流 $i(t)$ 在一个周期内消耗在电阻 R 上的平均功率 $\overline{P}$ 与直流电流 I 消耗在电阻 R 上的功率相等时，那么这个直流电流的数值 I 就叫做交流电流 $i(t)$ 的有效值.

例 10 计算交流电流 $i(t) = I_m \sin \omega t$ 的有效值 I.

解 （1）计算 $i(t)$ 在一个周期内消耗在电阻 R 上的平均功率（直接引用上例的计算结果）：

$$\overline{P} = \frac{1}{\dfrac{2\pi}{\omega} - 0} \int_0^{\frac{2\pi}{\omega}} R I_m^2 \sin^2 \omega t\, \mathrm{d}t = \frac{R I_m^2}{2}\ ;$$

（2）由电工学知 $\overline{P} = I^2 R$ ，即 $I^2 R = \dfrac{RI_m^2}{2}$ ，故

$$I = \frac{I_m}{\sqrt{2}} \ .$$

四、经济学上的应用

由于积分是导数的逆运算，而导数在经济上的意义是"边际"，故在经济学中可用积分的方法解决"边际"的逆运算问题.

1. 已知边际量，求总量在区间上的增量

由牛顿－莱布尼兹公式

$$\int_a^b f(x)\mathrm{d}x = F(b) - F(a) \quad [\,F'(x) = f(x)\,]$$

得 $\int_a^b F'(x)\mathrm{d}x = F(b) - F(a)$ ，即

$$F(b) - F(a) = \int_a^b F'(x)\mathrm{d}x \qquad\qquad (6\text{-}16)$$

即函数在某区间上的增量等于它的导数在该区间上的定积分.

例 11 某工厂生产某产品的边际收入为 $R'(q) = 200 - 4q$ (吨/万元)，求产量 q 由 20 吨增加到 30 吨时的总收入 R 的增量.

解： 这是一个已知边际量，求总量增量的问题.

由（6-16）式，

$$\begin{aligned}
R(30) - R(20) &= \int_{20}^{30} R'(q)\mathrm{d}q \\
&= \int_{20}^{30} (200 - 4q)\mathrm{d}q \\
&= \left[\,200q - 2q^2\,\right]_{20}^{30} = 1000 \ （万元）.
\end{aligned}$$

例 12 生产某产品的边际成本为 $C'(x) = 450 - 0.6q$ ，当产量由 200 件增加到 300 件时，需追加多少元成本？

解 由（6-16）式，

$$\begin{aligned}
C(300) - C(200) &= \int_{200}^{300} C'(x)\mathrm{d}x \\
&= \int_{200}^{300} (450 - 0.6q)\mathrm{d}q \\
&= \left[\,450q - 0.3q^2\,\right]_{200}^{300} = 30000 \ （元）.
\end{aligned}$$

2. 已知边际量，求总量

在（6-16）式中，若 $F(a)=0$，则得

$$F(b)=\int_0^b F'(x)\mathrm{d}x . \tag{6-17}$$

例 13 已知销售某商品的利润 $L(x)$（元）是销售量 x（台）的函数，且边际利润为 $L'(x)=12.5-\dfrac{x}{80}$（元/台），求销售 40 台时的总利润.

解 显然，$L(0)=0$，故

$$L(40)=\int_0^{40} L'(x)\mathrm{d}x=\int_0^{40}\left(12.5-\frac{x}{80}\right)\mathrm{d}x$$

$$=\left(12.5x-\frac{x^2}{160}\right)\Bigg|_0^{40}=490 \quad （元）.$$

3. 综合问题

例 14 设某工厂生产某种产品的固定成本为 20（万元），边际成本为 $C'(q)=0.4q+2$（万元/件），该产品的需求量与单价的关系为：$P(q)=18-0.2q$，且产品可以全部售出，求：

（1）成本函数；

（2）利润函数.

解 （1）设可变成本函数为 $C_1(q)$，由于 $C_1(0)=0$，根据（6-16）式得

$$C_1(q)=\int_0^x C'(q)\mathrm{d}x=\int_0^q (0.4q+2)\mathrm{d}q=0.2q^2+2q ,$$

因而总成本函数为

$$C(q)=C_1(q)+20=0.2q^2+2q+20 \,（万元）;$$

（2）由于产品可以全部售出，故收益函数为

$$R(q)=qP(q)=q(18-0.2q)\,（万元），$$

因而利润函数为

$$L(q)=R(q)-C(q)=q(18-0.2q)-(0.2q^2+2q+20)$$

$$=18q-0.2q^2-0.2q^2-2q-20$$

$$=-0.4q^2+16q-20 \quad （万元）.$$

习题 6-4

扫码查答案

1. 求下列各曲线所围成的图形的面积：

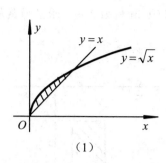

（1）

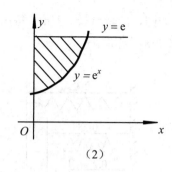

（2）

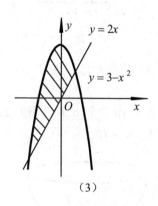

（3）

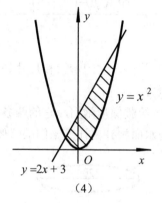

（4）

2．求由下列各曲线所围成的图形的面积：

（1）$y = 1 - x^2$，$y = 0$；

（2）$y = \dfrac{1}{x}$ 与直线 $y = x$ 及 $x = 2$；

（3）$y = e^x$，$y = e^{-x}$ 与直线 $x = 1$；

（4）$y = \ln x$，y 轴与直线 $y = \ln a$，$y = \ln b$ $(b>a>0)$；

（5）$y = x^2$ 与直线 $y = x$ 及 $y = 2x$．

3．求下列已知曲线所围成的图形，按指定的轴旋转所产生的旋转体的体积：

（1）$2x - y + 4 = 0$，$x = 0$ 及 $y = 0$，绕 x 轴；

（2）$y = x^2$，$x = y^2$，绕 y 轴；

（3）$x^2 + (y - 5)^2 = 16$，绕 x 轴．

4．由 $y = x^3$，$x = 2$，$y = 0$ 所围成的图形，分别绕 x 轴及 y 轴旋转，计算所得两个旋转体的体积．

5．有一铸铁件，它是由曲线 $y = e^x$，$x = 1$，$x = 2$ 及 x 轴所围成的图形，绕 y 轴旋转而成的旋转体．设长度单位为 cm，铸铁的密度为 0.071 N/cm^3，试算出此铸件的重量（精确到 0.1 N）．

6. 如图，弹簧原长 0.3 m，每压缩 0.01 m 需力 2 N，求把弹簧从 0.25 m 压缩到 0.2 m 所作的功.

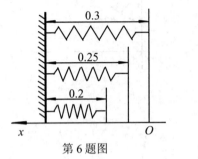

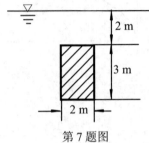

第 6 题图　　　　　　　第 7 题图

7. 有一闸门，它的形状和尺寸如图所示，水面超过门顶 2 米，求闸门上所受的水压力.

8. 有一等腰梯形闸门，它的两条底边各长 10 米和 6 米，高为 20 米，较长的底边与水面相齐. 计算闸门的一侧所受的水压力.

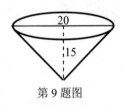

第 9 题图　　　　　　　第 10 题图

9. 如图，有一锥形贮水池，深 15 米，口径 20 米，盛满水. 欲将水吸尽，问要作多少功？

10. 如图，半径为 10 米的半球形水箱充满了水，把水箱内的水全部吸尽，求所作的功.

11. 一底为 8 厘米、高为 6 厘米的等腰三角形片，铅直地沉没在水中，顶在上，底在下且与水面平行，而顶离水面 3 厘米，试求它每面所受的压力.

12. 已知 $U(t) = U_m \sin \omega t$，其中电压最大值 $U_m = 220\sqrt{2}$，角频率 $\omega = 100\pi$，电阻为 R，求平均功率.

13. 求正弦交流电流 $i = I_m \sin \omega t$ 经半波整流后得到的电流

$$i = \begin{cases} I_m \sin \omega t, & 0 \leqslant t \leqslant \dfrac{\pi}{\omega} ; \\ 0, & \dfrac{\pi}{\omega} < t \leqslant \dfrac{2\pi}{\omega} \end{cases}$$

的有效值.

14. 已知生产某产品的边际成本为 $C'(x) = 100 - 2x$，当产量由 20 增加到 30 时，需追加多少成本？

15. 某工厂某产品的边际收入为 $R'(x) = 20 + 2x$(元/件)，求生产 400 件时的总收入.

本章小结

一、定积分的概念

在解决许多问题时，往往需要用到"无限细分，累计求和"这一方法，例如解决曲边梯形的面积与变速直线运动的路程问题，就要用到这一方法. 例如：

曲边梯形的面积 $A = \lim\limits_{\|\Delta x_i\| \to 0} \sum\limits_{i=1}^{n} f(\xi_i) \Delta x_i$ ；

变速直线运动的路程 $s = \lim\limits_{\|\Delta t_i\| \to 0} \sum\limits_{i=1}^{n} v(\xi_i) \Delta t_i$.

上面两个例子虽属不同的领域，但思维方式、计算方法均相同，于是，我们便将这种计算方法称为定积分，即

$$\int_a^b f(x)\mathrm{d}x = \lim\limits_{\|\Delta x_i\| \to 0} \sum\limits_{i=1}^{n} f(\xi_i) \Delta x_i .$$

二、定积分的常用性质

1. $\int_a^b \left[f(x) \pm g(x) \right] \mathrm{d}x = \int_a^b f(x)\mathrm{d}x \pm \int_a^b g(x)\,\mathrm{d}x$ ；

2. $\int_a^b kf(x)\mathrm{d}x = k\int_a^b f(x)\mathrm{d}x$ ；

3. $\int_a^b 1 \cdot \mathrm{d}x = \int_a^b \mathrm{d}x = b - a$ ；

4. $\int_a^b f(x)\mathrm{d}x = \int_a^c f(x)\mathrm{d}x + \int_c^b f(x)\,\mathrm{d}x$.

三、定积分的计算

1. 牛顿－莱布尼兹公式：$\int_a^b f(x)\mathrm{d}x = F(b) - F(a)$ ；

2. 换元积分公式：$\int_a^b f(x)\mathrm{d}x = \int_\alpha^\beta f[\varphi(t)]\varphi'(t)\mathrm{d}t$ ；

3. 分部积分公式：$\int_a^b u(x)\mathrm{d}[v(x)] = [u(x)\ v(x)]_a^b - \int_a^b v(x)\mathrm{d}[u(x)]$；

4. 如果 $f(x)$ 为偶函数，那么 $\int_{-a}^a f(x)\mathrm{d}x = 2\int_0^a f(x)\mathrm{d}x$；

5. 如果 $f(x)$ 为奇函数，那么 $\int_{-a}^a f(x)\mathrm{d}x = 0$.

四、广义积分

1. 无穷区间的广义积分：

$$\int_a^{+\infty} f(x)\mathrm{d}x = \lim_{b \to +\infty} \int_a^b f(x)\mathrm{d}x ;$$

$$\int_{-\infty}^b f(x)\mathrm{d}x = \lim_{a \to -\infty} \int_a^b f(x)\mathrm{d}x ;$$

$$\int_{-\infty}^{+\infty} f(x)\mathrm{d}x = \lim_{a \to -\infty} \int_a^0 f(x)\mathrm{d}x + \lim_{b \to +\infty} \int_0^b f(x)\mathrm{d}x .$$

2. 无界函数的广义积分

$$\int_a^b f(x)\mathrm{d}x = \lim_{\varepsilon \to 0^+} \int_{a+\varepsilon}^b f(x)\mathrm{d}x ;$$

$$\int_a^b f(x)\mathrm{d}x = \lim_{\varepsilon \to 0^+} \int_a^{b-\varepsilon} f(x)\mathrm{d}x \qquad (\varepsilon > 0) ;$$

$$\int_a^b f(x)\mathrm{d}x = \lim_{\varepsilon_1 \to 0^+} \int_a^{c-\varepsilon_1} f(x)\mathrm{d}x + \lim_{\varepsilon_2 \to 0^+} \int_{c+\varepsilon_2}^b f(x)\mathrm{d}x \qquad (\varepsilon_1 > 0, \varepsilon_2 > 0) .$$

五、定积分的应用

1. 函数的平均值：$\bar{y} = \dfrac{1}{b-a} \int_a^b f(x)\mathrm{d}x$；

2. 平面图形的面积：$A = \int_a^b [f(x) - g(x)]\mathrm{d}x$ （下左图）

或 $\qquad\qquad A = \int_c^d [\phi_2(y) - \phi_1(y)]\mathrm{d}y$ （下右图）

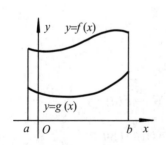
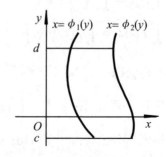

3. 旋转体的体积：$V = \pi \int_a^b f^2(x)\mathrm{d}x$；

4. 物理上的应用举例：（略）；

5. 经济学上的应用举例：（略）.

测 试 题 六

一、填空题

1. 定积分的性质：$\int_a^b [f(x) \pm g(x)]\mathrm{d}x = \int_a^b f(x)\mathrm{d}x \pm$ _____ .

2. 如果 $f(x)$ 为奇函数，那么 $\int_{-a}^a f(x)\mathrm{d}x =$ _____ .

3. 如果 $f(x)$ 为偶函数，那么 $\int_{-a}^a f(x)\mathrm{d}x =$ _____ .

4. 定积分的换元积分公式是 _____ .

5. 定积分的分部积分公式是 _____ .

二、选择题

1. 定积分的几何意义是（　　）.

    A．曲边梯形的面积代数和　　　B．曲线的切线斜率

    C．曲线的切线增量　　　　　　D．函数的平均值

2. 牛顿－莱布尼兹公式是 $\int_a^b f(x)\mathrm{d}x =$（　　）.

    A．$F(a) - F(b)$　　　　　　　B．$F(b) - F(a)$

    C．$f(a) - f(b)$　　　　　　　D．$f(b) - f(a)$

3. 定积分的性质：$\int_a^b f(x)\mathrm{d}x =$（　　）.

    A．$\int_c^a f(x)\mathrm{d}x + \int_c^b f(x)\,\mathrm{d}x$

    B．$\int_a^b f(x)\mathrm{d}x + \int_b^c f(x)\,\mathrm{d}x$

    C．$\int_a^c f(x)\mathrm{d}x + \int_c^b f(x)\,\mathrm{d}x$

    D．$\int_a^c f(x)\mathrm{d}x + \int_b^c f(x)\,\mathrm{d}x$

4. 函数的平均值：$\bar{y} =$（　　）.

A. $\dfrac{1}{a-b}\displaystyle\int_b^a f(x)\mathrm{d}x$ B. $\dfrac{1}{a-b}\displaystyle\int_a^b f(x)\mathrm{d}x$

C. $\dfrac{1}{b-a}\displaystyle\int_b^a f(x)\mathrm{d}x$ D. $\dfrac{1}{b-a}\displaystyle\int_a^b f(x)\mathrm{d}x$

5. 下列式子中错误的是（   ）.

A. $\displaystyle\int_a^b kf(x)\mathrm{d}x = k\int_a^b f(x)\mathrm{d}x$

B. $\displaystyle\int_a^b kf(x)\mathrm{d}x = \int_a^b f(kx)\mathrm{d}x$

C. $\displaystyle\int_a^b kf(x)\mathrm{d}x = \int_a^b f(x)\mathrm{d}(kx)$

D. $\displaystyle\int_a^b kf(x)\mathrm{d}x = \int_a^b f(x)k\mathrm{d}x$

三、判断题（把你认为正确的命题在括号内打"√"，错误的打"×"）

1. 定积分的值恒为非负数.   （   ）

2. 定积分在变速直线运动中表示物体的加速度.   （   ）

3. $\displaystyle\int_a^b \mathrm{d}x = b-a$.   （   ）

4. 换元积分公式：$\displaystyle\int_a^b f(x)\mathrm{d}x = \int_\alpha^\beta f[\varphi(t)]\varphi(t)\mathrm{d}t$.   （   ）

5. 分部积分公式：$\displaystyle\int_a^b u\mathrm{d}[v] = [uv] - \int_a^b v\mathrm{d}[u]$.   （   ）

四、计算下列定积分

1. $\displaystyle\int_1^3 x^3\mathrm{d}x$.

2. $\displaystyle\int_1^2 (x^2 + \dfrac{1}{x^4})\mathrm{d}x$.

3. $\displaystyle\int_0^{\frac{\pi}{2}} \sin x\cos^2 x\mathrm{d}x$.

4. $\displaystyle\int_0^{\frac{\pi}{2}} \cos\left(2x - \dfrac{\pi}{2}\right)\mathrm{d}x$.

5. $\displaystyle\int_3^8 \dfrac{\mathrm{d}x}{\sqrt{x+1}-1}$.

6. $\displaystyle\int_0^\pi x\sin x\mathrm{d}x$.

7. $\displaystyle\int_0^1 xe^{-2x}\mathrm{d}x$.

8. $\int_1^{+\infty}\dfrac{\mathrm{d}x}{x^4}$.

五、解答题

1. 求由 $y=x^3$ 与直线 $x=-1$ 及 $x=2$ 所围图形的面积.

2. 求由 $y=x^2$、$y=0$ 与 $x=2$ 所围曲边梯形绕 x 轴旋转所产生的旋转体的体积.

3. 有一闸门，它的形状和尺寸如图所示，水面超过闸门顶端 1 米，试利用定积分求闸门上所受的水压力.

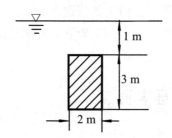

扫码查答案

*第七章　常微分方程

在许多科学技术和经济管理的实际问题中,往往需要求出所涉及的变量之间的函数关系. 一些较简单的函数关系可以由实际问题的特点直接确定,而一些较复杂的问题中, 我们只能根据具体实际问题的性质及所遵循的规律,建立一个包含未知函数及其导数(或微分)的方程,通过求解这样的方程确定所求函数. 这类问题就是微分方程所要讨论的问题.

本章主要介绍微分方程的一些基本概念、几种常用微分方程的解法和简单应用.

§7-1　微分方程的基本概念

1. 引例

求曲线的方程

已知某曲线上任意一点 (x, y) 处的切线斜率为 $x+2$,且此曲线过 $(-2,1)$ 点,求此曲线的方程.

设曲线方程为 $y = f(x)$,由导数的几何意义得

$$y' = x+2 ,$$

即

$$\mathrm{d}y = (x+2)\mathrm{d}x ,$$

两边积分, 得

$$y = \frac{1}{2}x^2 + 2x + C ,$$

用 $y\big|_{x=-2} = 1$ 代入, 得 $C=3$, 则所求曲线方程为

$$y = \frac{1}{2}x^2 + 2x + 3 .$$

2. 微分方程及其解

定义 1　含有未知函数的导数（或微分）的方程叫做**微分方程**. 例如 $y' + y + x = 1, y'' + 1 = 0$ 等都是微分方程,而 $y + x = 1$ 不是微分方程.

定义 2　微分方程中出现的未知函数的最高阶导数的阶数叫做微分方程的

阶. 例如, $y'+y+x=1$ 是一阶微分方程, $y''+1=0$ 是二阶微分方程, $y'''-x=2$ 是三阶微分方程.

定义 3 使微分方程成为恒等式的函数叫做**微分方程的解**.

若微分方程的解中含有任意常数且任意常数的个数与该方程的阶数相等, 则称这个解为微分方程的**通解**. 利用题设中的条件把通解中的任意常数求出后, 得到的解叫做微分方程的**特解**.

用来求特解的条件叫做**初始条件**. 例如, $y|_{x=-2}=1$, $S|_{t=0}=S_0$, $S'|_{t=0}=V_0$ 都是初始条件.

求微分方程的解的过程叫做**解微分方程**.

例 1 验证函数 $y=C_1\sin x-C_2\cos x$ 是 $y''+y=0$ 的通解, 其中 C_1, C_2 是任意常数.

解 因为 $y'=C_1\cos x+C_2\sin x$, $y''=-C_1\sin x+C_2\cos x$, 用 y、y'' 代入原方程左端, 得

$$-C_1\sin x+C_2\cos x+C_1\sin x-C_2\cos x=0,$$

所以, $y=C_1\sin x-C_2\cos x$ 是 $y''+y=0$ 的解, 又因为解中含有两个任意常数, 其个数与方程阶数相等, 所以 $y=C_1\sin x-C_2\cos x$ 是 $y''+y=0$ 的通解.

例 2 已知函数 $y=C_1x+C_2x^2$ 是微分方程

$$y=y'x-\frac{1}{2}y''x^2$$

的通解, 求满足初始条件 $y|_{x=-1}=1$, $y'|_{x=1}=-1$ 的特解.

解 用 $y|_{x=-1}=1$ 代入通解中, 得 $C_2-C_1=1$, 又 $y'=C_1+2C_2x$, 用 $y'|_{x=1}=-1$ 代入, 得 $C_1+2C_2=-1$, 联立

$$\begin{cases} C_2-C_1=1 \\ C_1+2C_2=-1 \end{cases}, \text{ 解得 } C_1=-1, C_2=0,$$

所以, 满足初始条件的特解为 $y=-x$.

例 3 设一个微分方程的通解为 $(x-C)^2+y^2=1$, 求对应的微分方程.

解 对通解两端求导数得

$$2(x-C)+2yy'=0,$$

即 $x-C=-yy'$ 或 $C=x+yy'$,

用 $C=x+yy'$ 代入原方程, 得

$$y^2y'^2+y^2=1.$$

微分方程特解的图像是一条曲线, 叫微分方程的积分曲线, 而微分方程的

192

通解图像是一簇曲线，叫做积分曲线簇，显然，特解图像就是积分曲线簇中满足某个初始条件的一条确定的曲线.

习题 7-1

扫码查答案

1. 指出下列微分方程的阶数：

（1）$x(y')^2 - 2yy' + x = 0$；　　　（2）$y''' + x = 1$；

（3）$\dfrac{\mathrm{d}^2 x}{\mathrm{d} t^2} - x = \sin t$；　　　（4）$(x-1)\mathrm{d}x - (y+1)\mathrm{d}y = 0$.

2. 验证下列函数是否是所给方程的解，若是解，指出是通解，还是特解？

（1）$xy' = 2y$，　$y = 5x^2$；

（2）$y'' - (\lambda_1 + \lambda_2)y' + \lambda_1 \lambda_2 y = 0$，　　$y = C_1 \mathrm{e}^{\lambda_1 x} + C_2 \mathrm{e}^{\lambda_2 x}$；

（3）$y'' = x^2 + y^2$，　　$y = \dfrac{1}{x}$；

（4）$y'' - 2y' + y = 0$，　$y = x\mathrm{e}^x$.

3. 设微分方程的通解是下列函数，求其对应的微分方程：

（1）$y = C\mathrm{e}^{\arcsin x}$；　　　（2）$y = C_1 x + C_2 x^2$.

§7-2　可分离变量的微分方程

定义 4　形如

$$\frac{\mathrm{d}y}{\mathrm{d}x} = f(x)g(x) \tag{7-1}$$

或

$$M_1(x)M_2(y)\mathrm{d}x + N_1(x)N_2(y)\mathrm{d}y = 0 \tag{7-2}$$

的一阶微分方程称为**可分离变量的微分方程**.

例如，$\dfrac{\mathrm{d}y}{\mathrm{d}x} = \dfrac{y}{x}$、$x(y^2 - 1)\mathrm{d}x + y(x^2 - 1)\mathrm{d}y = 0$ 等都是可分离变量的微分方程. 而 $\cos(xy)\mathrm{d}x + xy\mathrm{d}y = 0$ 不是可分离变量的微分方程.

下面我们来解上面两种形式的可分离变量的微分方程.

微分方程（7-1）式的求解过程为：

由　　　　　　　　　$\dfrac{\mathrm{d}y}{\mathrm{d}x} = f(x)g(y)$，

分离变量，得
$$\frac{\mathrm{d}y}{g(y)} = f(x)\mathrm{d}x \,,$$

两边积分，得
$$\int \frac{\mathrm{d}y}{g(y)} = \int f(x)\mathrm{d}x \,,$$

求出积分，得通解
$$G(y) = F(x) + C \,.$$

其中 $G(y)$，分别是 $\frac{1}{g(y)}$，$f(x)$ 的原函数，利用初始条件求出常数 C，得特解.

在微分方程（7-2）式中，当 $M_2(y)N_1(x) \neq 0$ 时，两端同除以 $M_2(y)N_1(x)$ 得
$$\frac{M_1(x)}{N_1(x)}\mathrm{d}x + \frac{N_2(y)}{M_2(y)}\mathrm{d}y = 0 \,,$$

两边积分，得
$$\int \frac{M_1(x)}{N_1(x)}\mathrm{d}x + \int \frac{N_2(y)}{M_2(y)}\mathrm{d}y = C \,,$$

上式所确定的隐函数就是微分方程的通解.

上述解微分方程的方法叫做**分离变量法**.

例1 求微分方程 $\frac{\mathrm{d}y}{\mathrm{d}x} = \frac{y}{x^2}$ 的通解.

解 将原方程分离变量，得
$$\frac{\mathrm{d}y}{y} = \frac{\mathrm{d}x}{x^2} \,,$$

两边积分，得
$$\int \frac{\mathrm{d}y}{y} = \int \frac{\mathrm{d}x}{x^2} \,,$$

$$\ln|y| = -\frac{1}{x} + C_1 \,,$$

$$y = \pm \mathrm{e}^{C_1 - \frac{1}{x}} \,,$$

原方程的通解为
$$y = C\mathrm{e}^{-\frac{1}{x}} \,. \quad （其中 C = \pm\mathrm{e}^{C_1}）$$

例2 求微分方程 $\cos y \sin x\,\mathrm{d}x - \sin y \cos x\,\mathrm{d}y = 0$ 满足 $y|_{x=0} = \frac{\pi}{4}$ 的特解.

解 将原方程两端同除以 $\cos x \cos y$，得
$$\tan x\,\mathrm{d}x - \tan y\,\mathrm{d}y = 0 \,,$$

两边积分，得
$$\int \tan x\,\mathrm{d}x - \int \tan y\,\mathrm{d}y = C_1 \,,$$

$$-\ln|\cos x| + \ln|\cos y| = C_1 \,,$$

$$\ln \left| \frac{\cos y}{\cos x} \right| = C_1 ,$$

$$\left| \frac{\cos y}{\cos x} \right| = e^{C_1}$$

$$\frac{\cos y}{\cos x} = \pm e^{C_1}$$

$$\frac{\cos y}{\cos x} = C \qquad (C = \pm e^{C_1}) ,$$

用 $x = 0$, $y = \frac{\pi}{4}$ 代入, 得 $C = \cos \frac{\pi}{4} = \frac{\sqrt{2}}{2}$, 原方程的特解为

$$\sqrt{2} \cos y - \cos x = 0 .$$

例3 已知某商品的生产成本为 $C = C(x)$, 它与产量 x 满足微分方程 $C'(x) = 1 + ax$ （ a 为常数）, 且当 $x = 0$ 时, $C = C_0$, 求成本函数 $C(x)$.

解 由题意列出方程为

$$\begin{cases} \dfrac{\mathrm{d}C(x)}{\mathrm{d}x} = 1 + ax, \\ x = 0, \quad C = C_0 \end{cases}$$

分离变量, 积分得 $\quad \int \mathrm{d}C(x) = \int (1 + ax)\mathrm{d}x$,

解之得 $\quad C(x) = \dfrac{1}{2a}(1 + ax)^2 + C$,

由初始条件 $\quad x = 0$, $C = C_0$ 得 $\quad C = C_0 - \dfrac{1}{2a}$,

故成本函数为 $\quad C(x) = \dfrac{1}{2a}(1 + ax)^2 + C_0 - \dfrac{1}{2a}$.

例4 已知某厂的纯利润 L 对广告费 x 的变化率 $\dfrac{\mathrm{d}L}{\mathrm{d}x}$ 与正常数 A 和纯利润 L 之差成正比. 当 $x = 0$ 时, $L = L_0$ （ $0 < L_0 < A$ ）, 试求纯利润 L 与广告费 x 之间的函数关系.

解 由题意列出方程为

$$\begin{cases} \dfrac{\mathrm{d}L}{\mathrm{d}x} = k(A - L), \\ L\big|_{x=0} = L_0 \end{cases} \qquad \text{其中 } K > 0 \text{ 为比例常系数.}$$

分离变量、积分, 得 $\quad \int \dfrac{\mathrm{d}L}{A - L} = \int k\mathrm{d}x$,

解之得 $\quad -\ln(A - L) = kx - \ln C$,

即 $A - L = Ce^{-kx}$,

所以 $L = A - Ce^{-kx}$,

由初始条件 $L|_{x=0} = L_0$ ，解得 $C = A - L_0$ ，

故纯利润与广告费的函数关系为

$$L = A - (A - L_0)e^{-kx} .$$

显然，纯利润 L 随广告费 x 增加而趋于常数 A .

习题 7-2

扫码查答案

1．求下列微分方程的通解：

（1） $xy^2 dx + (1 + x^2)dy = 0$ ；

（2） $\dfrac{dy}{dx} = 2xy$ ；

（3） $\sec^2 x \tan y dx + \sec^2 y \tan x dy = 0$ ；

（4） $y' = 10^{x+y}$.

2．求下列微分方程满足初始条件的特解：

（1） $(1 + e^x)yy' = e^x$, $\quad y|_{x=1} = 1$ ；

（2） $\dfrac{x}{1+y} dx - \dfrac{y}{1+x} dy = 0$, $\quad y|_{x=0} = 1$.

3．一曲线通过点 $(1,1)$ 且曲线上任意点 $M(x,y)$ 的切线与直线 OM 垂直，求此曲线的方程.

4．设降落伞从跳伞塔下落后，所受空气阻力与速度成正比，且降落伞离开跳伞塔时速度为零，求降落伞下落速度 V 与时间 t 的函数关系.

5．已知在 RC 电路中，电容 C 的初始电压为 u_0 ，求开关 K 合上后电容器上电压 u_c 随时间 t 的变化规律 $u_c = u_c(t)$.

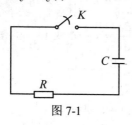

图 7-1

§7-3 齐次微分方程

定义 5 形如

$$\dfrac{dy}{dx} = f\left(\dfrac{y}{x}\right),$$

$$(7-3)$$

的方程称为**齐次微分方程**.

例如, $(x^2 - y^2)\mathrm{d}x + 2xy\mathrm{d}y = 0$ 就是齐次微分方程, 而 $(x^2 - y^2)\mathrm{d}x + 2xy^2\mathrm{d}y = 0$ 不是齐次微分方程.

要解齐次微分方程（7-3）式, 只需引入新的未知函数 $u = \dfrac{y}{x}$, 则（7-3）式就可化成关于新未知函数 $u(x)$ 的可分离变量的微分方程.

事实上, $y = ux, y' = u + xu'$, 代入（7-3）式得

$$u + xu' = f(u) \text{ 或 } x\frac{\mathrm{d}u}{\mathrm{d}x} = f(u) - u.$$

即

$$\frac{\mathrm{d}u}{\mathrm{d}x} = \frac{f(u) - u}{x},$$

于是, 当 $f(u) - u \neq 0$ 时, 有

$$\frac{\mathrm{d}u}{f(u) - u} = \frac{\mathrm{d}x}{x},$$

两边积分, 得

$$\int \frac{\mathrm{d}u}{f(u) - u} = \int \frac{\mathrm{d}x}{x},$$

积出结果后, 再用 $\dfrac{y}{x}$ 代替 u, 求得（7-3）式 的通解.

例 1 解微分方程 $x^2 \dfrac{\mathrm{d}y}{\mathrm{d}x} = xy - y^2$.

解 原方程变形为

$$\frac{\mathrm{d}y}{\mathrm{d}x} = \frac{y}{x} - \left(\frac{y}{x}\right)^2,$$

令 $u = \dfrac{y}{x}$, 则 $y = xu$, $\dfrac{\mathrm{d}y}{\mathrm{d}x} = u + x\dfrac{\mathrm{d}u}{\mathrm{d}x}$,

即

$$u + x\frac{\mathrm{d}u}{\mathrm{d}x} = u - u^2 \text{ 或 } x\frac{\mathrm{d}u}{\mathrm{d}x} = -u^2,$$

分离变量, 得

$$-\frac{\mathrm{d}u}{u^2} = \frac{\mathrm{d}x}{x},$$

两边积分, 得

$$\frac{1}{u} = \ln x + C \text{ 或 } u = \frac{1}{\ln x + C},$$

将 u 换成 $\dfrac{y}{x}$, 并解出 y, 得原方程通解为

$$y = \frac{x}{\ln x + C}.$$

例 2 如图 7-2 所示, 曲线 L 上每一点 $P(x, y)$ 的切线与 y 轴交于 A 点, OA、

OP、AP 构成一个以 AP 为底边的等腰三角形，求曲线 L 的方程.

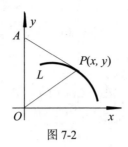

图 7-2

解 设曲线 L 的方程为 $y = f(x)$，其上任意一点 $P(x,y)$的切线 AP 的方程为
$$Y - y = y'(X - x)，$$
该切线 AP 交 Oy 轴于点 $A(0, y - xy')$，由题意知，
$|OP|=|OA|$，即有
$$x^2 + y^2 = (y - xy')^2，$$
即
$$\frac{\mathrm{d}y}{\mathrm{d}x} = \frac{y}{x} \pm \frac{\sqrt{x^2 + y^2}}{x}.$$

对方程
$$\frac{\mathrm{d}y}{\mathrm{d}x} = \frac{y}{x} + \frac{\sqrt{x^2 + y^2}}{x} = \frac{y}{x} + \sqrt{1 + \left(\frac{y}{x}\right)^2}，$$

令 $u = \dfrac{y}{x}$，则
$$x\frac{\mathrm{d}u}{\mathrm{d}x} = u + \sqrt{1 + u^2} - u = \sqrt{1 + u^2}，$$
即
$$\frac{\mathrm{d}u}{\sqrt{1 + u^2}} = \frac{\mathrm{d}x}{x}，$$

两边积分，得
$$\ln|u + \sqrt{1 + u^2}| = \ln x + \ln C，$$
$$u + \sqrt{1 + u^2} = Cx，$$

用 $u = \dfrac{y}{x}$ 代入，得
$$\frac{y}{x} + \sqrt{1 + \left(\frac{y}{x}\right)^2} = Cx，$$

所以，得曲线 L 的方程为
$$y + \sqrt{x^2 + y^2} = Cx^2；$$

对方程 $\dfrac{\mathrm{d}y}{\mathrm{d}x} = \dfrac{y}{x} - \dfrac{\sqrt{x^2 + y^2}}{x}$ 来说，类似地可求得曲线 L 的方程为

$$y + \sqrt{x^2 + y^2} = C .$$

所以，曲线 L 的方程为

$$y + \sqrt{x^2 + y^2} = Cx^2 \quad \text{和} \quad y + \sqrt{x^2 + y^2} = C .$$

例3 求微分方程

$$(1 + 2e^{\frac{x}{y}}) dx + 2e^{\frac{x}{y}} \left(1 - \frac{x}{y} \right) dy = 0 ,$$

的通解.

解 原方程变形为

$$\frac{dx}{dy} = \frac{2e^{\frac{x}{y}} \left(\frac{x}{y} - 1 \right)}{1 + 2e^{\frac{x}{y}}} ,$$

令 $v = \dfrac{x}{y}$ ，则 $x = yv$ ，$\dfrac{dx}{dy} = v + y\dfrac{dv}{dy}$ ，得到

$$v + y\frac{dv}{dy} = \frac{2e^{v}(v-1)}{1 + 2e^{v}} ,$$

即

$$\frac{1 + 2e^{v}}{2e^{v} + v} dv = -\frac{dy}{y} \quad \text{或} \quad \frac{d(v + 2e^{v})}{v + 2e^{v}} = -\frac{dy}{y} ,$$

两边积分，得

$$\ln(2e^{v} + v) = -\ln y + \ln C ,$$

于是

$$y(2e^{v} + v) = C ,$$

将 $v = \dfrac{x}{y}$ 代回上式，得到通解为

$$2ye^{\frac{x}{y}} + x = C .$$

习题 7-3

扫码查答案

1. 求下列微分方程的通解：

（1） $y' = \dfrac{y}{x} + \tan\dfrac{y}{x}$ ；　　　　　　（2） $xy' - x\sin\dfrac{y}{x} - y = 0$ ；

（3）$x\dfrac{\mathrm{d}y}{\mathrm{d}x}+y=2\sqrt{xy}$；　　　　　（4）$x^2y\mathrm{d}x-(x^3+y^3)\mathrm{d}y=0$.

2．求下列微分方程满足初始条件的特解：

（1）$y'=\dfrac{x}{y}+\dfrac{y}{x}$，$y|_{x=-1}=2$；

（2）$(x^2+2xy-y^2)\mathrm{d}x+(y^2+2xy-x^2)\mathrm{d}y=0$，$y_{x=1}=1$.

§7-4　一阶线性微分方程

定义 6　形如

$$\dfrac{\mathrm{d}y}{\mathrm{d}x}+P(x)y=Q(x) \tag{7-4}$$

的方程称为**一阶线性微分方程**. 这里的线性是指 y 及 $\dfrac{\mathrm{d}y}{\mathrm{d}x}$ 的次数都是一次，$P(x)$，$Q(x)$ 是已知函数.

若 $Q(x)\equiv0$，得

$$\dfrac{\mathrm{d}y}{\mathrm{d}x}+P(x)y=0, \tag{7-5}$$

方程（7-5）式称为与方程（7-4）式对应的齐次方程.

我们先求方程（7-5）式的通解，为此将（7-5）式分离变量得

$$\dfrac{\mathrm{d}y}{y}=-P(x)\mathrm{d}x,$$

两边积分，得

$$\ln y=-\int P(x)\mathrm{d}x+\ln C,$$

即得（7-5）式的通解为

$$y=C\mathrm{e}^{-\int P(x)\mathrm{d}x}. \tag{7-6}$$

方程（7-4）式的通解与方程（7-5）式的通解有何联系呢？当 C 为常数时，函数（7-6）式的导数，恰等于该函数乘上 $-P(x)$，从而（7-6）式为齐次方程（7-5）式的解. 由于非齐次方程（7-4）式比齐次方程（7-5）式多一项 $Q(x)$（左边完全相同），所以非齐次方程（7-4）式的解的导数不能恰等于它与 $-P(x)$ 的乘积，还必须多出一项 $Q(x)$ 来. 为了达到这个目的，联系到乘积的导数公式，必须将（7-6）式中的常数 C 改为函数 $C(x)$，即令

$$y = C(x)\mathrm{e}^{-\int P(x)\mathrm{d}x} , \tag{7-7}$$

为非齐次方程（7-4）式的解，对（7-7）式求导，得

$$\frac{\mathrm{d}y}{\mathrm{d}x} = C'(x)\mathrm{e}^{-\int P(x)\mathrm{d}x} - P(x)C(x)\mathrm{e}^{-\int P(x)\mathrm{d}x} , \tag{7-8}$$

用（7-7）式、（7-8）式代入（7-4）式，得

$$C'(x)\mathrm{e}^{-\int P(x)\mathrm{d}x} - P(x)C(x)\mathrm{e}^{-\int P(x)\mathrm{d}x} + P(x)C(x)\mathrm{e}^{-\int P(x)\mathrm{d}x} = Q(x) ,$$

即

$$C'(x)\mathrm{e}^{-\int P(x)\mathrm{d}x} = Q(x) ,$$

或

$$C'(x) = Q(x)\mathrm{e}^{\int P(x)\mathrm{d}x} ,$$

故

$$C(x) = \int Q(x)\mathrm{e}^{\int P(x)\mathrm{d}x}\mathrm{d}x + C , \tag{7-9}$$

用（7-9）式代入（7-7）式中，得（7-4）式的通解为

$$y = \mathrm{e}^{-\int P(x)\mathrm{d}x}\left(\int Q(x)\mathrm{e}^{\int P(x)\mathrm{d}x}\mathrm{d}x + C\right) , \tag{7-10}$$

即

$$y = C\mathrm{e}^{-\int P(x)\mathrm{d}x} + \mathrm{e}^{-\int P(x)\mathrm{d}x}\int Q(x)\mathrm{e}^{\int P(x)\mathrm{d}x}\mathrm{d}x .$$

可知，一阶线性微分方程的通解等于对应的齐次方程的通解与非齐次方程的一个特解之和.

上面求方程（7-4）式的通解的方法叫做**常数变易法**.

例1 解微分方程 $y' + \dfrac{y}{x} = \sin x$.

解 这里，$P(x) = \dfrac{1}{x}$，$Q(x) = \sin x$，利用通解公式（7-10）式得

$$y = \mathrm{e}^{-\int \frac{1}{x}\mathrm{d}x}\left(\int \sin x\, \mathrm{e}^{\int \frac{1}{x}\mathrm{d}x}\mathrm{d}x + C\right)$$

$$= \frac{1}{x}\left(\int x\sin x\,\mathrm{d}x + C\right) = \frac{\sin x}{x} - \cos x + \frac{C}{x} .$$

例2 一个由电阻 $R = 10$ 欧，电感 $L = 2$ 亨和电源电压 $E = 20\sin 5t$ 伏串联而成的电路，开关 K 闭合后，电路中有电流通过，求电流 i 和时间 t 的函数关系.

解 由电学知识知道，当回路中电流变化时，L 上有感应电动势 $-L\dfrac{\mathrm{d}i}{\mathrm{d}t}$，由回路定律得到

$$20\sin 5t - 2\frac{\mathrm{d}i}{\mathrm{d}t} - 10i = 0 ,$$

即

$$\frac{\mathrm{d}i}{\mathrm{d}t} + 5i = 10\sin 5t ,$$

由公式（7-10）得

$$i(t) = \sin 5t - \cos 5t + Ce^{-5t},$$

用初条件 $i(t)|_{t=0} = 0$ 代入，得 $C = 1$，故得电流 i 与时间 t 的函数关系为

$$i(t) = e^{-5t} + \sin 5t - \cos 5t = e^{-5t} + \sqrt{2}\sin\left(5t - \frac{\pi}{4}\right).$$

例3 某人某天从食物中获取 10500 J 热量，其中 5040 J 用于基础代谢，他每天的活动强度，相当于每千克体重消耗 67.2 J. 此外，余下的热量均以脂肪的形式储存起来，每 42000 J 可转化为 1 kg 脂肪. 问：这个人的体重是怎样随时间变化的，会达到平衡吗？

解 设体重为 $W(t)$，根据题意，先从 $\Delta t = 1$ 天的意义上分析体重的变化量 ΔW. 每天的进食量相当于获得体重 $10500/42000 = 0.25\,\text{kg}$，基础代谢用去 $5040/42000 = 0.12\,\text{kg}$，活动消耗为每千克体重 $67.2/42000 = 0.0016\,\text{kg}$，所以 $\Delta W = (0.25 - 0.12 - 0.0016W)\Delta t$ 在长为 Δt 的时间间隔内，W 的平均变化率为：

$$\frac{\Delta W}{\Delta t} = 0.13 - 0.0016W.$$

因其对任意的 Δt 皆成立，故令 $\Delta t \to 0$，求极限，得到：$\dfrac{\mathrm{d}W}{\mathrm{d}t} = 0.13 - 0.0016W$

或 $\dfrac{\mathrm{d}W}{\mathrm{d}t} + 0.0016W = 0.13$，用公式（7-10）得

$$
\begin{aligned}
W &= e^{-\int 0.0016\mathrm{d}t}\left(\int 0.13 e^{\int 0.0016\mathrm{d}t}\,\mathrm{d}t + C\right) \\
&= e^{-0.0016t}\left(\int 0.13 e^{0.0016t}\,\mathrm{d}t + C\right) \\
&= e^{-0.0016t}\left(\frac{0.13}{0.0016}e^{0.0016t} + C\right) \\
&= 81.25 + Ce^{-0.0016t}.
\end{aligned}
$$

假设 $W(0) = W_0$，代入上式得 $C = W_0 - 81.25$，因此他的体重 W 随时间 t 变化的函数为：$W = 81.25 + (W_0 - 81.25)e^{-0.0016t}$，因为 $t \to \infty$ 时，$W \to 81.25$，故他的体重会在 81.25 处达到平衡.

习题 7-4

1. 求下列微分方程的通解：

（1）$xy' + y = x^2 + 3x + 2$；

（2）$y' + y\tan x = \sin 2x$；

（3）$(y^2 - 6x)y' + 2y = 0$；

（4）$(2e^y - x)y' = 1$.

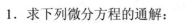

扫码查答案

2．求下列微分方程满足所给初始条件的特解：

（1）$\dfrac{\mathrm{d}y}{\mathrm{d}x} + \dfrac{y}{x} = \dfrac{\sin x}{x}$，$y\,|_{x=\pi} = 1$；

（2）$\dfrac{\mathrm{d}y}{\mathrm{d}x} + 3y = 8$，$y\,|_{x=0} = 2$；

（3）$xy' + y = \dfrac{\ln x}{x}$，$y\,|_{x=1} = \dfrac{1}{2}$．

3．一曲线通过原点，并且它在点(x,y)处的切线斜率为$2x+y$，求这条曲线的方程．

4．已知物体在空气中冷却的速率与该物体及空气两者温度的差成正比，假设室温为20℃时，一物体由100℃冷却到60℃须经20分钟，问共经过多少时间方可使此物体的温度从开始时的100℃降低到30℃？

§7-5　可降阶的高阶微分方程

本节讨论二阶和二阶以上的微分方程，即所谓高阶微分方程．解这类方程的基本思想是通过某些变换把高阶方程降为低阶方程，再用前面的方法求解．

1．$y^{(n)} = f(x)$型微分方程

这种高阶微分方程只要通过n次积分就可求得通解．

例1　求微分方程$y''' = \mathrm{e}^{2x} - 1$的通解．

解　对原微分方程连续积分三次得

$$y'' = \frac{1}{2}\mathrm{e}^{2x} - x + C_1,$$

$$y' = \frac{1}{4}\mathrm{e}^{2x} - \frac{1}{2}x^2 + C_1 x + C_2,$$

$$y = \frac{1}{8}\mathrm{e}^{2x} - \frac{1}{6}x^3 + \frac{C_1}{2}x^2 + C_2 x + C_3.$$

2．$y'' = f(x,y')$型微分方程

这种微分方程右端不显含未知函数y，若令$y' = p$，则$y'' = \dfrac{\mathrm{d}p}{\mathrm{d}x} = p'$，代入原方程得

$$p' = f(x,p),$$

这是一个关于变量x, p的一阶微分方程，可用前面的方法求解，设其通解为

$$p = \varphi(x, C_1),$$

而 $p = \dfrac{\mathrm{d}y}{\mathrm{d}x}$，于是得到

$$\frac{\mathrm{d}y}{\mathrm{d}x} = \varphi(x, C_1),$$

对上式两边积分，得原微分方程的通解为

$$y = \int \varphi(x, C_1)\mathrm{d}x + C_2 .$$

例 2　求微分方程

$$y'' = \frac{2xy'}{1+x^2}$$

满足初始条件 $y|_{x=0} = 1$，$y'|_{x=0} = 3$ 的特解.

解　令 $y' = p$，则 $y'' = p'$，代入原方程，并分离变量，得

$$\frac{\mathrm{d}p}{p} = \frac{2x\mathrm{d}x}{1+x^2},$$

两边积分，得

$$\ln p = \ln(1 + x^2) + \ln C_1,$$
$$p = C_1(1 + x^2),$$

即

$$y' = C_1(1 + x^2),$$

将 $y'|_{x=0} = 3$ 代入，得 $C_1 = 3$，因此有

$$y' = 3x^2 + 3 ,$$

再积分，得

$$y = x^3 + 3x + C_2 ,$$

用 $y|_{x=0} = 1$ 代入，得 $C_2 = 1$，于是原方程的特解为

$$y = x^3 + 3x + 1 .$$

3. $y'' = f(y, y')$ 型微分方程

这种微分方程右端不显含自变量 x，令 $y' = p$，显然，P 通过中间变量 y 而成为 x 的复合函数，由复合函数求导法则，有

$$y'' = \frac{\mathrm{d}p}{\mathrm{d}x} = \frac{\mathrm{d}p}{\mathrm{d}y} \cdot \frac{\mathrm{d}y}{\mathrm{d}x} = p\frac{\mathrm{d}p}{\mathrm{d}y}$$

代入原方程，得到 $p\dfrac{\mathrm{d}p}{\mathrm{d}y} = f(y, p)$，

这是关于变量 y、p 的一阶微分方程，用前面的方法可以求得它的通解为

$$p = \varphi(y, C_1).$$

即

$$\frac{\mathrm{d}y}{\mathrm{d}x} = \varphi(y, C_1)$$

分离变量，得

$$\frac{\mathrm{d}y}{\varphi(y, C_1)} = \mathrm{d}x \qquad (\varphi(y, C_1) \neq 0).$$

两端积分，得原方程的通解为

$$\int \frac{\mathrm{d}y}{\varphi(y, C_1)} = x + C_2.$$

例 3 解微分方程 $y'' + y'^2 = 0$.

解 令 $y' = p$，则 $y'' = p\dfrac{\mathrm{d}p}{\mathrm{d}y}$，代入原方程，得

$$p\frac{\mathrm{d}p}{\mathrm{d}y} + p^2 = 0,$$

若 $p \neq 0$，则

$$\frac{\mathrm{d}p}{p} = -\mathrm{d}y,$$

两端积分，得

$$\ln p = -y + \ln C_1,$$

即

$$p = C_1 \mathrm{e}^{-y},$$

或

$$\frac{\mathrm{d}y}{\mathrm{d}x} = C_1 \mathrm{e}^{-y}$$

再积分，得

$$\mathrm{e}^y = C_1 x + C_2,$$

或

$$y = \ln|C_1 x + C_2|;$$

若 $p = 0$，即 $y' = 0$，得 $y = C$. 它显然满足原方程，但 $y = C$ 也含在 $y = \ln|C_1 x + C_2|$ 中（令 $C_1 = 0$，便得），故原方程的通解为

$$y = \ln|C_1 x + C_2|$$

习题 7-5

1. 求下列微分方程的通解：

（1）$y'' = x + \sin x$；　　　　　　（2）$y''' = x\mathrm{e}^x$；

（3）$xy'' + y' = 0$；　　　　　　　（4）$y'' = (y')^3 + y'$.

2．求下列微分方程满足所给初始条件的特解：

（1）$y^3 y'' + 1 = 0$，　$y|_{x=1} = 1$，$y'|_{x=1} = 0$；

（2）$y'' = y' + x$，　$y|_{x=0} = y'|_{x=0} = 1$.

3．试求 $y'' = x$ 的经过点 $M(0,1)$ 且在此点与直线 $y = \dfrac{x}{2} + 1$ 相切的积分曲线.

4．质量为 m 的质点受力 F 的作用沿 Ox 轴作直线运动，设力 F 仅是时间 t 的函数 $F = F(t)$，开始时刻 $t=0$ 时，$F(0) = F_0$，随着时间 t 的增大，力 F 均匀减小，直到 $t=T$ 时，$F(T) = 0$，如果开始运动时，质点位于原点且初速为零，求质点的运动规律.

§7-6　二阶线性微分方程的解的结构

1．二阶线性微分方程的基本概念

定义7　形如
$$y'' + p(x)y' + q(x)y = f(x) \tag{7-11}$$
的方程叫做二阶线性微分方程. 其中 $p(x)$、$q(x)$、$f(x)$ 都是已知连续函数. $f(x)$ 叫做微分方程（7-11）式的**自由项**.

若 $f(x) \equiv 0$，则方程
$$y'' + p(x)y' + q(x)y = 0 \tag{7-12}$$
叫做与微分方程（7-11）式对应的二阶线性齐次微分方程.

若 $f(x) \not\equiv 0$，则微分方程（7-11）式叫做二阶线性非齐次微分方程.

若 $p(x) = p, q(x) = q$ 是常数，则微分方程（7-11）式和（7-12）式分别叫做二阶常系数线性非齐次（或齐次）微分方程.

2．二阶线性齐次微分方程解的结构

定义8　设 $y_1(x)$，$y_2(x)$ 是定义在区间 I 上的两个函数，若它们的比 $\dfrac{y_1(x)}{y_2(x)} = $ 常数，则称 $y_1(x)$ 与 $y_2(x)$ 在区间 I 上是线性相关的. 若 $\dfrac{y_1(x)}{y_2(x)} \neq$ 常数，则称 $y_1(x)$ 与 $y_2(x)$ 在区间上是线性无关的.

例如，因为 $\dfrac{2\mathrm{e}^x}{\mathrm{e}^x} = 2$，所以 $2\mathrm{e}^x$ 与 e^x 在任何区间上线性相关，因为 $\dfrac{\sin x}{\cos x} = \tan x \neq$ 常数，在 $x \neq k\pi - \dfrac{\pi}{2}$ 时，$\sin x$ 与 $\cos x$ 线性无关.

定理 1 如果 y_1, y_2 是二阶线性齐次微分方程（7-12）式的解，那么 $y = C_1 y_1 + C_2 y_2$ 也是该方程的解.

证 因为 y_1, y_2 是微分方程（7-12）式的解，所以有

$$y_1'' + p(x)y_1' + q(x)y_1 = 0，$$

$$y_2'' + p(x)y_2' + q(x)y_2 = 0，$$

用 $C_1 y_1 + C_2 y_2$ 代入微分方程（7-12）式的左边，并利用上面两式得

$$(C_1 y_1 + C_2 y_2)'' + p(x)(C_1 y_1 + C_2 y_2)' + q(x)(C_1 y_1 + C_2 y_2)$$
$$= C_1(y_1'' + p(x)y_1' + q(x)y_1) + C_2(y_2'' + p(x)y_2' + q(x)y_2) = 0.$$

这就证明了 $y = C_1 y_1 + C_2 y_2$ 仍是微分方程（7-12）式的解.

$C_1 y_1 + C_2 y_2$ 常叫做 y_1 与 y_2 的叠加，故定理 1 又叫做线性齐次微分方程解的**叠加原理**.

若 y_1，y_2 是微分方程（7-12）式两个线性相关的解，即 $\dfrac{y_1}{y_2} = k$（常数），则 $y_1 = ky_2$，于是

$$C_1 y_1 + C_2 y_2 = C_1 k y_2 + C_2 y_2 = (C_1 k + C_2) y_2 = C y_2，$$

这时两个任意常数 C_1，C_2 就合并为一个常数 C，故 $C_1 y_1 + C_2 y_2$ 就不是微分方程（7-12）式的通解.

若 y_1，y_2 是微分方程（7-12）式两个线性无关的解，则 $C_1 y_1 + C_2 y_2$ 中的两个任意常数就不能合并，故把 $C_1 y_1 + C_2 y_2$ 叫做微分方程（7-12）式的通解，于是，我们有如下定理：

定理 2 如果 y_1，y_2 是二阶线性齐次微分方程（7-12）式的两个线性无关的解，那么 $y = C_1 y_1 + C_2 y_2$ 是该微分方程的通解.

3. 二阶线性非齐次微分方程解的结构

定理 3 如果 y_1 是微分方程

$$y'' + p(x)y' + q(x)y = f_1(x) \tag{7-13}$$

的解，y_2 是微分方程

$$y'' + p(x)y' + q(x)y = f_2(x) \tag{7-14}$$

的解，则 $y_1 + y_2$ 是微分方程

$$y'' + p(x)y' + q(x)y = f_1(x) + f_2(x) \tag{7-15}$$

的解.

证 用 $y_1 + y_2$ 代入微分方程（7-15）式的左边，并利用（7-13）式和（7-14）式，则有

$$(y_1 + y_2)'' + p(x)(y_1 + y_2)' + q(x)(y_1 + y_2)$$
$$= (y_1'' + p(x)y_1' + q(x)y_1) + (y_2'' + p(x)y_2' + q(x)y_2)$$
$$= f_1(x) + f_2(x),$$

这就证明了 $y_1 + y_2$ 是微分方程（7-15）式的解.

定理 3 也叫叠加原理，显然与定理 1 的叠加原理是不相同的.

定理 4 如果 $y*$ 是二阶线性非齐次微分方程

$$y'' + p(x)y' + q(x)y = f(x) \tag{7-16}$$

的一个特解， y_1, y_2 是对应的二阶线性齐次微分方程

$$y'' + p(x)y' + q(x)y = 0 \tag{7-17}$$

的两个线性无关的解，则二阶线性非齐次微分方程（7-16）式的通解为

$$y = y* + C_1 y_1 + C_2 y_2, \tag{7-18}$$

其中 C_1, C_2 是任意常数.

定理 4 完全可以在定理 3 的基础上进行证明. 事实上，在（7-13）式中令 $f_1(x) = f(x)$,在（7-14）式中令 $f_2(x) = 0$，于是（7-15）式变成了（7-16）式，用 $y*$ 取代(7-13)式中的 y_1，用 $C_1 y_1 + C_2 y_2$ 取代(7-14)式中的解 y_2，而 y_1, y_2 又线性无关，所以由定理 3 知， $y* + C_1 y_1 + C_2 y_2$ 是二阶线性非齐次微分方程（7-16）式的解，且是通解.

定理 4 指出，一个二阶线性非齐次微分方程的通解等于其对应的二阶线性齐次微分方程的通解和其本身的一个特解之和.

例 1 验证 $y_1 = \cos \omega x$, $y_2 = \sin \omega x$ 都是二阶线性齐次微分方程 $y'' + \omega^2 y = 0$ 的解，并写出该方程的通解.

解 由 $y_1 = \cos \omega x$ 得 $y_1' = -\omega \sin \omega x$, $y_1'' = -\omega^2 \cos \omega x$ 代入方程左边，得

$$-\omega^2 \cos \omega x + \omega^2 \cos \omega x = 0,$$

故 y_1 是方程的解.

由 $y_2 = \sin \omega x$ 得 $y_2' = \omega \cos \omega x$, $y_2'' = -\omega^2 \sin \omega x$ ，代入方程左边，得

$$-\omega^2 \sin \omega x + \omega^2 \sin \omega x = 0,$$

故 y_2 是方程的解.

而 $\dfrac{y_1}{y_2} = \dfrac{\cos \omega x}{\sin \omega x} = \cot \omega x \neq$ 常数，因此， $y_1 = \cos \omega x$, $y_2 = \sin \omega x$ 线性无关，

于是方程 $y'' + \omega^2 y = 0$ 的通解为

$$y = C_1 \cos \omega x + C_2 \sin \omega x.$$

扫码查答案

习题 7-6

1. 验证 $y_1 = e^{x^2}$ 及 $y_2 = xe^{x^2}$ 都是 $y'' - 4xy' + (4x^2 - 2)y = 0$ 的解，并写出该方程的通解.

2. 证明 $y = C_1 x^2 + C_2 x^2 \ln x$（$C_1, C_2$ 是任意常数）是方程 $x^2 y'' - 3xy' + 4y = 0$ 的通解.

3. 设 y_1, y_2 都是 $y'' + p(x)y' + q(x)y = f(x)$ 的解，证明函数 $y = y_1 - y_2$ 必是相应齐次方程 $y'' + p(x)y' + q(x)y = 0$ 的解.

4. 若已知 $y_1 = x^2$，$y_2 = x + x^2$，$y_3 = e^x + x^2$ 都是方程 $(x-1)y'' - xy'$ $+ y = -x^2 + 2x - 2$ 的解，求此方程的通解.

5. 设 $y_1 = \varphi(x)$ 是方程 $y'' + p(x)y' + q(x)y = 0$ 的一个解，设 $y_2 = y_1 u(x)$，求出与 y_1 线性无关的解 y_2，并写出所给方程的通解.

§7-7 二阶常系数线性微分方程

一、二阶常系数线性齐次方程

二阶常系数线性齐次微分方程为

$$y'' + py' + qy = 0 , \tag{7-19}$$

其中 p, q 为已知实常数.

这种方程的解法不需要积分，而只用代数方法就可求出通解.

由§7-6 节结构定理 2 知，要求微分方程（7-19）式的通解，只要求它的两个线性无关的解 y_1，y_2 即可.

当 r 是常数时，指数函数 $y = e^{rx}$ 和它的各阶导数只差一个常数因子，又微分方程（7-19）式中 p, q 都是常数，所以我们猜测微分方程（7-19）式有形如

$$y = e^{rx} \tag{7-20}$$

的解. 因此我们用 $y = e^{rx}$ 来尝试，看能否选取适当的常数 r，使 $y - e^{rx}$ 满足微分方程（7-19）式，为此将 $y = e^{rx}$ 及 $y' = re^{rx}$，$y'' = r^2 e^{rx}$ 代入微分方程（7-19）式得

$$e^{rx}(r^2 + pr + q) = 0 ,$$

即

$$r^2 + pr + q = 0 . \tag{7-21}$$

由上面的分析可知，若函数 $y = e^{rx}$ 是微分方程（7-19）式的解，则 r 必须满足方程（7-21）式，反之，若 r 是方程（7-21）式的一个根，就必有 $e^{rx}(r^2 + pr + q) = 0$，这说明 $y = e^{rx}$ 是微分方程（7-19）式的一个解.

方程（7-21）式是一个以 r 为未知数的一元二次代数方程，它叫做微分方程（7-19）式的**特征方程**. 其中 r^2 和 r 的系数以及常数项恰好依次是微分方程（7-19）式中 y''，y' 及 y 的系数. 特征方程（7-21）式的根 r_1 和 r_2 称为**特征根**.

特征方程（7-21）式的特征根为 $r_{1,2} = \dfrac{-p \pm \sqrt{p^2 - 4q}}{2}$，它们有以下三种情形：

（1）当 $p^2 - 4q > 0$ 时，r_1，r_2 是两个不相等的实根：

$$r_1 = \frac{-p + \sqrt{p^2 - 4q}}{2}, r_2 = \frac{-p - \sqrt{p^2 - 4q}}{2},$$

于是 $\qquad\qquad\qquad y_1 = e^{r_1 x}$ 和 $y_2 = e^{r_2 x}$

都是微分方程（7-19）式的解，可以判定 y_1，y_2 线性无关，所以微分方程（7-19）式的通解为

$$y = C_1 e^{r_1 x} + C_2 e^{r_2 x}.$$

（2）当 $p^2 - 4q = 0$ 时，r_1，r_2 是两个相等实根：

$$r_1 = r_2 = -\frac{p}{2},$$

于是，$y_1 = e^{r_1 x}$ 是微分方程（7-19）式的一个解，须求出另一个与 y_1 线性无关的解 y_2.

设 $\dfrac{y_2}{y_1} = u(x)$，即 $y_2 = e^{r_1 x} u(x)$，下面求 $u(x)$，对 y_2 求导，得

$$y_2' = e^{r_1 x}(u' + r_1 u) \ , \ y_2'' = e^{r_1 x}(u'' + 2r_1 u' + r_1^2 u),$$

将 y_2，y_2'，y_2'' 代入微分方程（7-19）式，得

$$e^{r_1 x}[(u'' + 2r_1 u' + r_1^2 u) + p(u' + r_1 u) + qu] = 0,$$

约去 e^{rx}，并以 u'', u', u 为准合并同类项，得

$$u'' + (2r_1 + p)u' + (r_1^2 + pr_1 + q)u = 0.$$

由于 r_1 是特征方程（7-21）式的二重根，因此，$r_1^2 + pr_1 + q = 0$ 且 $2r_1 + p = 0$，于是得

$$u'' = 0,$$

因为我们只要得到一个不为常数的解，所以不妨选取 $u = x$，因此得微分方程（7-19）式另一个解为

$$y_2 = x\mathrm{e}^{r_1 x},$$

于是微分方程（7-19）式的通解为

$$y = C_1 \mathrm{e}^{r_1 x} + C_2 x\mathrm{e}^{r_2 x} = (C_1 + C_2 x)\mathrm{e}^{r_1 x}.$$

（3）当 $p^2 - 4q < 0$ 时，r_1，r_2 是一对共轭虚根：

$$r_1 = \alpha + i\beta, \quad r_2 = \alpha - i\beta.$$

其中 $\alpha = -\dfrac{p}{2}$，$\beta = \dfrac{\sqrt{4q - p^2}}{2}$，此时

$$y_1 = \mathrm{e}^{(\alpha + i\beta)x} \text{ 和 } y_2 = \mathrm{e}^{(\alpha - i\beta)x}$$

是微分方程（7-19）式的两个线性无关的解，于是其通解为

$$y = C_1 \mathrm{e}^{(\alpha + i\beta)x} + C_2 \mathrm{e}^{(\alpha - i\beta)x} = \mathrm{e}^{\alpha x}(C_1 \mathrm{e}^{i\beta x} + C_2 \mathrm{e}^{-i\beta x}).$$

下面我们把通解化成实数形式，利用欧拉公式：

$$\mathrm{e}^{i\theta} = \cos\theta + i\sin\theta, \quad \mathrm{e}^{-i\theta} = \cos\theta - i\sin\theta,$$

于是我们有

$$y_1 = \mathrm{e}^{\alpha x}(\cos\beta x + i\sin\beta x), \quad y_2 = \mathrm{e}^{\alpha x}(\cos\beta x - i\sin\beta x).$$

由 §7-6 节结构定理 1 知，实函数

$$\frac{1}{2}(y_1 + y_2) = \mathrm{e}^{\alpha x}\cos\beta x, \quad \frac{1}{2i}(y_1 - y_2) = \mathrm{e}^{\alpha x}\sin\beta x,$$

仍是微分方程（7-19）式的解，并且

$$\frac{\mathrm{e}^{\alpha x}\cos\beta x}{\mathrm{e}^{\alpha x}\sin\beta x} = \cot\beta x \neq \text{常数},$$

即两个实函数是线性无关的，所以得到微分方程（7-19）式的通解为

$$y = \mathrm{e}^{\alpha x}(C_1 \cos\beta x + C_2 \sin\beta x). \tag{7-22}$$

综上所述，求 $y'' + py' + qy = 0$ 的通解步骤如下：

（1）写出特征方程 $r^2 + pr + q = 0$；

（2）求出特征根 r_1，r_2，并写出通解.

$y'' + py' + qy = 0$ 的通解总结如下表：

$r^2 + pr + q = 0$ 有根 r_1，r_2	$y'' + py' + qy = 0$ 的通解
实根 $r_1 \neq r_2$	$y = C_1 \mathrm{e}^{r_1 x} + C_2 \mathrm{e}^{r_2 x}$
实根 $r_1 = r_2$	$y = (C_1 + C_2 x)\mathrm{e}^{r_1 x}$
虚根 $r_{1,2} = \alpha \pm i\beta$	$y = \mathrm{e}^{\alpha x}(C_1 \cos\beta x + C_2 \sin\beta x)$

例 1 求微分方程 $y'' - 6y' - 7y = 0$ 的通解.

解 特征方程 $r^2 - 6r - 7 = 0$ 的特征根为 $r_1 = -1$，$r_2 = 7$，故原方程的通解为
$$y = C_1 \mathrm{e}^{-x} + C_2 \mathrm{e}^{7x}.$$

例 2 求微分方程 $y'' - 10y' + 25y = 0$ 满足初始条件 $y|_{x=0} = 1$，$y'|_{x=0} = -1$ 的特解.

解 特征方程 $r^2 - 10r + 25 = 0$ 的特征根为 $r_1 = r_2 = 5$，故原方程的通解为
$$y = (C_1 + C_2 x)\mathrm{e}^{5x},$$
用 $y|_{x=0} = 1$ 代入，得 $C_1 = 1$，

故
$$y = \mathrm{e}^{5x} + C_2 x \mathrm{e}^{5x},$$
$$y' = 5\mathrm{e}^{5x} + C_2(\mathrm{e}^{5x} + 5x\mathrm{e}^{5x}),$$
用 $y'|_{x=0} = -1$ 代入，得 $C_2 = -6$，于是所求特解为
$$y = \mathrm{e}^{5x}(1 - 6x).$$

例 3 微分方程 $y'' - 2y' + 5y = 0$ 的一条积分曲线通过点 $(0,1)$，且在该点和直线 $x + y = 1$ 相切，求这条曲线.

解 特征方程 $r^2 - 2r + 5 = 0$ 的特征根为 $r_1 = 1 + 2i$，$r_2 = 1 - 2i$，故原方程的通解为
$$y = \mathrm{e}^x(C_1 \cos 2x + C_2 \sin 2x),$$
求通解的导数得
$$y' = \mathrm{e}^x(C_1 \cos 2x + C_2 \sin 2x) + \mathrm{e}^x(-2C_1 \sin 2x + 2C_2 \cos 2x),$$
用初始条件 $y|_{x=0} = 1$，$k = y'|_{x=0} = -1$ 分别代入 y 及 y' 得 $C_1 = 1$，$C_2 = -1$，故所求曲线方程为
$$y = \mathrm{e}^x(\cos 2x - \sin 2x).$$

二、二阶常系数线性非齐次微分方程

二阶常系数线性非齐次微分方程为
$$y'' + py' + qy = f(x), \tag{7-23}$$
其中 p, q 是常数.

由 §7-6 节定理 4 可知，要求微分方程（7-23）式的通解，只要求对应的二阶常系数线性齐次微分方程
$$y'' + py' + qy = 0 \tag{7-24}$$
的通解 Y 和微分方程（7-23）式本身的一个特解 y^*，故微分方程（7-23）

式的通解为

$$y = Y + y*, \qquad (7\text{-}25)$$

求微分方程（7-24）式的通解 Y 前面已经解决，下面我们讨论如何求微分方程（7-23）式本身的一个特解 $y*$.

我们只就微分方程（7-23）式中 $f(x)$ 的两种常见形式（也是常用形式）讨论求 $y*$ 的方法，这种方法仍然不用积分，我们把它叫做待定系数法.

1. $f(x) = e^{\lambda x} P_m(x)$ 型

其中 λ 是常数，$P_m(x)$ 是 x 的一个 m 次多项式，即

$$P_m(x) = a_0 x^m + a_1 x^{m-1} + \cdots + a_{m-1} x + a_m,$$

由于右端 $f(x) = e^{\lambda x} P_m(x)$，即指数函数与多项式的乘积，而这种乘积的导数仍然保持同样的形式，因此，可设二阶常系数线性非齐次方程（7-23）式的特解为

$$y* = e^{\lambda x} Q(x), \qquad (7\text{-}26)$$

其中 $Q(x)$ 是一个待定多项式，求 $y*$ 的一、二阶导数得

$$y*' = e^{\lambda x}[\lambda Q(x) + Q'(x)],$$

$$y*'' = e^{\lambda x}[\lambda^2 Q(x) + 2\lambda Q'(x) + Q''(x)],$$

用 $y*, y*', y*''$ 代入二阶常系数线性非齐次微分方程（7-23）式，以 $Q''(x), Q'(x), Q(x)$ 为准整理得

$$e^{\lambda x}[Q''(x) + (2\lambda + p)Q'(x) + (\lambda^2 + p\lambda + q)Q(x)] = e^{\lambda x} P_m(x),$$

约去 $e^{\lambda x} \neq 0$，得

$$[Q''(x) + (2\lambda + p)Q'(x) + (\lambda^2 + p\lambda + q)Q(x)] = P_m(x). \qquad (7\text{-}27)$$

（1）当 λ 不是特征方程的根时，则 $\lambda^2 + p\lambda + q \neq 0$，由于（7-27）式右端 $P_m(x)$ 是 x 的一个 m 次多项式，为使两端恒等，$Q(x)$ 也应是 x 的一个 m 次多项式，即

$$Q(x) = b_0 x^m + b_1 x^{m-1} + \cdots b_{m-1} x + b_m = Q_m(x),$$

其中 b_0，b_1，…，b_m 是待定系数. 此时可设微分方程（7-23）式的特解 $y*$ 为

$$y* = e^{\lambda x} Q_m(x).$$

（2）当 λ 是特征方程的单根时，则 $\lambda^2 + p\lambda + q = 0$，而 $2\lambda + p \neq 0$，此时（7-27）式变为

$$Q''(x) + (2\lambda + p)Q'(x) = P_m(x),$$

显然，为使两端恒等，可取 $Q(x) = x Q_m(x)$，于是微分方程（7-23）式的

特解 $y*$ 可设为

$$y* = xe^{\lambda x}Q_m(x).$$

（3）当 λ 是特征方程的重根时，则 $\lambda^2 + p\lambda + q = 0$，且 $2\lambda + p = 0$，此时（7-27）式变为

$$Q''(x) = P_m(x),$$

显然，为使左右两端相等，可取 $Q(x) = x^2 Q_m(x)$，于是微分方程（7-23）式的特解 $y*$ 可设为

$$y* = x^2 e^{\lambda x}Q_m(x).$$

综上所述，微分方程（7-23）式右端 $f(x) = e^{\lambda x}P_m(x)$ 时，其特解 $y*$ 设法总结如下表：

特征方程 $\lambda^2 + p\lambda + q = 0$	特解 $y*$ 的设法
λ 不是特征根	$y* = e^{\lambda x}Q_m(x)$
λ 是特征单根	$y* = xe^{\lambda x}Q_m(x)$
λ 是特征重根	$y* = x^2 e^{\lambda x}Q_m(x)$

例 4 求微分方程 $y'' - y' - 2y = (x+1)e^x$ 的一个特解.

解 对应齐次方程的特征方程为 $\lambda^2 - \lambda - 2 = 0$，解得特征根为 $\lambda_1 = -1$，$\lambda_2 = 2$，而 $f(x) = (x+1)e^x$，$\lambda = 1$ 显然不是特征根，故设所求特解为

$$y* = (b_0 x + b_1)e^x,$$

求 $y*$ 的一、二阶导数得

$$y*' = b_0 e^x + (b_0 x + b_1)e^x, \quad y*'' = 2b_0 e^x + (b_0 x + b_1)e^x,$$

用 $y*, y*', y*''$ 代入原方程并合并同类项得

$$b_0 e^x - 2(b_0 x + b_1)e^x = xe^x + e^x,$$

$$-2b_0 x + b_0 - 2b_1 = x + 1,$$

比较两端 x 同次幂的系数，得

$$\begin{cases} -2b_0 = 1 \\ b_0 - 2b_1 = 1 \end{cases}, \quad 解得 \begin{cases} b_0 = -\dfrac{1}{2} \\ b_1 = -\dfrac{3}{4} \end{cases},$$

故所求特解为

$$y* = \left(-\frac{1}{2}x - \frac{3}{4}\right)e^x.$$

例5 求微分方程 $y'' - 2y' - 3y = 3\mathrm{e}^{-x}$ 的通解.

解 （1）先求对应齐次方程 $y''-2y'-3y=0$ 的通解 Y：

特征方程 $r^2-2r-3=0$ 的特征根为 $r_1=-1$，$r_2=3$. 故对应的齐次方程的通解为

$$Y = C_1\mathrm{e}^{-x} + C_2\mathrm{e}^{3x}.$$

（2）再求原方程的一个特解 $y*$：

由于 $f(x) = 3\mathrm{e}^{-x}$，$\lambda=-1$ 是特征单根，又 $P_m(x)=3$ 故设特解为

$$y* = Ax\mathrm{e}^{-x},$$

求 $y*$ 的一、二阶导数，得

$${y*}' = A\mathrm{e}^{-x}(1-x)，\quad {y*}'' = A\mathrm{e}^{-x}(x-2),$$

用 $y*, {y*}', {y*}''$ 代入原方程并合并同类项，得

$$-4A=3，\quad A=-\frac{3}{4},$$

故原方程的一个特解为

$$y* = -\frac{3}{4}x\mathrm{e}^{-x},$$

由（7-25）式知原方程的通解为

$$y = Y + y* = C_1\mathrm{e}^{-x} + C_2\mathrm{e}^{3x} - \frac{3}{4}x\mathrm{e}^{-x},$$

即

$$y = \left(C_1 - \frac{3}{4}x\right)\mathrm{e}^{-x} + C_2\mathrm{e}^{3x}.$$

2. $f(x) = \mathrm{e}^{\lambda x}(A\cos\omega x + B\sin\omega x)$ 型

$f(x)$ 的表达式中的 λ，ω，A，B 都是已知常数，此时特解 $y*$ 的设法如下表（不作讨论）：

特征方程 $\lambda^2 + p\lambda + q = 0$	特解 $y*$ 的设法
$\lambda \pm i\omega$ 不是特征根	$y* = \mathrm{e}^{\lambda x}(C_1\cos\omega x + C_2\sin\omega x)$
$\lambda \pm i\omega$ 是特征根	$y* = x\mathrm{e}^{\lambda x}(C_1\cos\omega x + C_2\sin\omega x)$

其中 C_1，C_2 是待定常数.

例6 求微分方程 $y'' + 3y' + 2y = \mathrm{e}^{-x}\cos x$ 的通解.

解 （1）先求对应的齐次方程 $y'' + 3y' + 2y = 0$ 的通解 Y：

特征方程 $r^2 + 3r + 2 = 0$ 的特征根为 $r_1=-1$，$r_2=-2$，故对应的齐次方程的通解为

$$Y = C_1 e^{-x} + C_2 e^{-2x}.$$

（2）再求原方程的一个特解 $y*$ ：

由于 $f(x) = e^{-x}\cos x$ ，$\lambda = -1$ ，$\omega = 1$ ，显然，$-1 \pm i$ 不是特征方程 $\lambda^2 + 3\lambda + 2 = 0$ 的根，故特解 $y*$ 可设为

$$y* = e^{-x}(A\cos x + B\sin x),$$

求 $y*$ 的一、二阶导数，得

$$y*' = e^{-x}[(B - A)\cos x - (A + B)\sin x],$$

$$y*'' = e^{-x}(2A\sin x - 2B\cos x),$$

用 $y*$ ，$y*'$ ，$y*''$ 代入原方程合并同类项，得

$$e^{-x}[(-A + B)\cos x - (A + B)\sin x] = e^{-x}\cos x,$$

$$(B - A)\cos x - (B + A)\sin x = \cos x,$$

比较两端 $\cos x$ 及 $\sin x$ 前面的系数，得

$$\begin{cases} B - A = 1 \\ -B - A = 0 \end{cases}, \qquad 解得 \begin{cases} A = -\dfrac{1}{2} \\ B = \dfrac{1}{2} \end{cases},$$

故原方程的一个特解为

$$y* = e^{-x}\left(-\frac{1}{2}\cos x + \frac{1}{2}\sin x\right) = \frac{1}{2}e^{-x}(\sin x - \cos x),$$

由（7-25）式知原方程的通解为

$$y = Y + y* = C_1 e^{-x} + C_2 e^{-2x} + \frac{1}{2}e^{-x}(\sin x - \cos x)$$

$$= e^{-x}\left(C_1 + \frac{1}{2}\sin x - \frac{1}{2}\cos x\right) + C_2 e^{-2x}.$$

例 7 求微分方程 $y'' + 2y' = \sin^2 x$ 的通解.

解 （1）求得对应齐次微分方程 $y'' + 2y' = 0$ 的通解为

$$Y = C_1 + C_2 e^{-2x}.$$

（2）求微分方程 $y'' + 2y' = \sin^2 x$ 的一个特解 $y*$ ：

由于 $f(x) = \sin^2 x = \dfrac{1}{2} - \dfrac{1}{2}\cos 2x$ ，所以设微分方程 $y'' + 2y' = \dfrac{1}{2}$ 的特解为 y_1^* ，

微分方程 $y'' + 2y' = -\dfrac{1}{2}\cos 2x$ 的特解为 y_2^* ，即 $y* = y_1^* + y_2^*$.

对微分方程 $y'' + 2y' = \dfrac{1}{2}$，求得特解 $y_1^* = \dfrac{1}{4}x$；

对微分方程 $y'' + 2y' = -\dfrac{1}{2}\cos 2x$，求得特解

$$y_2^* = \dfrac{1}{16}\cos 2x - \dfrac{1}{16}\sin 2x,$$

故原微分方程的通解为

$$y = C_1 + C_2 \mathrm{e}^{-2x} + \dfrac{1}{4}x + \dfrac{1}{16}\cos 2x - \dfrac{1}{16}\sin 2x.$$

习题 7-7

扫码查答案

1. 求下列微分方程的通解：

（1）$y'' - 2y' - 3y = 0$；

（2）$y'' - 2y' + 5y = 0$；

（3）$y'' + 6y' + 9y = 0$.

2. 求下列微分方程的通解：

（1）$2y'' + y' - y = 2\mathrm{e}^x$；

（2）$2y'' + 5y' = 5x^2 - 2x - 1$；

（3）$y'' - 6y' + 9y = \mathrm{e}^{3x}(x+1)$.

3. 求下列微分方程的通解：

（1）$y'' + 4y = \cos x$；

（2）$y'' - 2y' + 5y = \mathrm{e}^x \sin 2x$；

（3）$y'' - 7y' + 6y = \sin x$.

4. 求下列微分方程满足初始条件的特解：

（1）$y'' + y' - 2y = 2x$，$y\,|_{x=0} = 0, y'\,|_{x=0} = 3$；

（2）$y'' + y + \sin 2x = 0$，$y\,|_{x=\pi} = 1, y'\,|_{x=\pi} = 1$；

（3）$y'' - 3y' + 2y = 5$，$y\,|_{x=0} = 1, y'\,|_{x=0} = 2$.

5. 在电阻 R，电感 L 与电容 C 的串联电路中，电源电压 $E=5\sin 10t$，$R=6$ 欧，$L=1$ 亨，$C=0.2$ 法，电容的初始电压为零，设开关闭合时 $t=0$，求开关闭合后回路中的电流.

6. 一质量为 m 的潜水艇从水面由静止状态开始下降，所受阻力与下降速度成正比（比例系数为 k），求潜水艇下降深度 x 与时间 t 的函数关系.

本章小结

一、微分方程的基本概念

二、一阶线性微分方程的解法

类型		微分方程	解法
可分离变量		$\dfrac{dy}{dx} = f(x)g(y)$	分离变量 $\dfrac{1}{g(y)}dy = f(x)dx$， 两边积分 $\displaystyle\int \dfrac{1}{g(x)}dy = \int f(x)dx$
一阶线性	齐次	$y' + p(x)y = 0$	分离变量，两边积分或用公式 $y = Ce^{-\int p(x)dx}$
	非齐次	$y' + p(x)y = q(x)$	通解公式 $y = e^{-\int p(x)dx}\left[\displaystyle\int q(x)e^{\int p(x)dx}dx + C\right]$

三、二阶常系数线性微分方程的解法

1．$y'' + py' + qy = 0$ 的通解总结如下表：

$r^2 + pr + q = 0$ 有根 r_1，r_2	$y'' + py' + qy = 0$ 的通解
实根 $r_1 \neq r_2$	$y = C_1 e^{r_1 x} + C_2 e^{r_2 x}$
实根 $r_1 = r_2$	$y = (C_1 + C_2 x)e^{r_1 x}$
虚根 $r_{1,2} = \alpha \pm i\beta$	$y = e^{\alpha x}(C_1\cos\beta x + C_2\sin\beta x)$

2．$y'' + py' + qy = f(x)$

（1）$f(x) = e^{\lambda x}P_m(x)$ 时特解的设法

特征方程 $\lambda^2 + p\lambda + q = 0$	特解 $y*$ 的设法
λ 不是特征根	$y* = e^{\lambda x}Q_m(x)$
λ 是特征单根	$y* = xe^{\lambda x}Q_m(x)$
λ 是特征重根	$y* = x^2 e^{\lambda x}Q_m(x)$

（2）$f(x) = e^{\lambda x}(A\cos\omega x + B\sin\omega x)$ 时特解的设法

特征方程 $\lambda^2 + p\lambda + q = 0$	特解 $y*$ 的设法
$\lambda \pm i\omega$ 不是特征根	$y* = \mathrm{e}^{\lambda x}(C_1 \cos \omega x + C_2 \sin \omega x)$
$\lambda \pm i\omega$ 是特征根	$y* = x\mathrm{e}^{\lambda x}(C_1 \cos \omega x + C_2 \sin \omega x)$

测试题七

一、填空题

1. _____ 叫做微分方程.

2. 可分离变量的微分方程的一般形式是 _____.

3. 微分方程 $\dfrac{\mathrm{d}y}{\mathrm{d}x} = \dfrac{1}{x}$ 的通解是 _____.

4. 微分方程 $y' - 2y = 0$ 的通解是 _____.

5. 微分方程 $y'' - 5y' + 6y = 0$ 的特征方程是 _____.

二、选择题

1. 下列方程中，不是微分方程的是（　　）.

    A. $(x-1)\mathrm{d}x - (y+1)\mathrm{d}y = 0$ B. $y'' = x^2 + y^2$

    C. $y = 2x + 5$ D. $\dfrac{\mathrm{d}^2 x}{\mathrm{d}t^2} - x = \sin t$

2. 微分方程 $x^2 y'' + x(y')^3 + x^4 = 1$ 的阶数是（　　）.

    A. 一阶   B. 二阶

    C. 三阶   D. 四阶

3. $y'' = \cos x$ 的通解是（　　）.

    A. $y = \sin x$ B. $y = \sin x + C$

    C. $y = -\cos x + C_1 x + C_2$ D. $y = -\cos x + C_1 x$

4. $y' + 2xy = 0$ ，$y|_{x=0} = 1$ 的特解是（　　）.

    A. $y = \mathrm{e}^{-x^2}$ B. $y = -\mathrm{e}^{-x^2}$

    C. $y = \mathrm{e}^{x^2}$ D. $y = -\mathrm{e}^{x^2}$

5. 微分方程 $y'' - 7y' + 10y = 0$ 的特征方程是（　　）.

    A. $r^2 - 7r + 10 = 0$ B. $r^2 + 10r - 7 = 0$

    C. $r^2 + 7r - 10 = 0$ D. $r^2 - 10r + 7 = 0$

三、判断题（把你认为正确的命题在括号内打"√"，错误的打"×"）

1．若微分方程的解中含有任意常数，则称这个解为微分方程的通解.
（　　）

2．方程 $y^2 y'^2 + y^2 = 1$ 是二阶的微分方程. （　　）

3．$y = 5x^2$ 是方程 $xy' = 2y$ 的一个解. （　　）

4．如果 y_1, y_2 是方程 $y'' + p(x)y' + q(x)y = 0$ 的解，那么 $y = C_1 y_1 + C_2 y_2$ 是该方程的通解（其中 C_1，C_2 是任意常数）. （　　）

5．如果 $y*$ 是方程 $y'' + p(x)y' + q(x)y = f(x)$ （1）的一个特解，y_1，y_2 是对应的齐次微分方程 $y'' + p(x)y' + q(x)y = 0$ 的两个线性无关的解，则方程（1）式的通解为 $y = y* + C_1 y_1 + C_2 y_2$，其中 C_1，C_2 是任意常数. （　　）

四、求下列微分方程的通解

1．$\dfrac{dy}{dx} = 3x^2$.

2．$y' - 3xy = x$.

3．$y''' = \cos t$.

4．$2y\,dx + x\,dy - xy\,dy = 0$.

5．$y' + y = \cos x$.

6．$y' - 4y = e^{3x}$.

7．$x^2 y'' + xy' = 1$.

8．$y'' + y' - 2y = 0$.

9．$y'' + 4y' + 3y = 5\sin x$.

10．$y'' + 9y' = 6\sin 3x$.

五、求下列微分方程的特解

1．$y'' + 12y' + 36y = 0$，$y|_{x=0} = 4, y'|_{x=0} = 2$.

2．$y' - \dfrac{x}{1+x^2} y = x + 1$，$y|_{x=0} = \dfrac{1}{2}$.

3．$y' + 2xy = xe^{-x^2}$，$y|_{x=0} = 1$.

扫码查答案

4．$(1 + e^x)yy' = e^y$，$y|_{x=0} = 0$.

5．$y'' + 6y' + 9y = 5xe^{-3x}$，$y|_{x=0} = 0, y'|_{x=0} = 2$.

六、解答题

1．已知二阶常系数线性齐次方程的一个特解为 $y = e^{2x}$，对应的特征方程的判别式等于 0，求此微分方程满足初始条件 $y|_{x=0} = 1$，$y'|_{x=0} = 1$ 的特解.

2．一个质量为 $4\,\text{kg}$ 的物体挂在弹簧上，弹簧伸长了 $0.01\,\text{m}$. 现将弹簧拉长 $0.02\,\text{m}$，然后放开，求弹簧的运动规律（设阻尼系数为 0）.

*第八章　矩阵与行列式

在生产实践、科学研究和经济活动中，往往需要解多元一次方程组（即解线性方程组）．在本章将讨论这类方程组的解法．

本章主要内容有：1. 二阶、三阶、n 阶行列式的概念、主要性质及其运算和克莱姆法则；2. 矩阵的概念、运算及其初等行变换，矩阵的秩及其运算．

§8-1　行列式的概念与性质

行列式是从二元、三元线性方程组的解引出来的，故，首先讨论一下线性方程组的问题．

一、问题的引入

例 1　某项固定资产耐用年限 12 年，按直线折旧法每年折旧费用 300 元，残值是原来的 $\dfrac{1}{10}$，不计清理费用，求该项固定资产原值及残值．

解　设该项固定资产原值为 x 元，残值为 y 元．

得方程组：$\begin{cases} x - y = 300 \times 12 \\ x - 10y = 0 \end{cases}$，

解方程组：$x = \dfrac{300 \times 12 \times (-10) - 0}{1 \times (-10) - (-1) \times 1} = 4000$，　$y = \dfrac{1 \times 0 - 300 \times 12 \times 1}{1 \times (-10) - (-1) \times 1} = 400$．

则：该项固定资产原值为 4000 元，残值为 400 元．

二、行列式的概念

解二元一次方程组：$\begin{cases} a_{11}x_1 + a_{12}x_2 = b_1 \\ a_{21}x_1 + a_{22}x_2 = b_2 \end{cases}$，　　　　　　（8-1）

如果 $(a_{11}a_{22} - a_{21}a_{12}) \neq 0$，则方程组（8-1）的解为：

$$\begin{cases} x_1 = \dfrac{b_1 a_{22} - b_2 a_{12}}{a_{11}a_{22} - a_{21}a_{12}} \\ x_2 = \dfrac{a_{11}b_2 - a_{21}b_1}{a_{11}a_{22} - a_{21}a_{12}} \end{cases}．　　　　　　（8-2）$$

在二元线性方程组解的公式中，两个分母都是 $a_{11}a_{22}-a_{21}a_{12}$，是由方程组（8-1）的四个系数确定的，把这四个数按它们在方程组（8-1）中的位置，排成二行二列（横排称行，竖排称列）的数表：$\begin{matrix} a_{11} & a_{12} \\ a_{21} & a_{22} \end{matrix}$. (8-3)

为了容易记忆，应用的方便，引出新的数学符号来表达 $a_{11}a_{22}-a_{21}a_{12}$，这个符号就是行列式，

并记作：$\begin{vmatrix} a_{11} & a_{12} \\ a_{21} & a_{22} \end{vmatrix}$，即 $\begin{vmatrix} a_{11} & a_{12} \\ a_{21} & a_{22} \end{vmatrix} = a_{11}a_{22} - a_{12}a_{21}$ (8-4)

称为二阶行列式.

数 a_{ij} 叫做二阶行列式第 i 行，第 j 列的元素，行列式（8-4）的右端，称为二阶行列式的展开式.

二阶行列式的展开方法如下：

$$\begin{vmatrix} a_{11} & a_{12} \\ a_{21} & a_{22} \end{vmatrix}$$

实对角线（叫做主对角线）上两数之积取正号，虚对角线上两数之积取负号，然后相加就是行列式的展开式.

利用二阶行列式的概念，（8-2）式中 x_1, x_2 的分子也可写成二阶行列式，即

$$b_1 a_{22} - a_{12} b_2 = \begin{vmatrix} b_1 & a_{12} \\ b_2 & a_{22} \end{vmatrix}, \quad a_{11} b_2 - b_1 a_{21} = \begin{vmatrix} a_{11} & b_1 \\ a_{21} & b_2 \end{vmatrix}.$$

若记：$D = \begin{vmatrix} a_{11} & a_{12} \\ a_{21} & a_{22} \end{vmatrix}$，$D_1 = \begin{vmatrix} b_1 & a_{12} \\ b_2 & a_{22} \end{vmatrix}$，$D_2 = \begin{vmatrix} a_{11} & b_1 \\ a_{21} & b_2 \end{vmatrix}$，

那么（8-2）式可写成 $x_1 = \dfrac{D_1}{D} = \dfrac{\begin{vmatrix} b_1 & a_{12} \\ b_2 & a_{22} \end{vmatrix}}{\begin{vmatrix} a_{11} & a_{12} \\ a_{21} & a_{22} \end{vmatrix}}$，$x_2 = \dfrac{D_2}{D} = \dfrac{\begin{vmatrix} a_{11} & b_1 \\ a_{21} & b_2 \end{vmatrix}}{\begin{vmatrix} a_{11} & a_{12} \\ a_{21} & a_{22} \end{vmatrix}}$ $(D \neq 0)$.

可以看出，行列式 D 是由方程组（8-1）中未知数的系数按原来的顺序排成，叫做方程组的系数行列式. 行列式 D_1 是由方程组（8-1）中右边常数项 b_1，b_2 分别代替行列式 D 中 x_1 的系数而得到，行列式 D_2 是由 b_1，b_2 分别代替行列式 D 中 x_2 的系数而得到.

例 2 计算下列行列式：（1）$\begin{vmatrix} 1 & 3 \\ 0 & 0 \end{vmatrix}$；（2）$\begin{vmatrix} 15 & 23 \\ 0 & 4 \end{vmatrix}$；（3）$\begin{vmatrix} \sin\alpha & \cos\alpha \\ \cos\alpha & \sin\alpha \end{vmatrix}$.

解 （1） $\begin{vmatrix} 1 & 3 \\ 0 & 0 \end{vmatrix} = 1 \times 0 - 3 \times 0 = 0$；

（2） $\begin{vmatrix} 15 & 23 \\ 0 & 4 \end{vmatrix} = 15 \times 4 - 23 \times 0 = 60$；

（3） $\begin{vmatrix} \sin\alpha & \cos\alpha \\ \cos\alpha & \sin\alpha \end{vmatrix} = \sin^2\alpha - \cos^2\alpha$.

例 3 用行列式解线性方程组 $\begin{cases} 14x_1 - 6x_2 + 1 = 0 \\ 3x_1 + 7x_2 - 6 = 0 \end{cases}$.

解 先将方程组化成一般形式 $\begin{cases} 14x_1 - 6x_2 = -1 \\ 3x_1 + 7x_2 = 6 \end{cases}$，

$$D = \begin{vmatrix} 14 & -6 \\ 3 & 7 \end{vmatrix} = 14 \times 7 - (-6) \times 3 = 116 \neq 0,$$

$$D_1 = \begin{vmatrix} -1 & -6 \\ 6 & 7 \end{vmatrix} = (-1) \times 7 - (-6) \times 6 = 29,$$

$$D_2 = \begin{vmatrix} 14 & -1 \\ 3 & 6 \end{vmatrix} = 14 \times 6 - (-1) \times 3 = 87.$$

$\because \ D \neq 0$，$\therefore$ 方程有唯一解

$$x_1 = \frac{D_1}{D} = \frac{1}{4}, \quad x_2 = \frac{D_2}{D} = \frac{3}{4}.$$

三、三阶行列式

三元线性方程组： $\begin{cases} a_{11}x_1 + a_{12}x_2 + a_{13}x_3 = b_1 \\ a_{21}x_1 + a_{22}x_2 + a_{23}x_3 = b_2 \\ a_{31}x_1 + a_{32}x_2 + a_{33}x_3 = b_3 \end{cases}$ 的解法. 利用加减消元法，

可以得出其解为

$$\begin{cases} x_1 = \dfrac{b_1 a_{22} a_{33} + b_2 a_{32} a_{13} + b_3 a_{12} a_{23} - b_1 a_{23} a_{32} - b_2 a_{12} a_{33} - b_3 a_{22} a_{13}}{a_{11} a_{22} a_{33} + a_{12} a_{23} a_{31} + a_{31} a_{21} a_{32} - a_{11} a_{23} a_{32} - a_{12} a_{21} a_{33} - a_{13} a_{22} a_{31}} \\[4mm] x_2 = \dfrac{b_1 a_{31} a_{23} + b_2 a_{11} a_{33} + b_3 a_{21} a_{13} - b_1 a_{21} a_{33} - b_2 a_{13} a_{31} - b_3 a_{23} a_{11}}{a_{11} a_{22} a_{33} + a_{12} a_{23} a_{31} + a_{31} a_{21} a_{31} - a_{11} a_{23} a_{32} - a_{12} a_{21} a_{33} - a_{13} a_{22} a_{31}} \\[4mm] x_3 = \dfrac{b_1 a_{21} a_{32} + b_2 a_{12} a_{31} + b_3 a_{11} a_{22} - b_1 a_{22} a_{31} - b_2 a_{32} a_{11} - b_3 a_{12} a_{21}}{a_{11} a_{22} a_{33} + a_{12} a_{23} a_{31} + a_{31} a_{21} a_{31} - a_{11} a_{23} a_{32} - a_{12} a_{21} a_{33} - a_{13} a_{22} a_{31}} \end{cases}.$$

类似二元线性方程组，可得三元线性方程组

$$D = \begin{vmatrix} a_{11} & a_{12} & a_{13} \\ a_{21} & a_{22} & a_{23} \\ a_{31} & a_{32} & a_{33} \end{vmatrix}$$

$$= a_{11}a_{22}a_{33} + a_{21}a_{32}a_{13} + a_{31}a_{12}a_{23} - a_{11}a_{23}a_{32} - a_{12}a_{21}a_{33} - a_{13}a_{22}a_{31},$$

$$D_1 = \begin{vmatrix} b_1 & a_{12} & a_{13} \\ b_2 & a_{22} & a_{23} \\ b_3 & a_{32} & a_{33} \end{vmatrix} = b_1 a_{22}a_{33} + b_2 a_{32}a_{13} + b_3 a_{12}a_{23} - b_1 a_{23}a_{32} - b_2 a_{12}a_{33} - b_3 a_{22}a_{13},$$

$$D_2 = \begin{vmatrix} a_{11} & b_1 & a_{13} \\ a_{21} & b_2 & a_{23} \\ a_{31} & b_3 & a_{33} \end{vmatrix} = a_{11}b_2 a_{33} + a_{21}b_3 a_{13} + a_{31}b_1 a_{23} - a_{13}b_2 a_{31} - a_{23}b_3 a_{11} - a_{33}a_{21}b_1,$$

$$D_3 = \begin{vmatrix} a_{11} & a_{12} & b_1 \\ a_{21} & a_{22} & b_2 \\ a_{31} & a_{32} & b_3 \end{vmatrix} = a_{11}a_{22}b_3 + a_{21}a_{32}b_1 + a_{31}a_{12}b_2 - b_1 a_{22}a_{31} - b_2 a_{32}a_{11} - b_3 a_{21}a_{12}.$$

$$x_1 = \frac{D_1}{D}, \quad x_2 = \frac{D_2}{D}, \quad x_3 = \frac{D_3}{D}.$$

三阶行列式可定义为：设有 3^2 个数排成三行三列的数表

$$\begin{matrix} a_{11} & a_{12} & a_{13} \\ a_{21} & a_{22} & a_{23} \\ a_{31} & a_{32} & a_{33} \end{matrix} \qquad (8\text{-}5)$$

记

$$D = \begin{vmatrix} a_{11} & a_{12} & a_{13} \\ a_{21} & a_{22} & a_{23} \\ a_{31} & a_{32} & a_{33} \end{vmatrix} \qquad (8\text{-}6)$$

$$= a_{11}a_{22}a_{33} + a_{21}a_{32}a_{13} + a_{31}a_{12}a_{23} - a_{11}a_{23}a_{32} - a_{12}a_{21}a_{33} - a_{13}a_{22}a_{31}.$$

（8-6）式称为由数表（8-5）所确定的三阶行列式，（8-6）式的右端称为三阶行列式的展开式，展开式共 3! 项.

三阶行列式的展开有如下的对角线法则，如图 8-1 所示. 实线上三数之积取正号，虚线上三数之积取负号，然后相加就是行列式的展开式，这种展开法则叫做对角线法则.

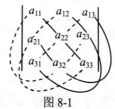

图 8-1

例4 计算三阶行列式：（1）$\begin{vmatrix} 1 & 2 & 3 \\ 2 & 3 & 1 \\ 3 & 1 & 2 \end{vmatrix}$；（2）$\begin{vmatrix} a_{11} & 0 & 0 \\ a_{21} & a_{22} & 0 \\ a_{31} & a_{32} & a_{33} \end{vmatrix}$；（3）$\begin{vmatrix} 1 & 2 & 3 \\ 0 & 4 & 0 \\ 0 & 0 & 5 \end{vmatrix}$.

解

（1）$\begin{vmatrix} 1 & 2 & 3 \\ 2 & 3 & 1 \\ 3 & 1 & 2 \end{vmatrix} = 1 \times 3 \times 2 + 2 \times 1 \times 3 + 3 \times 2 \times 1 - 3 \times 3 \times 3 - 1 \times 1 \times 1 - 2 \times 2 \times 2 = -18$；

（2）$\begin{vmatrix} a_{11} & 0 & 0 \\ a_{21} & a_{22} & 0 \\ a_{31} & a_{32} & a_{33} \end{vmatrix} = a_{11} \times a_{22} \times a_{33}$；

显然，此行列式应用对角线法则展开式中，除主对角线上三个元素的乘积这一项外，其余各项至少有一个因子为零.

（3）$\begin{vmatrix} 1 & 2 & 3 \\ 0 & 4 & 0 \\ 0 & 0 & 5 \end{vmatrix} = 1 \times 4 \times 5 = 20$.

四、行列式的基本性质

行列式作为一种计算也有它固有的基本的计算性质. 在介绍行列式的性质之前，先给出转置行列式的概念.

定义 1　如果把行列式 $D = \begin{vmatrix} a_{11} & a_{12} & a_{13} \\ a_{21} & a_{22} & a_{23} \\ a_{31} & a_{32} & a_{33} \end{vmatrix}$ 中的行与列按原来的顺序互换，

得到的新行列式

$$D^T = \begin{vmatrix} a_{11} & a_{21} & a_{31} \\ a_{12} & a_{22} & a_{32} \\ a_{13} & a_{23} & a_{33} \end{vmatrix}$$　称为 D 的转置行列式. 记为 D^T 或 D'.

行列式的基本性质：

性质 1　行列式与它的转置行列式相等. 例如，$D = \begin{vmatrix} 1 & 2 & 3 \\ 4 & 5 & 6 \\ 2 & 1 & 3 \end{vmatrix} = -9$，则

$$D^T = \begin{vmatrix} 1 & 4 & 2 \\ 2 & 5 & 1 \\ 3 & 6 & 3 \end{vmatrix} = -9 .$$

性质 2　互换行列式中两行（两列）的位置，行列式变号. 例如，

$$D=\begin{vmatrix} 1 & 2 & 3 \\ 4 & 5 & 6 \\ 2 & 1 & 3 \end{vmatrix}=-9，而 D=\begin{vmatrix} 4 & 5 & 6 \\ 1 & 2 & 3 \\ 2 & 1 & 3 \end{vmatrix}=9.$$

性质 2 对行列式某一行（列）的元素同乘常数 k，等于常数 k 乘此行列式.

例如，$\begin{vmatrix} a_1 & b_1 & c_1 \\ ka_2 & kb_2 & kc_2 \\ a_3 & b_3 & c_3 \end{vmatrix}=k\begin{vmatrix} a_1 & b_1 & c_1 \\ a_2 & b_2 & c_2 \\ a_3 & b_3 & c_3 \end{vmatrix}.$

推论 1 行列式的某一行（列）有公因子可以把公因子提到行列式外面.

推论 2 如果行列式某一行（列）的所有元素都是零，那么行列式等于零.

性质 3 如果行列式有两行（两列）对应元素相同，则行列式为零.

例如，$\begin{vmatrix} a_1 & b_1 & c_1 \\ a_2 & b_2 & c_2 \\ a_1 & b_1 & c_1 \end{vmatrix}=a_1b_2c_1+a_2b_1c_1+a_1b_1c_2-a_1b_2c_1-a_1b_1c_2-a_2b_1c_1=0.$

推论 3 行列式中如果两行（列）对应元素成比例，那么行列式的值为零.

性质 4 如果行列式中某一行（列）的各元素均为两数和，则行列式可表示为两个行列式之和.

例如，$D=\begin{vmatrix} 1 & 2 & 3 \\ 4 & 5 & 6 \\ 4 & 2 & 6 \end{vmatrix}=\begin{vmatrix} 1 & 2 & 3 \\ 4 & 5 & 6 \\ 2+2 & 1+1 & 3+3 \end{vmatrix}=\begin{vmatrix} 1 & 2 & 3 \\ 4 & 5 & 6 \\ 2 & 1 & 3 \end{vmatrix}+\begin{vmatrix} 1 & 2 & 3 \\ 4 & 5 & 6 \\ 2 & 1 & 3 \end{vmatrix}=18.$

性质 5 把行列式的某一行（列）的各元素乘以同一个数后加到另一行（列）对应的元素去，行列式的值不变.

例如，$\begin{vmatrix} a_1 & b_1 & c_1 \\ a_2 & b_2 & c_2 \\ a_3 & b_3 & c_3 \end{vmatrix}=\begin{vmatrix} a_1 & b_1 & c_1 \\ a_2+ka_1 & b_2+kb_1 & c_2+kc_1 \\ a_3 & b_3 & c_3 \end{vmatrix}.$

注意 为了书写简便，利用性质时，约定：

（1）以 r_i 表示第 i 行，c_j 表示第 j 列；

（2）$r_i \leftrightarrow r_j(c_i \leftrightarrow c_j)$ 表示 i, j 两行（列）互换；

（3）$kr_i(kc_i)$ 表示数 k 乘第 i 行（列）；

（4）$r_i+kr_j(c_i+kc_j)$ 表示第 j 行（列）的所有元素同乘以数 k 后加到第 i 行（列）.

定义 2 将行列式中第 i 行第 j 列元素 a_{ij} 所在的行和列划去后，余下的元素按原有次序排列成一个新的行列式，称这个行列式为元素 a_{ij} 的余子式，记为 M_{ij}；M_{ij} 与 $(-1)^{i+j}$ 的乘积，称为元素 a_{ij} 的代数余子式，记为 A_{ij}，即

$A_{ij} = (-1)^{i+j} M_{ij}$.

性质 5 行列式等于其任意一行（或列）对应的代数余子式的乘积的和，

即 $D = \begin{vmatrix} a_{11} & a_{12} & a_{13} \\ a_{21} & a_{22} & a_{23} \\ a_{31} & a_{32} & a_{33} \end{vmatrix} = a_{i1}A_{i1} + a_{i2}A_{i2} + a_{i3}A_{i3}(i = 1,2,3)$ ，此性质称为行列式

的展开性质.

例 5 计算行列式：（1） $D = \begin{vmatrix} 3 & 0 & -2 \\ 2 & 1 & 3 \\ -2 & 3 & 1 \end{vmatrix}$ ； $D = \begin{vmatrix} a & x & 2a - x \\ b & y & 2b - y \\ c & z & 2c - z \end{vmatrix}$.

解 （1）原式 $= 3 \times (-1)^{1+1} \begin{vmatrix} 1 & 3 \\ 3 & 1 \end{vmatrix} + 0 \times (-1)^{1+2} \begin{vmatrix} 2 & 3 \\ -2 & 1 \end{vmatrix} + (-2) \times (-1)^{1+3} \begin{vmatrix} 2 & 1 \\ -2 & 3 \end{vmatrix}$

$= 3 \times (-8) + 0 + (-2) \times 8 = -40$ ；

（2） $D = \begin{vmatrix} a & x & 2a - x \\ b & y & 2b - y \\ c & z & 2c - z \end{vmatrix} = \begin{vmatrix} a & x & 2a \\ b & y & 2b \\ c & z & 2c \end{vmatrix} + \begin{vmatrix} a & x & -x \\ b & y & -y \\ c & z & -z \end{vmatrix} = 0 + 0 = 0$.

例 6 解方程 $\begin{vmatrix} x-1 & 0 & 1 \\ 0 & x-2 & 0 \\ 1 & 0 & x-1 \end{vmatrix} = 0$.

解 $\begin{vmatrix} x-1 & 0 & 1 \\ 0 & x-2 & 0 \\ 1 & 0 & x-1 \end{vmatrix} = (x-1)(x-2)(x-1) - (x-2) = x(x-2)^2 = 0$.

所以方程的解为： $x_1 = 0$ ， $x_2 = x_3 = 2$.

扫码查答案

习题 8-1

1. 计算各行列式：

（1） $\begin{vmatrix} 3 & 5 \\ 1 & 5 \end{vmatrix}$ ；

（2） $\begin{vmatrix} -3 & 5 \\ 2 & -5 \end{vmatrix}$ ；

（3） $\begin{vmatrix} \sin\alpha & \cos\alpha \\ \sin\beta & \cos\beta \end{vmatrix}$ ；

（4） $\begin{vmatrix} 0 & 0 \\ 3 & 5 \end{vmatrix}$ ；

（5） $\begin{vmatrix} 3 & 4 & -5 \\ 11 & 6 & -1 \\ 2 & 3 & 6 \end{vmatrix}$ ；

（6） $\begin{vmatrix} 3 & 2 & 1 \\ 2 & 3 & 2 \\ 1 & 2 & 3 \end{vmatrix}$ ；

（7） $\begin{vmatrix} 4 & 2 & 3 \\ 2 & 3 & 0 \\ 3 & 0 & 0 \end{vmatrix}$ ；

（8） $\begin{vmatrix} a & b & 0 \\ c & 0 & b \\ 0 & c & a \end{vmatrix}$.

2．利用行列式解方程组：

（1）$\begin{cases} 4x + 3y = 5 \\ 3x + 4y = 6 \end{cases}$；

（2）$\begin{cases} \dfrac{2}{3}x_1 + \dfrac{1}{5}x_2 = 6 \\ \dfrac{1}{6}x_1 - \dfrac{1}{2}x_2 = -4 \end{cases}$；

（3）$\begin{cases} 2x - y + 3z = 3 \\ 3x + y - 5z = 0 \\ 4x - y + z = 3 \end{cases}$；

（4）$\begin{cases} ax_1 + bx_2 = c \\ bx_2 + cx_3 = a \\ ax_1 + cx_3 = b \end{cases}$ $(abc \neq 0)$．

§8-2 行列式的计算

上节我们介绍了二阶行列式、三阶行列式的概念和计算方法，大家自然会想到：会不会有四阶行列式、五阶行列式、n 阶行列式呢？它们与二阶行列式、三阶行列式是否有相似的定义、计算公式和性质呢？下面，我们就来回答这些问题．

一、高阶行列式

定义 1 设：$D = \begin{vmatrix} a_{11} & a_{12} & \cdots & a_{1n} \\ a_{21} & a_{22} & \cdots & a_{2n} \\ \vdots & \vdots & \ddots & \vdots \\ a_{n1} & a_{n2} & \cdots & a_{nn} \end{vmatrix}$，并称此由 n^2 个元素构成的行列式为

n 阶行列式；其中从左上角到右下角的元素 a_{11}, $a_{22},\dots$, a_{nn} 称为主对角线上的元素，相反从左下角到右上角的元素 $a_{n1},\dots$, a_{1n}，称为次对角线上的元素．划去元素 a_{ij} 所在的第 i 行和第 j 列上所有元素后构成的 $n-1$ 阶行列式

$$M_{ij} = \begin{vmatrix} a_{11} & \cdots & a_{1j-1} & a_{1j+1} & \cdots & a_{1n} \\ \vdots & \ddots & \cdots & \cdots & \ddots & \vdots \\ a_{i-11} & \cdots & a_{i-1j-1} & a_{i-1j+1} & \cdots & a_{i-1n} \\ a_{i+11} & \cdots & a_{i+1j-1} & a_{i+1j+1} & \cdots & a_{i+1n} \\ \vdots & \cdots & \cdots & \cdots & \ddots & \vdots \\ a_{n1} & \cdots & a_{nj-1} & a_{nj+1} & \cdots & a_{nn} \end{vmatrix}$$

称为元素 a_{ij} 的余子式，而将 $A_{ij} = (-1)^{i+j}M_{ij}$ 称为 a_{ij} 的代数余子式．

阶数大于 3 的行列式我们将其称为高阶行列式．

我们有性质：$D = \begin{vmatrix} a_{11} & a_{12} & \dots & a_{1n} \\ a_{21} & a_{22} & \dots & a_{2n} \\ \vdots & \vdots & \vdots & \vdots \\ a_{n1} & a_{n2} & \dots & a_{nn} \end{vmatrix} = \sum_{j=1}^{n} a_{1j} A_{1j}$.

根据上述性质，可以将高阶行列式按某一行（或列）展开，并使之降阶.

$D = a_{i1} A_{i1} + a_{i2} A_{i2} + \dots + a_{in} A_{in} (i = 1, 2, 3, \dots, n)$.

例 1 计算 $D = \begin{vmatrix} 1 & 0 & -2 & -1 \\ 2 & 0 & -1 & 0 \\ 0 & 2 & 1 & -1 \\ 1 & -1 & 0 & 2 \end{vmatrix}$.

解 将行列式按第一行展开，得

$D = 1 \times (-1)^{1+1} \begin{vmatrix} 1 & -1 & 0 \\ 2 & 1 & -1 \\ -1 & 0 & 2 \end{vmatrix} + 0 \times (-1)^{1+2} \begin{vmatrix} 2 & -1 & 0 \\ 0 & 1 & -1 \\ 1 & 0 & 2 \end{vmatrix} + (-2) \times (-1)^{1+3} \begin{vmatrix} 2 & 0 & 0 \\ 0 & 2 & -1 \\ 1 & -1 & 2 \end{vmatrix} +$

$(-1) \times (-1)^{1+4} \begin{vmatrix} 2 & 0 & -1 \\ 0 & 2 & 1 \\ 1 & -1 & 0 \end{vmatrix} = 1 \times 5 + (-2) \times 6 - (-1) \times 4 = -3$.

例 2 计算下列三角行列式（即主对角线上方的所有元素都为零的行列式）：

$$D = \begin{vmatrix} a_{11} & 0 & 0 & 0 \\ a_{21} & a_{22} & 0 & 0 \\ \dots & \dots & \dots & 0 \\ a_{n1} & a_{n2} & \dots & a_{nn} \end{vmatrix}.$$

解：按第一行展开得：

$$D = a_{11} \times (-1)^{1+1} \begin{vmatrix} a_{22} & 0 & 0 & 0 \\ a_{32} & a_{33} & 0 & 0 \\ \dots & \dots & \dots & \dots \\ a_{n2} & a_{n3} & \dots & a_{nn} \end{vmatrix} = a_{11} \begin{vmatrix} a_{22} & 0 & 0 & 0 \\ a_{32} & a_{33} & 0 & 0 \\ \dots & \dots & \dots & \dots \\ a_{n2} & a_{n3} & \dots & a_{nn} \end{vmatrix},$$

上式右边的 $n-1$ 阶行列式再按上述方法展开可得：

$$D = a_{11} a_{22} \begin{vmatrix} a_{33} & 0 & 0 & 0 \\ a_{43} & a_{44} & 0 & 0 \\ \dots & \dots & \dots & 0 \\ a_{n3} & a_{n4} & \dots & a_{nn} \end{vmatrix},$$

如此 n 次后得：$D = a_{11}a_{22}a_{33}...a_{nn}$.

同样，上节中行列式的性质，对于 n 阶行列式也成立.

性质 1 将行列式的行列互换，行列式的值不变.

即：
$$\begin{vmatrix} a_{11} & a_{12} & \cdots & a_{1n} \\ a_{21} & a_{22} & \cdots & a_{2n} \\ \vdots & \vdots & \vdots & \vdots \\ a_{n1} & a_{n2} & \cdots & a_{nn} \end{vmatrix} = \begin{vmatrix} a_{11} & a_{21} & \cdots & a_{n1} \\ a_{12} & a_{22} & \cdots & a_{n2} \\ \vdots & \vdots & \vdots & \vdots \\ a_{1n} & a_{2n} & \cdots & a_{nn} \end{vmatrix}.$$

性质 2 互换行列式的两行（列），行列式的值为原行列式值的相反数.

即：
$$\begin{vmatrix} a_{11} & a_{12} & \cdots & a_{1n} \\ \vdots & \vdots & \vdots & \vdots \\ a_{i1} & a_{i2} & \cdots & a_{in} \\ \vdots & \vdots & \vdots & \vdots \\ a_{j1} & a_{j2} & \cdots & a_{jn} \\ \vdots & \vdots & \vdots & \vdots \\ a_{n1} & a_{n2} & \cdots & a_{nn} \end{vmatrix} = -\begin{vmatrix} a_{11} & a_{12} & \cdots & a_{1n} \\ \vdots & \vdots & \vdots & \vdots \\ a_{j1} & a_{j2} & \cdots & a_{jn} \\ \vdots & \vdots & \vdots & \vdots \\ a_{i1} & a_{i2} & \cdots & a_{in} \\ \vdots & \vdots & \vdots & \vdots \\ a_{n1} & a_{n2} & \cdots & a_{nn} \end{vmatrix},$$

或
$$\begin{vmatrix} a_{11} & \cdots & a_{1i} & \cdots & a_{1j} & \cdots & a_{1n} \\ a_{21} & \cdots & a_{2i} & \cdots & a_{2j} & \cdots & a_{2n} \\ \vdots & & \vdots & & \vdots & & \vdots \\ a_{n1} & \cdots & a_{ni} & \cdots & a_{nj} & \cdots & a_{nn} \end{vmatrix} = -\begin{vmatrix} a_{11} & \cdots & a_{1j} & \cdots & a_{1i} & \cdots & a_{1n} \\ a_{21} & \cdots & a_{2j} & \cdots & a_{2i} & \cdots & a_{2n} \\ \vdots & & \vdots & & \vdots & & \vdots \\ a_{n1} & \cdots & a_{nj} & \cdots & a_{ni} & \cdots & a_{nn} \end{vmatrix}.$$

推论 1 如果行列式有两行（列）元素对应相等，则行列式的值为 0.

即：
$$\begin{vmatrix} a_{11} & a_{12} & \cdots & a_{1n} \\ \vdots & \vdots & \vdots & \vdots \\ a_{i1} & a_{i2} & \cdots & a_{in} \\ \vdots & \vdots & \vdots & \vdots \\ a_{i1} & a_{i2} & \cdots & a_{in} \\ \vdots & \vdots & \vdots & \vdots \\ a_{n1} & a_{n2} & \cdots & a_{nn} \end{vmatrix} = 0 ,$$
或
$$\begin{vmatrix} a_{11} & \cdots & a_{1i} & \cdots & a_{1i} & \cdots & a_{1n} \\ a_{21} & \cdots & a_{2i} & \cdots & a_{2i} & \cdots & a_{2n} \\ \vdots & & \vdots & & \vdots & & \vdots \\ a_{n1} & \cdots & a_{ni} & \cdots & a_{ni} & \cdots & a_{nn} \end{vmatrix} = 0 .$$

性质 3 行列式的某一行（列）的所有元素同乘以数 λ，等于用 λ 去乘这个行列式.

即：
$$\begin{vmatrix} a_{11} & a_{12} & \cdots & a_{1n} \\ \lambda a_{21} & \lambda a_{22} & \cdots & \lambda a_{2n} \\ \vdots & \vdots & \vdots & \vdots \\ a_{n1} & a_{n2} & \cdots & a_{nn} \end{vmatrix} = \lambda \times \begin{vmatrix} a_{11} & a_{12} & \cdots & a_{1n} \\ a_{21} & a_{22} & \cdots & a_{2n} \\ \vdots & \vdots & \vdots & \vdots \\ a_{n1} & a_{n2} & \cdots & a_{nn} \end{vmatrix}.$$

或 $\begin{vmatrix} a_{11} & \lambda a_{12} & \cdots & a_{1n} \\ a_{21} & \lambda a_{22} & \cdots & a_{2n} \\ \vdots & \vdots & \vdots & \vdots \\ a_{n1} & \lambda a_{n2} & \cdots & a_{nn} \end{vmatrix} = \lambda \times \begin{vmatrix} a_{11} & a_{12} & \cdots & a_{1n} \\ a_{21} & a_{22} & \cdots & a_{2n} \\ \vdots & \vdots & \vdots & \vdots \\ a_{n1} & a_{n2} & \cdots & a_{nn} \end{vmatrix}.$

推论 2 行列式某一行（列）元素的公因子可以提到这个行列式之外.

推论 3 若行列式某一行（列）的元素全为零，则该行列式之值为零.

推论 4 若行列式某两行（列）的元素成比例，则该行列式之值为零.

性质 4 把行列式某行（列）的所有元素的 λ 倍加到另一行（列）的对应元素上，行列式的值不变. 即：

$$\begin{vmatrix} a_{11} & a_{12} & \cdots & a_{1n} \\ \vdots & \vdots & \vdots & \vdots \\ a_{i1} & a_{i2} & \cdots & a_{in} \\ \vdots & \vdots & \vdots & \vdots \\ a_{j1} & a_{j2} & \cdots & a_{jn} \\ \vdots & \vdots & \vdots & \vdots \\ a_{n1} & a_{n2} & \cdots & a_{nn} \end{vmatrix} = \begin{vmatrix} a_{11} & a_{12} & \cdots & a_{1n} \\ \vdots & \vdots & \vdots & \vdots \\ a_{i1} & a_{i2} & \cdots & a_{in} \\ \vdots & \vdots & \vdots & \vdots \\ a_{j1}+\lambda a_{i1} & a_{j2}+\lambda a_{i2} & \cdots & a_{jn}+\lambda a_{in} \\ \vdots & \vdots & \vdots & \vdots \\ a_{n1} & a_{n2} & \cdots & a_{nn} \end{vmatrix},$$

或

$$\begin{vmatrix} a_{11} & \cdots & a_{1i} & \cdots & a_{1j} & \cdots & a_{1n} \\ a_{21} & \cdots & a_{2i} & \cdots & a_{2j} & \cdots & a_{2n} \\ \vdots & \vdots & \vdots & \vdots & \vdots & \vdots & \vdots \\ a_{n1} & \cdots & a_{ni} & \cdots & a_{nj} & \cdots & a_{nn} \end{vmatrix} = \begin{vmatrix} a_{11} & \cdots & a_{1i} & \cdots & a_{1j}+\lambda a_{1i} & \cdots & a_{1n} \\ a_{21} & \cdots & a_{2i} & \cdots & a_{2j}+\lambda a_{2i} & \cdots & a_{2n} \\ \vdots & \vdots & \vdots & \vdots & \vdots & \vdots & \vdots \\ a_{n1} & \cdots & a_{ni} & \cdots & a_{nj}+\lambda a_{ni} & \cdots & a_{nn} \end{vmatrix}.$$

性质 5 如果行列式某行（列）各元素都是两数之和，则此行列式可以分解为两个行列式的和.

即

$$\begin{vmatrix} a_{11}+b_1 & a_{12}+b_2 & \cdots & a_{1n}+b_n \\ a_{21} & a_{22} & \cdots & a_{2n} \\ \vdots & \vdots & \vdots & \vdots \\ a_{n1} & a_{n2} & \cdots & a_{nn} \end{vmatrix} = \begin{vmatrix} a_{11} & a_{12} & \cdots & a_{1n} \\ a_{21} & a_{22} & \cdots & a_{2n} \\ \vdots & \vdots & \vdots & \vdots \\ a_{n1} & a_{n2} & \cdots & a_{nn} \end{vmatrix} + \begin{vmatrix} b_1 & b_2 & \cdots & b_n \\ a_{21} & a_{22} & \cdots & a_{2n} \\ \vdots & \vdots & \vdots & \vdots \\ a_{n1} & a_{n2} & \cdots & a_{nn} \end{vmatrix},$$

或

$$\begin{vmatrix} a_{11} & a_{12}+c_1 & \cdots & a_{1n} \\ a_{21} & a_{22}+c_2 & \cdots & a_{2n} \\ \vdots & \vdots & \vdots & \vdots \\ a_{n1} & a_{n2}+c_n & \cdots & a_{nn} \end{vmatrix} = \begin{vmatrix} a_{11} & a_{12} & \cdots & a_{1n} \\ a_{21} & a_{22} & \cdots & a_{2n} \\ \vdots & \vdots & \vdots & \vdots \\ a_{n1} & a_{n2} & \cdots & a_{nn} \end{vmatrix} + \begin{vmatrix} a_{11} & c_1 & \cdots & a_{1n} \\ a_{21} & c_2 & \cdots & a_{2n} \\ \vdots & \vdots & \vdots & \vdots \\ a_{n1} & c_n & \cdots & a_{nn} \end{vmatrix}.$$

性质6 行列式等于它的任一行（列）元素与它们对应的代数余子式的乘积之和.

即：
$$\begin{vmatrix} a_{11} & a_{12} & \cdots & a_{1n} \\ a_{21} & a_{22} & \cdots & a_{2n} \\ \vdots & \vdots & \vdots & \vdots \\ a_{n1} & a_{n2} & \cdots & a_{nn} \end{vmatrix} = \sum_{j=1}^{n} a_{1j}A_{1j} , \quad \text{或} \quad \begin{vmatrix} a_{11} & a_{12} & \cdots & a_{1n} \\ a_{21} & a_{22} & \cdots & a_{2n} \\ \vdots & \vdots & \vdots & \vdots \\ a_{n1} & a_{n2} & \cdots & a_{nn} \end{vmatrix} = \sum_{j=1}^{n} a_{j1}A_{j1} .$$

二、行列式的计算

计算行列式的主要方法是降阶，用按行、按列展开公式来实现，但在展开之前往往先用性质对行列式做恒等变换，化简之后再展开. 数学归纳法、递推法、公式法、三角化法、定义法也都是常用方法. 把每一行（列）加至"第"一行（列）；把每一行（列）均减去"第"一行（列）；逐行（列）相加（减）是一些常用的技巧，当零元素多时亦可立即展开.

对于阶数较高的行列式，直接利用行列式的定义计算并不是一个可行的方法. 为解决行列式的计算问题，应当利用行列式的性质进行有效的化简，化简的方法也不是唯一的，要善于发现具体问题的特点.

例3 计算行列式 $\begin{vmatrix} 1 & 0 & -2 \\ 3 & 2 & -4 \\ 2 & 1 & 3 \end{vmatrix}$.

解法一 （对角线法）利用对角线法则，进行展开计算.
$$\begin{vmatrix} 1 & 0 & -2 \\ 3 & 2 & -4 \\ 2 & 1 & 3 \end{vmatrix} = 1\times2\times3 + 3\times1\times(-2) + 2\times0\times(-4) - 2\times(-2)\times2$$
$$-1\times1\times(-4) - 0\times3\times3 = 12 .$$

解法二 （三角形法）利用行列式的性质，将行列式化为三角形行列式，然后将对角线元素相乘，得行列式的值.
$$\begin{vmatrix} 1 & 0 & -2 \\ 3 & 2 & -4 \\ 2 & 1 & 3 \end{vmatrix} \xrightarrow[\begin{subarray}{c} r_2-3r_1 \\ r_3-2r_1 \end{subarray}]{} \begin{vmatrix} 1 & 0 & -2 \\ 0 & 2 & 2 \\ 0 & 1 & 7 \end{vmatrix} \xrightarrow{r_3-\frac{1}{2}r_2} \begin{vmatrix} 1 & 0 & -2 \\ 0 & 2 & 2 \\ 0 & 0 & 6 \end{vmatrix} = 12 .$$

解法二 （降阶法）利用代数余子式，将行列式的阶降下去，如三阶行列式降为二阶行列式.
$$\begin{vmatrix} 1 & 0 & -2 \\ 3 & 2 & -4 \\ 2 & 1 & 3 \end{vmatrix} = 1\times(-1)^{1+1}\begin{vmatrix} 2 & -4 \\ 1 & 3 \end{vmatrix} + 0\times(-1)^{1+2}\begin{vmatrix} 3 & -4 \\ 2 & 3 \end{vmatrix} + (-2)\times(-1)^{1+3}\begin{vmatrix} 3 & 2 \\ 2 & 1 \end{vmatrix} = 12 .$$

解法四 （综合法）把上述三种计算，根据题目的情况灵活选取，进行计算.

$$\begin{vmatrix} 1 & 0 & -2 \\ 3 & 2 & -4 \\ 2 & 1 & 3 \end{vmatrix} \xrightarrow{c_3+2c_1} \begin{vmatrix} 1 & 0 & 0 \\ 3 & 2 & 2 \\ 2 & 1 & 7 \end{vmatrix} = 1\times(-1)^{1+1}\begin{vmatrix} 2 & 2 \\ 1 & 7 \end{vmatrix} = 14-2 = 12.$$

例 4 计算行列式 $\begin{vmatrix} x & a & a & a \\ a & x & a & a \\ a & a & x & a \\ a & a & a & x \end{vmatrix}$.

解 $\begin{vmatrix} x & a & a & a \\ a & x & a & a \\ a & a & x & a \\ a & a & a & x \end{vmatrix}$ $\xrightarrow{\text{将第 2、3、4 列都加到第 1 列}}$ $\begin{vmatrix} x+3a & a & a & a \\ x+3a & x & a & a \\ x+3a & a & x & a \\ x+3a & a & a & x \end{vmatrix}$

$$= (x+3a)\begin{vmatrix} 1 & a & a & a \\ 1 & x & a & a \\ 1 & a & x & a \\ 1 & a & a & x \end{vmatrix} \xrightarrow{\text{将第 1 行×(-1)分别加到第 2、3、4 行}}$$

$$(x+3a)\begin{vmatrix} 1 & a & a & a \\ 0 & x-a & 0 & 0 \\ 0 & 0 & x-a & 0 \\ 0 & 0 & 0 & x-a \end{vmatrix} = (x+3a)(x-a)^3.$$

例 5 计算行列式 $\begin{vmatrix} 1 & 2 & 0 & 1 \\ 1 & 3 & 5 & 0 \\ 0 & 1 & 5 & 6 \\ 1 & 3 & 3 & 4 \end{vmatrix}$.

解 $\begin{vmatrix} 1 & 2 & 0 & 1 \\ 1 & 3 & 5 & 0 \\ 0 & 1 & 5 & 6 \\ 1 & 3 & 3 & 4 \end{vmatrix} \xrightarrow[r_4-r_1]{r_2-r_1} \begin{vmatrix} 1 & 2 & 0 & 1 \\ 0 & 1 & 5 & -1 \\ 0 & 1 & 5 & 6 \\ 0 & 1 & 3 & 3 \end{vmatrix} = \begin{vmatrix} 1 & 5 & -1 \\ 1 & 5 & 6 \\ 1 & 3 & 3 \end{vmatrix} \xrightarrow{r_2-r_1} \begin{vmatrix} 1 & 5 & -1 \\ 0 & 0 & 7 \\ 1 & 3 & 3 \end{vmatrix}$

$$= 7\times(-1)^{2+3}\begin{vmatrix} 1 & 5 \\ 1 & 3 \end{vmatrix} = (-7)\times(3-5) = 14.$$

例 6 证明 $\begin{vmatrix} 1 & a & a^2-bc \\ 1 & b & b^2-ca \\ 1 & c & c^2-ab \end{vmatrix} = 0$.

证

$$\begin{vmatrix} 1 & a & a^2-bc \\ 1 & b & b^2-ca \\ 1 & c & c^2-ab \end{vmatrix} \xlongequal[r_3-r_1]{r_2-r_1} \begin{vmatrix} 1 & a & a^2-bc \\ 0 & b-a & (b-a)(a+b+c) \\ 0 & c-a & (c-a)(a+b+c) \end{vmatrix} = (b-a)(c-a)\begin{vmatrix} 1 & a+b+c \\ 1 & a+b+c \end{vmatrix} = 0 \, .$$

所以原式成立.

例 7 计算行列式 $\begin{vmatrix} 1 & 1 & 1 \\ x_1 & x_2 & x_3 \\ x_1^2 & x_2^2 & x_3^2 \end{vmatrix}$.

解 $\begin{vmatrix} 1 & 1 & 1 \\ x_1 & x_2 & x_3 \\ x_1^2 & x_2^2 & x_3^2 \end{vmatrix} \xlongequal[r_2-x_1r_1]{r_3-x_1r_2} \begin{vmatrix} 1 & 1 & 1 \\ 0 & x_2-x_1 & x_3-x_1 \\ 0 & x_2^2-x_2x_1 & x_3^2-x_3x_1 \end{vmatrix}$

$\xlongequal{\text{按第一列展开}} \begin{vmatrix} x_2-x_1 & x_3-x_1 \\ x_2(x_2-x_1) & x_3(x_3-x_1) \end{vmatrix} = (x_2-x_1)(x_3-x_1)\begin{vmatrix} 1 & 1 \\ x_2 & x_3 \end{vmatrix}$

$= (x_2-x_1)(x_3-x_1)(x_3-x_2) \, .$

例 8 计算行列式 $\begin{vmatrix} 1 & 1 & 1 & 1 \\ x_1 & x_2 & x_3 & x_4 \\ x_1^2 & x_2^2 & x_3^2 & x_4^2 \\ x_1^3 & x_2^3 & x_3^3 & x_4^3 \end{vmatrix}$.

解 $\begin{vmatrix} 1 & 1 & 1 & 1 \\ x_1 & x_2 & x_3 & x_4 \\ x_1^2 & x_2^2 & x_3^2 & x_4^2 \\ x_1^3 & x_2^3 & x_3^3 & x_4^3 \end{vmatrix} \xlongequal[\substack{r_3-x_1r_2 \\ r_2-x_1r_1}]{r_4-x_1r_3} \begin{vmatrix} 1 & 1 & 1 & 1 \\ 0 & x_2-x_1 & x_3-x_1 & x_4-x_1 \\ 0 & x_2^2-x_1x_2 & x_3^2-x_1x_3 & x_4^2-x_1x_4 \\ 0 & x_2^3-x_1x_2^2 & x_3^3-x_1x_3^2 & x_4^3-x_1x_4^2 \end{vmatrix}$.

接下来同学自己完成. 能不能进一步推广?

习题 8-2

扫码查答案

计算下列行列式:

（1） $\begin{vmatrix} 32 & 7 & 8 & 8 \\ 41 & 8 & 9 & 9 \\ 9 & 9 & 6 & 13 \\ 7 & 7 & 5 & 11 \end{vmatrix}$;

（2） $\begin{vmatrix} 1 & 0 & -1 & -1 \\ 0 & -1 & -1 & 1 \\ a & b & c & d \\ -1 & -1 & 1 & 0 \end{vmatrix}$;

$$(3)\begin{vmatrix} 5 & 1 & 1 & 1 & 1 \\ 1 & 4 & 0 & 0 & 0 \\ 1 & 0 & 3 & 0 & 0 \\ 1 & 0 & 0 & 2 & 0 \\ 1 & 0 & 0 & 0 & 1 \end{vmatrix}; \qquad (4)\begin{vmatrix} 1 & -1 & 1 & -2 \\ 2 & 0 & -1 & 4 \\ 3 & 2 & 1 & 0 \\ -1 & 2 & -1 & 2 \end{vmatrix};$$

$$(5)\begin{vmatrix} 1 & 2 & 3 & 4 \\ 1 & 0 & 1 & 2 \\ 3 & -1 & -1 & 0 \\ 1 & 2 & 0 & -5 \end{vmatrix}; \qquad (6)\begin{vmatrix} -2 & 5 & -1 & 3 \\ 1 & -9 & 13 & 7 \\ 3 & -1 & 5 & -5 \\ 2 & 8 & -7 & 10 \end{vmatrix}.$$

§8-3 克莱姆法则

从上两节可以知道：二阶行列式、三阶行列式来源于二元、三元线性方程组的公式解. 那么，n 阶行列式与 n 元线性方程组有没有联系呢？能不能用 n 元行列式解 n 元线性方程组呢？其公式解是否与二元、三元线性方程组的公式解相似？

现在我们来应用 n 阶行列式，解决 n 个未知数的线性方程组的问题.（在这里只考虑方程个数与未知量的个数相等的情形）.

n 个未知数 n 个方程的线性方程组的一般形式为：

$$\begin{cases} a_{11}x_1 + a_{12}x_2 + \cdots + a_{1n}x_n = b_1 \\ a_{21}x_1 + a_{22}x_2 + \cdots + a_{2n}x_n = b_2 \\ \cdots\cdots\cdots\cdots\cdots\cdots\cdots\cdots\cdots\cdots\cdots \\ a_{n1}x_1 + a_{n2}x_2 + \cdots + a_{nn}x_n = b_n \end{cases}. \tag{8-7}$$

克莱姆法则：若线性方程组（8-7）的系数行列式不等于零，

即：
$$D - \begin{vmatrix} a_{11} & a_{12} & \cdots & a_{1n} \\ a_{21} & a_{22} & \cdots & a_{2n} \\ \cdots & \cdots & \cdots & \cdots \\ a_{n1} & a_{n2} & \cdots & a_{nn} \end{vmatrix} \neq 0,$$

则方程组（8-7）有唯一解：$x_1 = \dfrac{D_1}{D}$，$x_2 = \dfrac{D_2}{D}$，$\cdots$，$x_n = \dfrac{D_n}{D}$.

$$D_j = \begin{vmatrix} a_{11} & \cdots & a_{1j-1} & b_1 & a_{1j+1} & \cdots & a_{1n} \\ a_{21} & \cdots & a_{2j-1} & b_2 & a_{2j+1} & \cdots & a_{2n} \\ \vdots & \ddots & \vdots & \vdots & \vdots & \ddots & \vdots \\ a_{n1} & \cdots & a_{nj-1} & b_n & a_{nj+1} & \cdots & a_{nn} \end{vmatrix}.$$

其中 $D_j(j=1,2,\cdots,n)$ 是把系数行列式 D 中第 j 列 $a_{1j},a_{2j},\cdots,a_{nj}$ 换成方程组

(8-7) 的常数项 $b_1,b_2,\cdots,b_n$ 而得到的 n 阶行列式.

例1 解线性方程组:

$$\begin{cases} x_1 - x_2 + 2x_4 & = -5 \\ 3x_1 + 2x_2 - x_3 - 2x_4 & = 6 \\ 4x_1 + 3x_2 - x_3 - x_4 & = 0 \\ 2x_1 - x_3 & = 0 \end{cases}.$$

解 因为系数行列式

$$D = \begin{vmatrix} 1 & -1 & 0 & 2 \\ 3 & 2 & -1 & -2 \\ 4 & 3 & -1 & -1 \\ 2 & 0 & -1 & 0 \end{vmatrix} \xdownarrow{c_1+2c_3} \begin{vmatrix} 1 & -1 & 0 & 2 \\ 1 & 2 & -1 & -2 \\ 2 & 3 & -1 & -1 \\ 0 & 0 & -1 & 0 \end{vmatrix} = (-1)(-1)^{4+3} \begin{vmatrix} 1 & -1 & 2 \\ 1 & 2 & -2 \\ 2 & 3 & -1 \end{vmatrix}$$

$$\xdownarrow[r_3-2r_1]{r_2-r_1} \begin{vmatrix} 1 & -1 & 2 \\ 0 & 3 & -4 \\ 0 & 5 & -5 \end{vmatrix} = \begin{vmatrix} 3 & -4 \\ 5 & -5 \end{vmatrix} = 5 \neq 0 \text{ , 所以方程组有唯一解.}$$

$$D_1 = \begin{vmatrix} -5 & -1 & 0 & 2 \\ 6 & 2 & -1 & -2 \\ 0 & 3 & -1 & -1 \\ 0 & 0 & -1 & 0 \end{vmatrix} = (-1)(-1)^{4+3} \begin{vmatrix} -5 & -1 & 2 \\ 6 & 2 & -2 \\ 0 & 3 & -1 \end{vmatrix}$$

$$\xdownarrow{c_2+3c_3} \begin{vmatrix} -5 & 5 & 2 \\ 6 & -4 & -2 \\ 0 & 0 & -1 \end{vmatrix} = -\begin{vmatrix} 5 & 5 \\ 6 & -4 \end{vmatrix} = 10.$$

经过计算还可得到 $\quad D_2 = \begin{vmatrix} 1 & -5 & 0 & 2 \\ 3 & 6 & -1 & -2 \\ 4 & 0 & -1 & -1 \\ 2 & 0 & -1 & 0 \end{vmatrix} = -15,$

$$D_3 = \begin{vmatrix} 1 & -1 & -5 & 2 \\ 3 & 2 & 6 & -2 \\ 4 & 3 & 0 & -1 \\ 2 & 0 & 0 & 0 \end{vmatrix} = 20, \quad D_4 = \begin{vmatrix} 1 & -1 & 0 & -5 \\ 3 & 2 & -1 & 6 \\ 4 & 3 & -1 & 0 \\ 2 & 0 & -1 & 0 \end{vmatrix} = -25,$$

所以方程组的解为：$x_1 = \dfrac{D_1}{D} = \dfrac{10}{5} = 2,$ $\quad x_2 = \dfrac{D_2}{D} = \dfrac{-15}{5} = -3,$

$$x_3 = \dfrac{D_3}{D} = \dfrac{20}{5} = 4, \quad x_4 = \dfrac{D_4}{D} = \dfrac{-25}{5} = -5.$$

在方程组（8-7）中当常数项 $b_1, b_2, \cdots, b_n$ 全为零时，称为齐次线性方程组，即方程组

$$\begin{cases} a_{11}x_1 + a_{12}x_2 + \cdots + a_{1n}x_n = 0 \\ a_{21}x_1 + a_{22}x_2 + \cdots + a_{2n}x_n = 0 \\ \cdots\cdots\cdots\cdots\cdots\cdots\cdots\cdots\cdots \\ a_{n1}x_1 + a_{n2}x_2 + \cdots + a_{nn}x_n = 0 \end{cases} \quad (8\text{-}8)$$

为齐次线性方程组．在实用上，有关力学稳定性问题和振动问题常常遇到这种方程组．对于齐次线性方程组（8-8），由于行列式 D_j 中第 j 列的元素都是零，所以 $D_j = 0 (j = 1, 2, \cdots, n)$，当其系数行列式 $D \neq 0$ 时，根据克莱姆法则方程组（8-8）的唯一解是：

$$x_1 = x_2 = \cdots = x_n = 0 .$$

全部由零组成的解叫做零解．

推论 1 如果齐次线性方程组（8-8）的系数行列式 $D \neq 0$，则它只有零解．

推论 2 齐次线性方程组（8-8）有非零解的必要条件是系数行列式 $D = 0$．

例 2 解齐次线性方程组 $\begin{cases} x_1 + 2x_2 + x_3 = 0 \\ -2x_1 + x_2 - x_3 = 0 \\ x_1 - 4x_2 + 2x_3 = 0 \end{cases}$ ．

解 因为系数行列式：$D = \begin{vmatrix} 1 & 2 & 1 \\ -2 & 1 & -1 \\ 1 & -4 & 2 \end{vmatrix} = \begin{vmatrix} 1 & 2 & 1 \\ -1 & 3 & 0 \\ -1 & -8 & 0 \end{vmatrix} = \begin{vmatrix} -1 & 3 \\ -1 & -8 \end{vmatrix} = 11 \neq 0,$

所以方程组只有零解，即 $x_1 = x_2 = x_3 = 0$．

在力学的稳定性问题和振动问题中，方程组（8-8）的系数 a_{ij} 常与一个参数 λ 有关，问题是要求出一些 λ 的值，使得方程组（8-8）有非零解．

例 3 当 λ 取何值时，齐次线性方程组

$$\begin{cases} (\lambda+3)x_1 + 14x_2 + 2x_3 = 0 \\ -2x_1 + (\lambda-8)x_2 - x_3 = 0 \qquad \text{有非零解?} \\ -2x_1 - 3x_2 + (\lambda-2)x_3 = 0 \end{cases}$$

解 因为方程组的系数行列式

$$D = \begin{vmatrix} \lambda+3 & 14 & 2 \\ -2 & \lambda-8 & -1 \\ -2 & -3 & \lambda-2 \end{vmatrix} = \begin{vmatrix} \lambda-1 & 14 & 2 \\ 0 & \lambda-8 & -1 \\ 2-2\lambda & -3 & \lambda-2 \end{vmatrix} = \begin{vmatrix} \lambda-1 & 14 & 2 \\ 0 & \lambda-8 & -1 \\ 0 & 25 & \lambda+2 \end{vmatrix}$$

$$= (\lambda-1)\begin{vmatrix} \lambda-8 & -1 \\ 25 & \lambda+2 \end{vmatrix} = (\lambda-1)(\lambda-3)^2,$$

由推论 2 知,若所给的齐次线性方程组有非零解,则其系数行列式 $D=0$. 即 $(\lambda-1)(\lambda-3)^2 = 0$.

所以,当 $\lambda=1$ 或 $\lambda=3$ 时,所给的齐次线性方程组有非零解.

习题 8-3

1. 用克莱姆法则解下列方程组:

（1）$\begin{cases} x_1 + x_2 - 2x_3 = -3 \\ 5x_1 - 2x_2 + 7x_3 = 22 \\ 2x_1 - 5x_2 + 4x_3 = 4 \end{cases}$;

（2）$\begin{cases} 2x_1 + x_2 - 5x_3 + x_4 = 8 \\ x_1 - 3x_2 - 6x_4 = 9 \\ 2x_2 - x_3 + 2x_4 = -5 \\ x_1 + 4x_2 - 7x_3 + 6x_4 = 0 \end{cases}$.

2. 问 λ 取何值时,齐次线性方程组

$$\begin{cases} \lambda x_1 + x_2 + x_3 = 0 \\ x_1 + \lambda x_2 - x_3 = 0 \qquad \text{有非零解?} \\ 2x_1 - x_2 + x_3 = 0 \end{cases}$$

扫码查答案

§8-4　矩阵的概念及基本运算

矩阵亦如行列式一样,是从研究线性方程组的问题引出来的. 不过,行列式是从特殊的线性方程组,即未知数个数与方程的个数相等,而且只有唯一解的方程组引出来. 而矩阵是从最一般的线性方程组引出来的,所以矩阵比行列式的应用广泛得多;因而,矩阵是高等数学各个分支不可缺少的工具.

一、问题的引入

例 1 月生产 5 种产品,各种产品季度产值（单位：万元）如下表:

应用数学（第二版）

季度 产值	产品				
	1	2	3	4	5
1	80	58	75	78	64
2	98	70	85	84	76
3	90	75	90	90	80
4	88	70	82	80	76

这个排成 4 行 5 列的产值阵列 $\begin{pmatrix} 80 & 58 & 75 & 78 & 64 \\ 98 & 70 & 85 & 84 & 76 \\ 90 & 75 & 90 & 90 & 80 \\ 88 & 70 & 82 & 80 & 76 \end{pmatrix}$.

具体描述了这家企业各种产品各季度的产值，同时也揭示了产值随季节变化规律的季增长率及年产量等情况.

又如，平面解析几何中平面直角变换公式为：$\begin{cases} x = x'\cos\theta - y'\sin\theta \\ y = x'\sin\theta + y'\cos\theta \end{cases}$ 可表示为：

$$\begin{pmatrix} x \\ y \end{pmatrix} = \begin{pmatrix} \cos\theta & -\sin\theta \\ \sin\theta & \cos\theta \end{pmatrix}\begin{pmatrix} x' \\ y' \end{pmatrix}.$$

二、矩阵的概念

在线性方程组 $\begin{cases} a_{11}x_1 + a_{12}x_2 + \cdots + a_{1n}x_n = b_1 \\ a_{21}x_1 + a_{22}x_2 + \cdots + a_{2n}x_n = b_2 \\ \cdots\cdots\cdots\cdots\cdots\cdots\cdots\cdots\cdots \\ a_{m1}x_1 + a_{m2}x_2 + \cdots + a_{mn}x_n = b_m \end{cases}$ 中，把未知量的系数按其在

线性方程组中原来的位置顺序排成一个矩形数表 $\begin{pmatrix} a_{11} & a_{12} & \cdots & a_{1n} \\ a_{21} & a_{22} & \cdots & a_{2n} \\ \cdots & \cdots & \cdots & \cdots \\ a_{m1} & a_{m2} & \cdots & a_{mn} \end{pmatrix}$，对于这

样的数表，给出以下定义.

定义 1 由 $m \times n$ 个数排成的 m 行 n 列的数表

$$\begin{pmatrix} a_{11} & a_{12} & \cdots & a_{1n} \\ a_{21} & a_{22} & \cdots & a_{2n} \\ \cdots & \cdots & \cdots & \cdots \\ a_{m1} & a_{m2} & \cdots & a_{mn} \end{pmatrix}$$

称为 m 行 n 列矩阵，简称为 $m \times n$ 矩阵. 矩阵常用大写字母 A，B，C，$\cdots$ 表示. 例如上述矩阵可以记作 A 或 $A_{m \times n}$，有时也简记为：$A = (a_{ij})_{m \times n}$.

其中 a_{ij} 称为矩阵 A 第 i 行第 j 列的元素.

在以后的讨论中还会经常用到几种特殊的矩阵，下面分别给出它们的名称：

（1）方阵　当 $m = n$ 时，矩阵 A 称为 n 阶方阵.

（2）列矩阵　当 $n = 1$ 时，矩阵 A 只有一列，称为列矩阵. $A = \begin{pmatrix} a_{11} \\ a_{21} \\ \cdots \\ a_{m1} \end{pmatrix}$.

（3）行矩阵　当 $m = 1$ 时，矩阵 A 只有一行，称为行矩阵. $A = (a_{11} \quad a_{12} \quad \cdots \quad a_{1n})$.

（4）零矩阵　元素都是零的矩阵称为零矩阵，记作 $O_{m \times n}$ 或 O.

例如　$O_{3 \times 5} = \begin{pmatrix} 0 & 0 & 0 & 0 & 0 \\ 0 & 0 & 0 & 0 & 0 \\ 0 & 0 & 0 & 0 & 0 \end{pmatrix}$.

（5）对角矩阵　一个 n 阶方阵从左上角到右下角的对角线称为主对角线. 如果一个方阵主对角线以外的元素都为零，则这个方阵称为对角方阵，即

$$\begin{pmatrix} a_{11} & 0 & \cdots & 0 \\ 0 & a_{22} & \cdots & 0 \\ \cdots & \cdots & \cdots & \cdots \\ 0 & 0 & \cdots & a_{nn} \end{pmatrix}.$$

（6）单位矩阵　主对角线上的元素都为 1 的对角方阵称为单位矩阵，记为 I. 即

$$I = \begin{pmatrix} 1 & 0 & \cdots & 0 \\ 0 & 1 & \cdots & 0 \\ \cdots & \cdots & \cdots & \cdots \\ 0 & 0 & \cdots & 1 \end{pmatrix}.$$

（7）主对角线以下的元素都是零的方阵，称为上三角矩阵.

$$\begin{pmatrix} a_{11} & a_{12} & \cdots & a_{1n} \\ 0 & a_{22} & \cdots & a_{2n} \\ \vdots & \vdots & \ddots & \vdots \\ 0 & 0 & \cdots & a_{nn} \end{pmatrix}$$

（8）主对角线以上的元素都是零的方阵，称为下三角矩阵.

$$\begin{pmatrix} a_{11} & 0 & \cdots & 0 \\ a_{21} & a_{22} & \cdots & 0 \\ \vdots & \vdots & \ddots & \vdots \\ a_{n1} & a_{n2} & \cdots & a_{nn} \end{pmatrix}.$$

（9）转置矩阵　把矩阵 A 的行和列按顺序互换，所得到的矩阵称为 A 的转置矩阵，记作 A^T. 即

设 $A = \begin{pmatrix} a_{11} & a_{12} & \cdots & a_{1n} \\ a_{21} & a_{22} & \cdots & a_{2n} \\ \cdots & \cdots & \cdots & \cdots \\ a_{m1} & a_{m2} & \cdots & a_{mn} \end{pmatrix}$，则 $A^T = \begin{pmatrix} a_{11} & a_{21} & \cdots & a_{m1} \\ a_{12} & a_{22} & \cdots & a_{m2} \\ \cdots & \cdots & \cdots & \cdots \\ a_{1n} & a_{2n} & \cdots & a_{mn} \end{pmatrix}.$

例如，$A = \begin{pmatrix} 1 & 2 & 3 \\ 7 & 8 & 10 \end{pmatrix}$，则 $A^T = \begin{pmatrix} 1 & 7 \\ 2 & 8 \\ 3 & 10 \end{pmatrix}.$

三、矩阵的运算

1. 矩阵相等

定义 2　如果 $A = (a_{ij})$，$B = (b_{ij})$ 是两个 $m \times n$ 矩阵，且它们的对应元素都相等，即

$$a_{ij} = b_{ij} \quad (i = 1, 2, \cdots, m; \quad j = 1, 2, \cdots, n).$$

则称矩阵 A 与矩阵 B 相等. 记为：$A = B$.

2. 矩阵的加法与减法

定义 3　若 $A = (a_{ij})_{m \times n}$，$B = (b_{ij})_{m \times n}$. 则 $A \pm B = (a_{ij} \pm b_{ij})_{m \times n}$.

例如，$\begin{pmatrix} 1 & -2 & 3 \\ 2 & 0 & 1 \end{pmatrix} + \begin{pmatrix} -1 & 1 & 5 \\ 0 & 7 & -3 \end{pmatrix} = \begin{pmatrix} 0 & -1 & 8 \\ 2 & 7 & -2 \end{pmatrix}.$

矩阵的加法，满足以下规律：

（1）交换律：$A + B = B + A$；

（2）结合律：$(A + B) + C = A + (B + C)$. 其中 A，B，C 都是 m 行 n 列矩阵.

3. 数与矩阵相乘

定义 4　设 $k \in \mathbf{R}$，$A = (a_{ij})_{m \times n}$，则 $kA = Ak = (ka_{ij})_{m \times n}$.

$$kA = \begin{pmatrix} ka_{11} & ka_{12} & \cdots & ka_{1n} \\ ka_{21} & ka_{22} & \cdots & ka_{2n} \\ \cdots & \cdots & \cdots & \cdots \\ ka_{m1} & ka_{m2} & \cdots & ka_{mn} \end{pmatrix}.$$

例2 $A = \begin{pmatrix} 1 & 3 & -4 \\ 5 & -1 & 7 \end{pmatrix}$ ，求 $3A$.

解 $3A = 3 \begin{pmatrix} 1 & 3 & -4 \\ 5 & -1 & 7 \end{pmatrix} = \begin{pmatrix} 3 & 9 & -12 \\ 15 & -3 & 21 \end{pmatrix}$.

例3 已知： $A = \begin{pmatrix} 0 & 3 \\ 3 & 2 \\ 4 & -3 \end{pmatrix}$ ， $B = \begin{pmatrix} 0 & 2 \\ -2 & 0 \\ 4 & -2 \end{pmatrix}$ ，求： $A + \dfrac{1}{2}B$.

解 $A + \dfrac{1}{2}B = \begin{pmatrix} 0 & 3 \\ 3 & 2 \\ 4 & -3 \end{pmatrix} + \dfrac{1}{2} \begin{pmatrix} 0 & 2 \\ -2 & 0 \\ 4 & -2 \end{pmatrix} = \begin{pmatrix} 0 & 3 \\ 3 & 2 \\ 4 & -3 \end{pmatrix} + \begin{pmatrix} 0 & 1 \\ -1 & 0 \\ 2 & -1 \end{pmatrix} = \begin{pmatrix} 0 & 4 \\ 2 & 2 \\ 6 & -4 \end{pmatrix}$.

数与矩阵的乘法，满足以下规律：

（1）分配律： $k(A+B) = kA + kB$ 　　　 $(k+l)A = kA + lA$.

（2）结合律： $k(lA) = (kl)A$. 其中 A ， B 都是 m 行 n 列矩阵， k ， l 为任意常数.

4. 矩阵的乘法

设 $A = \begin{pmatrix} a_{11} & a_{12} & a_{13} \\ a_{21} & a_{22} & a_{23} \\ a_{31} & a_{32} & a_{33} \end{pmatrix}$ ， $B = \begin{pmatrix} b_{11} & b_{12} \\ b_{21} & b_{22} \\ b_{31} & b_{32} \end{pmatrix}$ ，

规定： $AB = C = (c_{ij})_{3 \times 2} = \begin{pmatrix} c_{11} & c_{12} \\ c_{21} & c_{22} \\ c_{31} & c_{32} \end{pmatrix}$.

$c_{11} = a_{11}b_{11} + a_{12}b_{21} + a_{13}b_{31}$ ， $c_{12} = a_{11}b_{12} + a_{12}b_{22} + a_{13}b_{32}$ ，

$c_{21} = a_{21}b_{11} + a_{22}b_{21} + a_{23}b_{31}$ ， $c_{22} = a_{21}b_{12} + a_{22}b_{22} + a_{23}b_{32}$ ，

$c_{31} = a_{31}b_{11} + a_{32}b_{21} + a_{33}b_{31}$ ， $c_{32} = a_{31}b_{12} + a_{32}b_{22} + a_{33}b_{32}$.

$$AB = \begin{pmatrix} a_{11}b_{11} + a_{12}b_{21} + a_{13}b_{31} & a_{11}b_{12} + a_{12}b_{22} + a_{13}b_{32} \\ a_{21}b_{11} + a_{22}b_{21} + a_{23}b_{31} & a_{21}b_{12} + a_{22}b_{22} + a_{23}b_{32} \\ a_{31}b_{11} + a_{32}b_{21} + a_{33}b_{31} & a_{31}b_{12} + a_{32}b_{22} + a_{33}b_{32} \end{pmatrix}$$.

定义5 设矩阵 $A = (a_{ip})_{m \times s}$ 　 $B = (b_{pj})_{s \times n}$ ，则

$$AB = (c_{ij})_{m \times n} = \left(\sum_{p=1}^{s} a_{ip} b_{pj} \right)_{m \times n} . \quad 即 \ A_{m \times s} B_{s \times n} = C_{m \times n} .$$

从定义可以看出，两矩阵相乘应注意下述问题：

（1）只有当矩阵 A （左矩阵）的列数等于矩阵 B （右矩阵）的行数时， A

与 B 才能相乘；

（2）两矩阵的乘积仍是一个矩阵，它的行数等于左矩阵的行数，它的列数等于右矩阵的列数.

矩阵乘法满足以下规律：

（1）结合律：$(AB)C = A(BC)$，$k(AB) = (kA)B = A(kB)$；

（2）分配律：$A(B+C) = AB + AC$，$(B+C)A = BA + CA$.

其中 A, B, C 均为矩阵，k 为常数.

注 矩阵的乘法不满足交换律.

例4 设矩阵 $A = \begin{pmatrix} 2 & -1 \\ -4 & 0 \\ 3 & 5 \end{pmatrix}$，$B = \begin{pmatrix} 9 & -8 \\ -7 & 10 \end{pmatrix}$，求 AB.

解 $AB = \begin{pmatrix} 2 & -1 \\ -4 & 0 \\ 3 & 5 \end{pmatrix} \begin{pmatrix} 9 & -8 \\ -7 & 10 \end{pmatrix}$

$$= \begin{pmatrix} 2\times 9+(-1)\times(-7) & 2\times(-8)+(-1)\times 10 \\ -4\times 9+0\times(-7) & -4\times(-8)+0\times 10 \\ 3\times 9+5\times(-7) & 3\times(-8)+5\times 10 \end{pmatrix} = \begin{pmatrix} 25 & -26 \\ -36 & 32 \\ -8 & 26 \end{pmatrix}.$$

例5 已知 $A = \begin{pmatrix} 2 & -3 & -1 \\ 3 & 2 & 5 \end{pmatrix}$，$B = \begin{pmatrix} 1 & 2 \\ -5 & 1 \\ 3 & -1 \end{pmatrix}$，求 AB 和 BA.

解 $AB = \begin{pmatrix} 2 & -3 & -1 \\ 3 & 2 & 5 \end{pmatrix} \begin{pmatrix} 1 & 2 \\ -5 & 1 \\ 3 & -1 \end{pmatrix}$

$$= \begin{pmatrix} 2\times 1+(-3)\times(-5)+(-1)\times 3 & 2\times 2+(-3)\times 1+(-1)\times(-1) \\ 3\times 1+2\times(-5)+5\times 3 & 3\times 2+2\times 1+5\times(-1) \end{pmatrix}$$

$$= \begin{pmatrix} 14 & 2 \\ 8 & 3 \end{pmatrix};$$

$$BA = \begin{pmatrix} 1 & 2 \\ -5 & 1 \\ 3 & -1 \end{pmatrix} \begin{pmatrix} 2 & -3 & -1 \\ 3 & 2 & 5 \end{pmatrix}$$

$$= \begin{pmatrix} 1\times 2+2\times 3 & 1\times(-3)+2\times 2 & 1\times(-1)+2\times 5 \\ -5\times 2+1\times 3 & -5\times(-3)+1\times 2 & -5\times(-1)+1\times 5 \\ 3\times 2+(-1)\times 3 & 3\times(-3)+(-1)\times 2 & 3\times(-1)+(-1)\times 5 \end{pmatrix}$$

$$= \begin{pmatrix} 8 & 1 & 9 \\ -7 & 17 & 10 \\ 3 & -11 & -8 \end{pmatrix}.$$

由以上两例可知，矩阵与矩阵相乘不满足交换律，就是说，在一般情况下 $AB \neq BA$.

例6 求 $\begin{pmatrix} 2 & 1 \\ 4 & 2 \end{pmatrix} \begin{pmatrix} 1 & -2 \\ -2 & 4 \end{pmatrix}$.

解 $\begin{pmatrix} 2 & 1 \\ 4 & 2 \end{pmatrix} \begin{pmatrix} 1 & -2 \\ -2 & 4 \end{pmatrix} = \begin{pmatrix} 0 & 0 \\ 0 & 0 \end{pmatrix} = O_{2 \times 2}$.

上例说明两个非零矩阵的乘积可能是零矩阵，这种现象在数的乘法运算中是不可能出现的.

例7 已知：$A = \begin{pmatrix} 1 & 3 & 2 \\ 3 & 0 & 6 \end{pmatrix}$，$B = \begin{pmatrix} 0 & 3 \\ 2 & 0 \\ 0 & 5 \end{pmatrix}$，$C = \begin{pmatrix} 0 & 5 \\ 2 & 0 \\ 0 & 4 \end{pmatrix}$，求 AB 和 AC.

解 $AB = \begin{pmatrix} 1 & 3 & 2 \\ 3 & 0 & 6 \end{pmatrix} \begin{pmatrix} 0 & 3 \\ 2 & 0 \\ 0 & 5 \end{pmatrix} = \begin{pmatrix} 6 & 13 \\ 0 & 39 \end{pmatrix}$；

$AC = \begin{pmatrix} 1 & 3 & 2 \\ 3 & 0 & 6 \end{pmatrix} \begin{pmatrix} 0 & 5 \\ 2 & 0 \\ 0 & 4 \end{pmatrix} = \begin{pmatrix} 6 & 13 \\ 0 & 39 \end{pmatrix}$.

说明，若 $AB = AC$，一般地 $B \neq C$，即矩阵乘法不满足消去律.

例8 已知 $A = \begin{pmatrix} a_{11} & a_{12} & a_{13} \\ a_{21} & a_{22} & a_{23} \\ a_{31} & a_{32} & a_{33} \end{pmatrix}$，$I = \begin{pmatrix} 1 & 0 & 0 \\ 0 & 1 & 0 \\ 0 & 0 & 1 \end{pmatrix}$，求：$IA$ 和 AI.

解 $AI = \begin{pmatrix} a_{11} & a_{12} & a_{13} \\ a_{21} & a_{22} & a_{23} \\ a_{31} & a_{32} & a_{33} \end{pmatrix} \begin{pmatrix} 1 & 0 & 0 \\ 0 & 1 & 0 \\ 0 & 0 & 1 \end{pmatrix} = \begin{pmatrix} a_{11} & a_{12} & a_{13} \\ a_{21} & a_{22} & a_{23} \\ a_{31} & a_{32} & a_{33} \end{pmatrix}$；

$IA = \begin{pmatrix} 1 & 0 & 0 \\ 0 & 1 & 0 \\ 0 & 0 & 1 \end{pmatrix} \begin{pmatrix} a_{11} & a_{12} & a_{13} \\ a_{21} & a_{22} & a_{23} \\ a_{31} & a_{32} & a_{33} \end{pmatrix} = \begin{pmatrix} a_{11} & a_{12} & a_{13} \\ a_{21} & a_{22} & a_{23} \\ a_{31} & a_{32} & a_{33} \end{pmatrix}$.

由此例可知，单位矩阵 I 在矩阵乘法中所起的作用与数的乘法中数 1 所起的作用相类似.

由以上几个例题可以看出，矩阵与矩阵相乘的运算与实数的乘法运算有类似的地方，也有差别很大的地方．矩阵与矩阵相乘时，必须按定义和所满足的规律去乘，不要与实数乘法混淆，否则会出现错误．

四、用矩阵表示线性方程组

利用矩阵的乘法和矩阵相等的含义，可以把线性方程组写成矩阵形式，

二元一次方程组 $\begin{cases} 3x_1 + 2x_2 = 12 \\ x_1 - 3x_2 = -7 \end{cases}$ ． （1）

设 $A = \begin{pmatrix} 3 & 2 \\ 1 & -3 \end{pmatrix}$，$X = \begin{pmatrix} x_1 \\ x_2 \end{pmatrix}$，$B = \begin{pmatrix} 12 \\ -7 \end{pmatrix}$．

则方程组（1）可写成：$AX = B$．

一般地，设有 n 个未知数 m 个方程的线性方程组：

$$\begin{cases} a_{11}x_1 + a_{12}x_2 + \cdots + a_{1n}x_n = b_1 \\ a_{21}x_1 + a_{22}x_2 + \cdots + a_{2n}x_n = b_2 \\ \cdots\cdots\cdots\cdots\cdots\cdots\cdots\cdots\cdots\cdots \\ a_{m1}x_1 + a_{m2}x_2 + \cdots + a_{mn}x_n = b_m \end{cases} . \qquad (2)$$

设 $A = \begin{pmatrix} a_{11} & a_{12} & \cdots & a_{1n} \\ a_{21} & a_{22} & \cdots & a_{2n} \\ \cdots & \cdots & \cdots & \cdots \\ a_{m1} & a_{m2} & \cdots & a_{mn} \end{pmatrix}$，$X = \begin{pmatrix} x_1 \\ x_2 \\ \vdots \\ x_n \end{pmatrix}$，$B = \begin{pmatrix} b_1 \\ b_2 \\ \vdots \\ b_m \end{pmatrix}$．

则方程组（2）可写成：$AX = B$．

方程 $AX = B$ 是线性方程组的矩阵表达式，叫做矩阵方程，其中 A 叫做方程组（2）的系数矩阵，X 叫做未知数矩阵，B 叫做常数项矩阵．

由方程组（2）中系数与常数组成的矩阵：$\begin{pmatrix} a_{11} & a_{12} & \cdots & a_{1n} & b_1 \\ a_{21} & a_{22} & \cdots & a_{2n} & b_2 \\ \cdots & \cdots & \cdots & \cdots & \cdots \\ a_{m1} & a_{m2} & \cdots & a_{mn} & b_m \end{pmatrix}$，

称为增广矩阵，记作 $\overline{A}$．

因为线性方程组是由它的系数和常数项确定的，所以用增广矩阵 $\overline{A}$ 可清楚地表示一个线性方程组．

当方程组（2）的常数项 $b_1 = b_2 = \cdots = b_n = 0$ 时，称为齐次线性方程组，齐次线性方程组的矩阵表示形式为 $AX = O$．其中 $O = \begin{pmatrix} 0 & 0 & \cdots & 0 \end{pmatrix}^T$．

例 9　利用矩阵乘法表示线性方程组：$\begin{cases} x_1 + 2x_2 + 3x_3 + 4x_4 = 1 \\ 4x_1 + x_2 + 2x_3 + 3x_4 = 2 \\ 3x_1 + 4x_2 + x_3 + 2x_4 = 2 \\ 2x_1 + 3x_2 + 4x_3 + x_4 = 1 \end{cases}$.

解　设 $A = \begin{pmatrix} 1 & 2 & 3 & 4 \\ 4 & 1 & 2 & 3 \\ 3 & 4 & 1 & 2 \\ 2 & 3 & 4 & 1 \end{pmatrix}$, $X = \begin{pmatrix} x_1 \\ x_2 \\ x_3 \\ x_4 \end{pmatrix}$, $B = \begin{pmatrix} 1 \\ 2 \\ 2 \\ 1 \end{pmatrix}$.

因为 $AX = B$，所以方程组可表示为：$\begin{pmatrix} 1 & 2 & 3 & 4 \\ 4 & 1 & 2 & 3 \\ 3 & 4 & 1 & 2 \\ 2 & 3 & 4 & 1 \end{pmatrix} \begin{pmatrix} x_1 \\ x_2 \\ x_3 \\ x_4 \end{pmatrix} = \begin{pmatrix} 1 \\ 2 \\ 2 \\ 1 \end{pmatrix}$.

习题 8-4

1. 设矩阵 $A = \begin{pmatrix} -3 & 1 & 41 & b \\ -1 & a & 30 & -13 \end{pmatrix}$, $B = \begin{pmatrix} c & 1 & 41 & 3 \\ -1 & 0 & d & -13 \end{pmatrix}$,

且 $A = B$，求元素 a, b, c, d 的数值.

2. 设 $A = \begin{pmatrix} 3 & 2 & 7 \\ 1 & 3 & 1 \\ 4 & 5 & -1 \end{pmatrix}$, $B = \begin{pmatrix} 4 & 3 & 7 \\ 1 & 8 & 1 \\ 6 & 7 & -5 \end{pmatrix}$.

扫码查答案

求：$A + B$，$B - A$，$3A + 2B$ 及 $3A - 2B$.

3. 计算下列乘积：

（1）$\begin{pmatrix} 2 & 3 & 1 \\ 1 & 5 & 7 \end{pmatrix} \begin{pmatrix} 2 & 0 \\ 3 & 1 \\ 1 & 0 \end{pmatrix}$;　　　　（2）$\begin{pmatrix} 2 & 0 \\ 3 & 1 \\ 1 & 0 \end{pmatrix} \begin{pmatrix} 2 & 3 & 1 \\ 1 & 5 & 7 \end{pmatrix}$;

（3）$(1 \quad 2 \quad 3) \begin{pmatrix} 3 \\ 2 \\ 1 \end{pmatrix}$;　　　　　（4）$\begin{pmatrix} 1 \\ 2 \\ 3 \end{pmatrix} (-1 \quad -2)$;

（5）$\begin{pmatrix} 6 & 2 \\ 3 & 1 \end{pmatrix} \begin{pmatrix} 1 & -2 \\ -2 & 4 \end{pmatrix}$;　　　　（6）$\begin{pmatrix} 1 & -2 \\ -2 & 4 \end{pmatrix} \begin{pmatrix} 6 & 2 \\ 3 & 1 \end{pmatrix}$.

4. 设：$A = \begin{pmatrix} 1 & 2 & -1 \\ 2 & 3 & 2 \\ -1 & 0 & 2 \end{pmatrix}$, $B = \begin{pmatrix} 0 & 1 & 2 \\ 2 & -1 & 0 \\ -1 & -1 & 3 \end{pmatrix}$,

求：A^T，B^T，$A^T + B^T$，$A^T \cdot B^T$，$(A^T)^2$.

5. 对于下列各组矩阵 A 和 B，验证 $AB=BA=I$.

（1）$A=\begin{pmatrix} 1 & 2 & -3 \\ 0 & 1 & 2 \\ 0 & 0 & 1 \end{pmatrix}$，$B=\begin{pmatrix} 1 & -2 & 7 \\ 0 & 1 & -2 \\ 0 & 0 & 1 \end{pmatrix}$；

（2）$A=\begin{pmatrix} \cos\theta & \sin\theta \\ -\sin\theta & \cos\theta \end{pmatrix}$，$B=A^T$.

§8-5 矩阵的初等变换、矩阵的秩

一、矩阵的初等变换

矩阵的初等变换是矩阵的一种十分重要的运算，它在解线性方程组中起到重要的作用. 为了引进矩阵的初等变换，先来分析用消元法解线性方程组.

例 1 求解线性方程组（Ⅱ）$\begin{cases} x_1 + 2x_2 + 3x_3 = -7 & (1) \\ 2x_1 - x_2 + 2x_3 = -8 & (2) \\ x_1 + 3x_2 = 7 & (3) \end{cases}$.

解

$$(\text{Ⅱ}) \xrightarrow[\substack{(2)\ -2(1) \\ (3)\ -\ (1)}]{} \begin{cases} x_1 + 2x_2 + 3x_3 = -7 & (1) \\ -5x_2 - 4x_3 = 6 & (2) \\ x_2 - 3x_3 = 14 & (3) \end{cases}$$

$$\xrightarrow[(2)\longleftrightarrow(3)]{} \begin{cases} x_1 + 2x_2 + 3x_3 = -7 & (1) \\ x_2 - 3x_3 = 14 & (2) \\ -5x_2 - 4x_3 = 6 & (3) \end{cases}$$

$$\xrightarrow[(3)+5(2)]{} \begin{cases} x_1 + 2x_2 + 3x_3 = -7 & (1) \\ x_2 - 3x_3 = 14 & (2) \\ -19x_3 = 76 & (3) \end{cases}$$

$$\xrightarrow[-\frac{1}{19}(3)]{} \begin{cases} x_1 + 2x_2 + 3x_3 = -7 & (1) \\ x_2 - 3x_3 = 14 & (2) \\ x_3 = -4 & (3) \end{cases}$$

$$\xrightarrow[\substack{(1)\ -3(3) \\ (2)+3(3)}]{} \begin{cases} x_1 + 2x_2 = 5 & (1) \\ x_2 = 2 & (2) \\ x_3 = -4 & (3) \end{cases} \xrightarrow[(1)-2(2)]{} \begin{cases} x_1 = 1 & (1) \\ x_2 = 2 & (2) \\ x_3 = -4 & (3) \end{cases}.$$

以上用消元法解线性方程组时，反复使用了三种变换：

（1）交换两个方程的相对位置；

（2）以不等于零的数乘某个方程；

（3）用一个常数 k 乘一个方程加到另一个方程上去.

这三种变换都是方程组的同解变换，所以最后求得的解是方程组的全部解.

另外从解题的过程可以看到，在消元过程中，方程的未知数都不参加运算，参与运算的只是方程组中未知数的系数和常数项，这说明在解线性方程组的过程中，方程的变换就是它的增广矩阵的行的变换. 把方程组的上述三种同解变换移植到矩阵上，就得到矩阵的三种初等变换.

定义 1 下面三种变换称为矩阵的初等行变换：

（1）对调两行（对调 i, j 两行，记作 $r_i \leftrightarrow r_j$ ）；

（2）以数 $k \neq 0$ 乘某一行中的所有元素（第 i 行乘 k，记作 $r_i \times k$ ）；

（3）把某一行所有元素的 k 倍加到另一行对应的元素上去（第 j 行的 k 倍加到第 i 行上，记作 $r_i + kr_j$ ）.

下面用矩阵的初等行变换来解方程组（Ⅱ），其过程可与方程组（Ⅱ）的消元过程一一对照：

$$\overline{A}=\begin{pmatrix} 1 & 2 & 3 & -7 \\ 2 & -1 & 2 & -8 \\ 1 & 3 & 0 & 7 \end{pmatrix}$$

$$\xrightarrow[r_3-r_1]{r_2-2r_1} \begin{pmatrix} 1 & 2 & 3 & -7 \\ 0 & -5 & -4 & 6 \\ 0 & 1 & -3 & 14 \end{pmatrix} \xrightarrow{r_2 \leftrightarrow r_3} \begin{pmatrix} 1 & 2 & 3 & -7 \\ 0 & 1 & -3 & 14 \\ 0 & -5 & -4 & 6 \end{pmatrix}$$

$$\xrightarrow{r_2+5r_2} \begin{pmatrix} 1 & 2 & 3 & -7 \\ 0 & 1 & -3 & 14 \\ 0 & 0 & -19 & 76 \end{pmatrix} \xrightarrow{-\frac{1}{19}r_3} \begin{pmatrix} 1 & 2 & 3 & -7 \\ 0 & 1 & -3 & 14 \\ 0 & 0 & 1 & -4 \end{pmatrix}$$

$$\xrightarrow[r_2+3r_3]{r_1-3r_3} \begin{pmatrix} 1 & 2 & 0 & 5 \\ 0 & 1 & 0 & 2 \\ 0 & 0 & 1 & -4 \end{pmatrix} \xrightarrow{r_1-2r_2} \begin{pmatrix} 1 & 0 & 0 & 1 \\ 0 & 1 & 0 & 2 \\ 0 & 0 & 1 & -4 \end{pmatrix}.$$

由此得到方程组的解为：$\begin{cases} x_1 = 1 \\ x_2 = 2 \\ x_3 = -4 \end{cases}$.

例2 用初等变换解线性方程组：$\begin{cases} x_1 + 2x_2 + 3x_3 = 3 \\ 2x_1 + 5x_2 + 7x_3 = 6 \\ 3x_1 + 7x_2 + 8x_3 = 5 \end{cases}$.

解 对方程组的增广矩阵 $\overline{A}$ 进行初等行变换：

$$\overline{A} = \begin{pmatrix} 1 & 2 & 3 & 3 \\ 2 & 5 & 7 & 6 \\ 3 & 7 & 8 & 5 \end{pmatrix} \xrightarrow[r_3-3r_1]{r_2-2r_1} \begin{pmatrix} 1 & 2 & 3 & 3 \\ 0 & 1 & 1 & 0 \\ 0 & 1 & -1 & -4 \end{pmatrix}$$

$$\xrightarrow[r_3-r_2]{r_1-2r_2} \begin{pmatrix} 1 & 0 & 1 & 3 \\ 0 & 1 & 1 & 0 \\ 0 & 0 & -2 & -4 \end{pmatrix} \xrightarrow{-\frac{1}{2}r_3} \begin{pmatrix} 1 & 0 & 1 & 3 \\ 0 & 1 & 1 & 0 \\ 0 & 0 & 1 & 2 \end{pmatrix}$$

$$\xrightarrow[r_2-r_3]{r_1-r_3} \begin{pmatrix} 1 & 0 & 0 & 1 \\ 0 & 1 & 0 & -2 \\ 0 & 0 & 1 & 2 \end{pmatrix}.$$

故方程组的解为：$\begin{cases} x_1 = 1 \\ x_2 = -2 \\ x_3 = 2 \end{cases}$.

本章节中所解的线性方程组都是未知数的个数与方程的个数相同的线性方程组，当系数行列式不为零时，方程组有唯一解．此时有三种解法：

（1）利用克莱姆法则；

（2）利用逆矩阵（下一节介绍）；

（3）利用矩阵的初等行变换．

一般线性方程组的未知数的个数与方程个数可能相等，也可能不相等，当未知数的个数与方程个数不相等或方程组的系数行列式为零时，不能用克莱姆法则或逆矩阵来解线性方程组．当用矩阵的初等行变换来解时，又会遇到一些以前未遇到过的问题．因此，为了进一步讨论线性方程组的求解问题，有必要引进矩阵秩的概念．

二、矩阵的秩

定义2 在 $m \times n$ 阶矩阵中，任取 k 行 k 列，位于这些行与列的交点上的元素所构成的 k 阶行列式，称为矩阵 A 的一个 k 阶子式，其中 $k \leqslant \min(m,n)$．

定义3 如果在矩阵 A 中有一个不等于 0 的 r 阶子式 D，且所有 $r+1$ 阶子式（如果存在）全等于 0，则称 D 为 A 的最高阶非零子式，数 r 称为矩阵 A 的秩，记为 $R(A)$，并规定零矩阵的秩等于 0．记为：$R(A) = r$．

根据定义可知，求一个矩阵的秩时，对于一个非零矩阵，一般来说可以从二阶子式开始逐一计算．若它所有二阶子式都为零，则矩阵的秩为1，若找到一个不为零的二阶子式，就继续计算它的三阶子式，若所有三阶子式都为零，则矩阵的秩为2，若找到了一个不为零的三阶子式，就继续计算它的四阶子式，直到求出矩阵的秩为止．

例3 求矩阵 $A = \begin{pmatrix} 3 & 2 & 0 & -1 \\ 1 & 2 & -1 & 2 \\ 4 & 4 & -1 & 1 \end{pmatrix}$ 的秩．

解 计算它的二阶子式，因为 $\begin{vmatrix} 3 & 2 \\ 1 & 2 \end{vmatrix} \neq 0$．

所以继续计算它的三阶子式，经计算它的四个三阶子式均为零，即

$$\begin{vmatrix} 3 & 2 & 0 \\ 1 & 2 & -1 \\ 4 & 4 & -1 \end{vmatrix} = 0, \quad \begin{vmatrix} 3 & 2 & -1 \\ 1 & 2 & 2 \\ 4 & 4 & 1 \end{vmatrix} = 0, \quad \begin{vmatrix} 3 & 0 & -1 \\ 1 & -1 & 2 \\ 4 & -1 & 1 \end{vmatrix} = 0, \quad \begin{vmatrix} 2 & 0 & -1 \\ 2 & -1 & 2 \\ 4 & -1 & 1 \end{vmatrix} = 0,$$

所以矩阵 A 的秩 $R(A) = 2$．

如果矩阵的行或列数较大，则求矩阵的秩将很麻烦，计算量很大．

例4 求矩阵 $A = \begin{pmatrix} 1 & 2 & 3 & 4 & 5 \\ 0 & 2 & 3 & 4 & 5 \\ 0 & 0 & 3 & 4 & 5 \\ 0 & 0 & 0 & 0 & 0 \end{pmatrix}$ 的秩．

解 容易算出 A 有三阶子式 $\begin{vmatrix} 1 & 2 & 3 \\ 0 & 2 & 3 \\ 0 & 0 & 3 \end{vmatrix} = 1 \times 2 \times 3 = 6 \neq 0$．

而 A 的每一个四阶子式的第四行都为零，所以 A 的所有四阶子式都等于零，矩阵 A 的秩 $R(A) = 3$．

从例3看到，用定义计算一个矩阵的秩需计算很多行列式，矩阵的行数、列数越多，计算量越大．从例4可以看出，矩阵 A 的秩很方便就可求得，同时，注意到 A 是一个阶梯矩阵，其秩等于其非零行数，所以一般的有下面的定理：

定理1 行阶梯形矩阵的秩等于其非零行的行数．

定理2 矩阵经过初等行变换后，其秩不变．

根据这一定理，求矩阵的秩的步骤为：①通过初等行变换变成行阶梯形矩阵；②确定行阶梯形矩阵中非零行的个数；③非零行的个数为该矩阵的秩．

例5 设矩阵 $A = \begin{pmatrix} 1 & 2 & 0 & 0 & 1 \\ 1 & 11 & 3 & 6 & 16 \\ 0 & 6 & 2 & 4 & 10 \\ 1 & -19 & -7 & -14 & -34 \end{pmatrix}$，求矩阵的秩.

解 $A = \begin{pmatrix} 1 & 2 & 0 & 0 & 1 \\ 1 & 11 & 3 & 6 & 16 \\ 0 & 6 & 2 & 4 & 10 \\ 1 & -19 & -7 & -14 & -34 \end{pmatrix} \xrightarrow[r_4-r_1]{r_2-r_1} \begin{pmatrix} 1 & 2 & 0 & 0 & 1 \\ 0 & 9 & 3 & 6 & 15 \\ 0 & 6 & 2 & 4 & 10 \\ 0 & -21 & -7 & -14 & -35 \end{pmatrix}$

$\xrightarrow[r_4+\frac{7}{3}r_2]{r_3-\frac{2}{3}r_2} \begin{pmatrix} 1 & 2 & 0 & 0 & 1 \\ 0 & 9 & 3 & 6 & 15 \\ 0 & 0 & 0 & 0 & 0 \\ 0 & 0 & 0 & 0 & 0 \end{pmatrix}$，$R(A) = 2$.

例6 求矩阵 $A = \begin{pmatrix} 1 & 3 & 2 \\ -2 & -1 & 1 \\ 2 & -1 & -3 \\ 3 & 5 & 4 \\ 1 & -3 & -2 \end{pmatrix}$ 的秩.

解 $A = \begin{pmatrix} 1 & 3 & 2 \\ -2 & -1 & 1 \\ 2 & -1 & -3 \\ 3 & 5 & 4 \\ 1 & -3 & -2 \end{pmatrix} \xrightarrow[\substack{r_4-3r_1 \\ r_5-r_1}]{\substack{r_2+2r_1 \\ r_3-2r_1}} \begin{pmatrix} 1 & 3 & 2 \\ 0 & 5 & 5 \\ 0 & -7 & -7 \\ 0 & -4 & -2 \\ 0 & -6 & -4 \end{pmatrix} \xrightarrow[\frac{1}{7}r_3]{\frac{1}{5}r_2} \begin{pmatrix} 1 & 3 & 2 \\ 0 & 1 & 1 \\ 0 & -1 & -1 \\ 0 & -4 & -2 \\ 0 & -6 & -4 \end{pmatrix}$

$\xrightarrow[\substack{r_4+4r_2 \\ r_5+6r_2}]{r_3+r_2} \begin{pmatrix} 1 & 3 & 2 \\ 0 & 1 & 1 \\ 0 & 0 & 0 \\ 0 & 0 & 2 \\ 0 & 0 & 2 \end{pmatrix} \xrightarrow[r_4-r_5]{r_3 \leftrightarrow r_5} \begin{pmatrix} 1 & 3 & 2 \\ 0 & 1 & 1 \\ 0 & 0 & 2 \\ 0 & 0 & 0 \\ 0 & 0 & 0 \end{pmatrix}$，

$R(A) = 3$.

习题 8-5

1. 求下列矩阵的秩：

扫码查答案

（1）$A = \begin{pmatrix} 1 & 2 & 3 \\ -1 & -3 & 4 \\ 1 & 1 & -2 \end{pmatrix}$;   （2） $A = \begin{pmatrix} 2 & 0 & 2 & 2 \\ 0 & 1 & 0 & 0 \\ 2 & 1 & 0 & 1 \\ 0 & 1 & 0 & 0 \end{pmatrix}$;

（3） $A = \begin{pmatrix} 1 & 0 & 0 & 1 & 4 \\ 0 & 1 & 0 & 2 & 5 \\ 0 & 0 & 1 & 3 & 0 \\ 1 & 2 & 3 & 14 & 32 \\ 4 & 5 & 6 & 32 & 27 \end{pmatrix}$.

2．解线性方程组：

$$\begin{cases} 2x_1 - 3x_2 + x_3 - x_4 = 3 \\ 3x_1 + x_2 + x_3 + x_4 = 0 \\ 4x_1 - x_2 - x_3 - x_4 = 7 \\ -2x_1 - x_2 + x_3 + x_4 = -5 \end{cases}.$$

§8-6　矩阵的逆

一、逆矩阵的定义

定义 1　设 A 为 n 阶方阵，如果存在一个 n 阶方阵 B，使得 $AB=BA=I$，那么方阵 B 叫做方阵 A 的逆矩阵，记做 A^{-1}．显然 $AA^{-1}=A^{-1}A=I$，

如果 A 有逆矩阵，则称 A 是可逆的．

可逆矩阵有以下性质：

（1）若 A 有逆矩阵，则其逆矩阵是唯一的；

（2）A 的逆矩阵的逆矩阵就是 A，即 $(A^{-1})^{-1} = A$．

例如，对于矩阵 $A = \begin{pmatrix} 2 & 1 & 1 \\ 1 & 0 & 2 \\ 3 & 1 & 2 \end{pmatrix}$，$C = \begin{pmatrix} -2 & -1 & 2 \\ 4 & 1 & -3 \\ 1 & 1 & -1 \end{pmatrix}$.

有　$AC = \begin{pmatrix} 2 & 1 & 1 \\ 1 & 0 & 2 \\ 3 & 1 & 2 \end{pmatrix} \begin{pmatrix} -2 & -1 & 2 \\ 4 & 1 & -3 \\ 1 & 1 & -1 \end{pmatrix} = \begin{pmatrix} 1 & 0 & 0 \\ 0 & 1 & 0 \\ 0 & 0 & 1 \end{pmatrix} = I$，

$CA = \begin{pmatrix} -2 & -1 & 2 \\ 4 & 1 & -3 \\ 1 & 1 & -1 \end{pmatrix} \begin{pmatrix} 2 & 1 & 1 \\ 1 & 0 & 2 \\ 3 & 1 & 2 \end{pmatrix} = \begin{pmatrix} 1 & 0 & 0 \\ 0 & 1 & 0 \\ 0 & 0 & 1 \end{pmatrix} = I$．

所以 A 是可逆的，C 是 A 的逆阵，即 $C = A^{-1} = \begin{pmatrix} -2 & -1 & 2 \\ 4 & 1 & -3 \\ 1 & 1 & -1 \end{pmatrix}$.

二、逆阵的求法

定义 2 设 n 阶方阵 $A = \begin{pmatrix} a_{11} & a_{12} & \cdots & a_{1n} \\ a_{21} & a_{22} & \cdots & a_{2n} \\ \cdots & \cdots & \cdots & \cdots \\ a_{n1} & a_{n2} & \cdots & a_{nn} \end{pmatrix}$，则 $\begin{vmatrix} a_{11} & a_{12} & \cdots & a_{1n} \\ a_{21} & a_{22} & \cdots & a_{2n} \\ \cdots & \cdots & \cdots & \cdots \\ a_{n1} & a_{n2} & \cdots & a_{nn} \end{vmatrix}$

叫做矩阵 A 的行列式，记为 $|A|$.

设 A_{ij} 是 $|A|$ 中元素 a_{ij} 的代数余子式，则矩阵 $\begin{pmatrix} A_{11} & A_{21} & \cdots & A_{n1} \\ A_{12} & A_{22} & \cdots & A_{n2} \\ \cdots & \cdots & \cdots & \cdots \\ A_{1n} & A_{2n} & \cdots & A_{nn} \end{pmatrix}$ 叫做方阵

A 的伴随矩阵，记为 A^*.

定理 1 若 n 阶方阵 A 的行列式 $|A| \neq 0$，则 A 是可逆的，并且 A 的逆阵为

$A^{-1} = \dfrac{1}{|A|} A^*$.

例 1 求矩阵 $A = \begin{pmatrix} 2 & 2 & 3 \\ 1 & -1 & 0 \\ -1 & 2 & 1 \end{pmatrix}$ 的逆矩阵.

解 因为 $|A| = \begin{vmatrix} 2 & 2 & 3 \\ 1 & -1 & 0 \\ -1 & 2 & 1 \end{vmatrix} = -1 \neq 0$，所以 A^{-1} 存在.

$A_{11} = \begin{vmatrix} -1 & 0 \\ 2 & 1 \end{vmatrix} = -1$，$A_{12} = -\begin{vmatrix} 1 & 0 \\ -1 & 1 \end{vmatrix} = -1$，$A_{13} = \begin{vmatrix} 1 & -1 \\ -1 & 2 \end{vmatrix} = 1$，

$A_{21} = -\begin{vmatrix} 2 & 3 \\ 2 & 1 \end{vmatrix} = 4$，$A_{22} = \begin{vmatrix} 2 & 3 \\ -1 & 1 \end{vmatrix} = 5$，$A_{23} = -\begin{vmatrix} 2 & 2 \\ -1 & 2 \end{vmatrix} = -6$，

$A_{31} = \begin{vmatrix} 2 & 3 \\ -1 & 0 \end{vmatrix} = 3$，$A_{32} = -\begin{vmatrix} 2 & 3 \\ 1 & 0 \end{vmatrix} = 3$，$A_{33} = \begin{vmatrix} 2 & 2 \\ 1 & -1 \end{vmatrix} = -4$.

则，$A^* = \begin{pmatrix} -1 & 4 & 3 \\ -1 & 5 & 3 \\ 1 & -6 & -4 \end{pmatrix}$，$A^{-1} = \dfrac{1}{|A|} A^* = \begin{pmatrix} 1 & -4 & -3 \\ 1 & -5 & -3 \\ -1 & 6 & 4 \end{pmatrix}$.

例 2　求矩阵 $A = \begin{pmatrix} 1 & 0 & 3 \\ 0 & 2 & 1 \\ 3 & 1 & 5 \end{pmatrix}$ 的逆矩阵.

解　因为 $|A| = \begin{vmatrix} 1 & 0 & 3 \\ 0 & 2 & 1 \\ 3 & 1 & 5 \end{vmatrix} = -9 \neq 0$，所以 A^{-1} 存在.

因为　$A_{11} = \begin{vmatrix} 2 & 1 \\ 1 & 5 \end{vmatrix} = 9$，$A_{12} = -\begin{vmatrix} 0 & 1 \\ 3 & 5 \end{vmatrix} = 3$，$A_{13} = \begin{vmatrix} 0 & 2 \\ 3 & 1 \end{vmatrix} = -6$，

$A_{21} = -\begin{vmatrix} 0 & 3 \\ 1 & 5 \end{vmatrix} = 3$，$A_{22} = \begin{vmatrix} 1 & 3 \\ 3 & 5 \end{vmatrix} = -4$，$A_{23} = -\begin{vmatrix} 1 & 0 \\ 3 & 1 \end{vmatrix} = -1$，

$A_{31} = \begin{vmatrix} 0 & 3 \\ 2 & 1 \end{vmatrix} = -6$，$A_{32} = -\begin{vmatrix} 1 & 3 \\ 0 & 1 \end{vmatrix} = -1$，$A_{33} = \begin{vmatrix} 1 & 0 \\ 0 & 2 \end{vmatrix} = 2$.

所以　$A^* = \begin{pmatrix} 9 & 3 & -6 \\ 3 & -4 & -1 \\ -6 & -1 & 2 \end{pmatrix}$.

矩阵 A 的逆矩阵为：$A^{-1} = \dfrac{1}{|A|} A^* = -\dfrac{1}{9} \begin{pmatrix} 9 & 3 & -6 \\ 3 & -4 & -1 \\ -6 & -1 & 2 \end{pmatrix} = \begin{pmatrix} -1 & -\dfrac{1}{3} & \dfrac{2}{3} \\ -\dfrac{1}{3} & \dfrac{4}{9} & \dfrac{1}{9} \\ \dfrac{2}{3} & \dfrac{1}{9} & -\dfrac{2}{9} \end{pmatrix}$

例 3　设 A 为对角矩阵 $A = \begin{pmatrix} a & 0 & 0 & 0 \\ 0 & b & 0 & 0 \\ 0 & 0 & c & 0 \\ 0 & 0 & 0 & d \end{pmatrix}$，判别 A 是否可逆？若可逆，求

出 A^{-1}.

解　因为 $|A| = \begin{vmatrix} a & 0 & 0 & 0 \\ 0 & b & 0 & 0 \\ 0 & 0 & c & 0 \\ 0 & 0 & 0 & d \end{vmatrix} = abcd$；当 $abcd = 0$ 时，矩阵 A 是不可逆的，

即矩阵 A 的逆阵不存在；当 $abcd \neq 0$ 时，矩阵 A 是可逆的.

又因为 $A^* = \begin{pmatrix} A_{11} & A_{21} & A_{31} & A_{41} \\ A_{12} & A_{22} & A_{32} & A_{42} \\ A_{13} & A_{23} & A_{33} & A_{43} \\ A_{14} & A_{24} & A_{34} & A_{44} \end{pmatrix} = \begin{pmatrix} bcd & 0 & 0 & 0 \\ 0 & cda & 0 & 0 \\ 0 & 0 & dab & 0 \\ 0 & 0 & 0 & abc \end{pmatrix},$

所以 $A^{-1} = \dfrac{1}{abcd} A^* = \begin{pmatrix} \dfrac{1}{a} & 0 & 0 & 0 \\ 0 & \dfrac{1}{b} & 0 & 0 \\ 0 & 0 & \dfrac{1}{c} & 0 \\ 0 & 0 & 0 & \dfrac{1}{d} \end{pmatrix}.$

设方阵 A 所对应的行列式 $|A|$，则用初等行变换可将 A 化为单位矩阵；用初等变换可以求方阵的逆矩阵．方法如下：在 n 阶方阵 A 的右边引入一个 n 阶单位矩阵，得到一个 $n×2n$ 方阵，记为：$(A|I)$，然后对 $(A|I)$ 作初等变换，在将 A 变为单位矩阵的同时，右面 I 就变为 A^{-1}．即：$(A|I) \xrightarrow{\text{初等行变换}} (I|A^{-1})$．

如果 A 不能被化为单位矩阵，那么 A 不可逆．

例 4 求 $A = \begin{bmatrix} 1 & 3 & 3 \\ 1 & 4 & 3 \\ 1 & 3 & 4 \end{bmatrix}$ 的逆矩阵．

解 $\because (A|I) = \begin{bmatrix} 1 & 3 & 3 & 1 & 0 & 0 \\ 1 & 4 & 3 & 0 & 1 & 0 \\ 1 & 3 & 4 & 0 & 0 & 1 \end{bmatrix} \xrightarrow[r_3 - r_1]{r_2 - r_1} \begin{bmatrix} 1 & 3 & 3 & 1 & 0 & 0 \\ 0 & 1 & 0 & -1 & 1 & 0 \\ 0 & 0 & 1 & -1 & 0 & 1 \end{bmatrix}$

$\xrightarrow{r_1 - 3r_2} \begin{bmatrix} 1 & 0 & 3 & 4 & -3 & 0 \\ 0 & 1 & 0 & -1 & 1 & 0 \\ 0 & 0 & 1 & -1 & 0 & 1 \end{bmatrix} \xrightarrow{r_1 - 3r_3} \begin{bmatrix} 1 & 0 & 0 & 7 & -3 & -3 \\ 0 & 1 & 0 & -1 & 1 & 0 \\ 0 & 0 & 1 & -1 & 0 & 1 \end{bmatrix},$

$\therefore A^{-1} = \begin{bmatrix} 7 & -3 & -3 \\ -1 & 1 & 0 \\ -1 & 0 & 1 \end{bmatrix}.$

三、用逆矩阵解线性方程组

一般地，设有 n 个未知数 m 个方程的线性方程组

$$\begin{cases} a_{11}x_1 + a_{12}x_2 + \cdots + a_{1n}x_n = b_1 \\ a_{21}x_1 + a_{22}x_2 + \cdots + a_{2n}x_n = b_2 \\ \cdots\cdots\cdots\cdots\cdots\cdots\cdots\cdots\cdots\cdots \\ a_{n1}x_1 + a_{n2}x_2 + \cdots + a_{nn}x_n = b_n \end{cases}.$$

设 $A = \begin{pmatrix} a_{11} & a_{12} & \cdots & a_{1n} \\ a_{21} & a_{22} & \cdots & a_{2n} \\ \cdots & \cdots & \cdots & \cdots \\ a_{n1} & a_{n2} & \cdots & a_{nn} \end{pmatrix}$, $X = \begin{pmatrix} x_1 \\ x_2 \\ \vdots \\ x_n \end{pmatrix}$, $B = \begin{pmatrix} b_1 \\ b_2 \\ \vdots \\ b_n \end{pmatrix}$,

则方程组可写成 $AX = B$.

如果 A 可逆, 得 $A^{-1}AX = IX = X = A^{-1}B$.

例 5 利用逆矩阵解线性方程组 $\begin{cases} x_1 + 2x_2 + x_3 = 3 \\ -2x_1 + x_2 - x_3 = -3 \\ x_1 - 4x_2 + 2x_3 = -5 \end{cases}$.

解 设 $A = \begin{pmatrix} 1 & 2 & 1 \\ -2 & 1 & -1 \\ 1 & -4 & 2 \end{pmatrix}$, $X = \begin{pmatrix} x_1 \\ x_2 \\ x_3 \end{pmatrix}$, $B = \begin{pmatrix} 3 \\ -3 \\ -5 \end{pmatrix}$.

那么方程组可写成 $AX = B$.

因为 $|A| = \begin{vmatrix} 1 & 2 & 1 \\ -2 & 1 & -1 \\ 1 & -4 & 2 \end{vmatrix} = 11 \neq 0$, 所以 A^{-1} 存在.

又因为

$$A_{11} = \begin{vmatrix} 1 & -1 \\ -4 & 2 \end{vmatrix} = -2, \quad A_{21} = -\begin{vmatrix} 2 & 1 \\ -4 & 2 \end{vmatrix} = -8, \quad A_{31} = \begin{vmatrix} 2 & 1 \\ 1 & -1 \end{vmatrix} = -3,$$

$$A_{12} = -\begin{vmatrix} -2 & -1 \\ 1 & 2 \end{vmatrix} = 3, \quad A_{22} = \begin{vmatrix} 1 & 1 \\ 1 & 2 \end{vmatrix} = 1, \quad A_{32} = -\begin{vmatrix} 1 & 1 \\ -2 & -1 \end{vmatrix} = -1,$$

$$A_{13} = \begin{vmatrix} -2 & 1 \\ 1 & -4 \end{vmatrix} = 7, \quad A_{23} = -\begin{vmatrix} 1 & 2 \\ 1 & -4 \end{vmatrix} = 6, \quad A_{33} = \begin{vmatrix} 1 & 2 \\ -2 & 1 \end{vmatrix} = 5.$$

所以 $A^{-1} = \dfrac{1}{11}\begin{pmatrix} -2 & -8 & -3 \\ 3 & 1 & -1 \\ 7 & 6 & 5 \end{pmatrix} = \begin{pmatrix} -\dfrac{2}{11} & -\dfrac{8}{11} & -\dfrac{3}{11} \\ \dfrac{3}{11} & \dfrac{1}{11} & -\dfrac{1}{11} \\ \dfrac{7}{11} & \dfrac{6}{11} & \dfrac{5}{11} \end{pmatrix}$.

将 $AX=B$ 的两边左乘以 A^{-1}，就得到 $A^{-1}AX=IX=X=A^{-1}B$，于是就有 $X=A^{-1}B$.

即 $\quad X=\begin{pmatrix} x_1 \\ x_2 \\ x_3 \end{pmatrix}=\begin{pmatrix} -\dfrac{2}{11} & -\dfrac{8}{11} & -\dfrac{3}{11} \\ \dfrac{3}{11} & \dfrac{1}{11} & -\dfrac{1}{11} \\ \dfrac{7}{11} & \dfrac{6}{11} & \dfrac{5}{11} \end{pmatrix}\begin{pmatrix} 3 \\ -3 \\ -5 \end{pmatrix}=\begin{pmatrix} 3 \\ 1 \\ -2 \end{pmatrix}.$

即方程组的解为：$x_1=3,x_2=1,x_3=-2$.

由以上例题可以看出，用逆矩阵解线性方程组的方法要比用克莱姆法则解线性方程组简单.

习题 8-6

扫码查答案

1. 求 $A=\begin{pmatrix} 1 & 2 & 3 \\ 2 & 2 & 1 \\ 3 & 4 & 3 \end{pmatrix}$ 的代数余子式及逆矩阵.

2. 利用初等行变换求逆矩阵：

（1）$A=\begin{pmatrix} 2 & 2 & 3 \\ 1 & -1 & 0 \\ -1 & 2 & 1 \end{pmatrix}$；　　　　（2）$A=\begin{pmatrix} 1 & -1 & 1 \\ 3 & 0 & 3 \\ -1 & 2 & 0 \end{pmatrix}$.

3. 解线性方程组 $\begin{cases} x+3y+z=5 \\ x+y+5z=-7 \\ 2x+3y-3z=14 \end{cases}$.

本章小结

一、二、三阶行列式的概念

二阶行列式的定义　$D=\begin{vmatrix} a_{11} & a_{12} \\ a_{21} & a_{22} \end{vmatrix}=a_{11}a_{22}-a_{12}a_{21}$.

三阶行列式的定义

$$D=\begin{vmatrix} a_{11} & a_{12} & a_{13} \\ a_{21} & a_{22} & a_{23} \\ a_{31} & a_{32} & a_{33} \end{vmatrix}=a_{11}a_{22}a_{33}+a_{21}a_{32}a_{13}+a_{31}a_{12}a_{23}-a_{11}a_{23}a_{32}-a_{12}a_{21}a_{33}-a_{13}a_{22}a_{31}.$$

二、行列式的基本性质

行列式与它的转置行列式相等.

互换行列式中两行（两列）的位置，行列式变号.

对行列式某一行（列）的元素同乘常数 k，等于常数 k 乘此行列式.

推论 1　行列式的某一行（列）有公因子可以把公因子提到行列式外面.

推论 2　如果行列式某一行（列）的所有元素都是零，那么行列式等于零.

如果行列式有两行（两列）对应元素相同，则行列式为零.

推论 3　行列式中如果两行（列）对应元素成比例，那么行列式的值为零.

如果行列式中某一行（列）的各元素均为两数和，则行列式可表示为两个行列式之和.

把行列式的某一行（列）的各元素乘以同一个数后加到另一行（列）对应的元素上，行列式的值不变.

行列式等于其任意一行（或列）对应的代数余子式的乘积的和.

三、行列式的运算

行列式是一个数，常用的计算方法有：

（1）利用对角线法则，计算二、三阶行列式；

（2）"化三角形法"，即利用性质，把行列式化为三角行列式，然后利用三角行列式的值为主对角线上各元素的乘积来计算；

（3）"降阶法"，即利用性质，把行列式的某一行（列）中，除去一个元素外，把其余元素都化为零，然后利用代数余子式按这一行（列）展开；

（4）"综合法"，即"降阶法"、对角线法则同时应用.

计算行列式的方法主要是降阶法. 它是依靠按行、列展开公式来实现的，但在展开之前，一般先用性质作恒等变换，其后再展开.

四、矩阵的定义、分类及运算

定义

由 $m \times n$ 个数排成的 m 行 n 列的数表 $\begin{pmatrix} a_{11} & a_{12} & \cdots & a_{1n} \\ a_{21} & a_{22} & \cdots & a_{2n} \\ \cdots & \cdots & \cdots & \cdots \\ a_{m1} & a_{m2} & \cdots & a_{mn} \end{pmatrix}$，称为 m 行 n 列

矩阵，简称为 $m \times n$ 矩阵.

矩阵的分类主要有：

方阵、列矩阵、行矩阵、零矩阵、对角矩阵、单位矩阵、上三角矩阵、下三角矩阵及转置矩阵.

矩阵的运算：

（1）矩阵相等 $a_{ij} = b_{ij}$ （$i = 1, 2, \cdots, m$ ；$j = 1, 2, \cdots, n$ ）；

（2）矩阵的加与减运算 $A = (a_{ij})_{mn}, B = (b_{ij})_{mn}$ ，则 $A \pm B = (a_{ij} \pm b_{ij})_{mn}$ ；

（3）数与矩阵相乘 设 $k \in \mathbf{R}$，$A = (a_{ij})_{m \times n}$ ，则 $kA = Ak = (ka_{ij})_{m \times n}$ ；

（4）矩阵的乘法

$A = (a_{ij})_{ms}, B = (b_{ij})_{sn}$ ，则 $A \times B = C_{mn}$ ，其中 $c_{ij} = a_{i1}b_{ij} + a_{i2}b_{2j} + \cdots + a_{is}b_{sj}$.

矩阵是由 $m \times n$ 个数组成的 m 行 n 列的一张数表.

五、矩阵的初等行变换

在求解线性方程组时常用矩阵的初等行变换，其主要方法是：对调两行；以数 $k(k \neq 0)$ 乘某一行中的所有元素；把某一行所有元素的 k 倍加到另一行对应的元素上去.

六、矩阵的秩及其求法

矩阵的秩：$R(A) = r$.

矩阵秩的求法：用初等行变换将矩阵化为行阶梯形矩阵，则秩等于行阶梯形矩阵中非零行的行数.

七、逆矩阵求法

1. 伴随矩阵的求法：$A^{-1} = \dfrac{1}{|A|} A^{*}$，（$|A| \neq 0$）.

2. 初等行变换的求法：在 n 阶方阵 A 的右边引入一个 n 阶单位矩阵，得到一个 $n \times 2n$ 方阵，记为 $(A|I)$，然后对 $(A|I)$ 作初等变换，在把 A 变为单位矩阵的同时，右面 I 就变为 A^{-1}，即：$(A|I) \xrightarrow{\text{初等行变换}} (I|A^{-1})$.

八、线性方程组的求解

含有 n 个未知数，n 个方程的线性方程组，当其系数行列式不为零时，主要有三种解法：

1. 克莱姆法则：$x_i = \dfrac{D_i}{D}(i = 1, 2, \cdots, n)$ $D \neq 0$.

2. 逆矩阵法：先将方程组表示为矩阵形式 $AX = B$，求出 A 的逆矩阵 A^{-1}，即可得到方程组的解为 $X = A^{-1}B$.

3. 利用矩阵的初等行变换.

测 试 题 八

一、判断题

1. $\begin{vmatrix} 1 & 3 \\ 2 & 4 \end{vmatrix} + \begin{vmatrix} 1 & 2 \\ 2 & 3 \end{vmatrix} = \begin{vmatrix} 1 & 5 \\ 2 & 7 \end{vmatrix}$.   (   )

2. $\begin{pmatrix} 1 & 3 \\ 2 & 4 \end{pmatrix} + \begin{pmatrix} 1 & 2 \\ 2 & 3 \end{pmatrix} = \begin{pmatrix} 1 & 5 \\ 2 & 7 \end{pmatrix}$.   (   )

3. $\begin{pmatrix} a & b \\ c & d \end{pmatrix}$ 的伴随矩阵为 $\begin{pmatrix} d & -b \\ -c & a \end{pmatrix}$.   (   )

4. $A = \begin{pmatrix} 1 & 0 \\ 0 & 0 \end{pmatrix}$，$B = \begin{pmatrix} 0 & 1 \\ 0 & 0 \end{pmatrix}$，则 $AB = \begin{pmatrix} 0 & 0 \\ 0 & 0 \end{pmatrix}$.   (   )

5. $(1 \;\; -2 \;\; 2)\begin{pmatrix} 1 \\ 2 \\ 3 \end{pmatrix} = \begin{pmatrix} 1 & -1 & 2 \\ 2 & -2 & 4 \\ 3 & -3 & 6 \end{pmatrix}$.   (   )

二、填空题

1. 方程组 $\begin{cases} x\cos\alpha - y\sin\alpha = \cos\beta \\ x\sin\alpha + y\cos\alpha = \sin\beta \end{cases}$ 的解是_____.

2. 设行列式 $D = \begin{vmatrix} 1 & 2 & 3 \\ 6 & 5 & 6 \\ -8 & -6 & 5 \end{vmatrix}$，则元素 $a_{21} = 6$ 的余子式是_____，代数余子式是_____；元素 $a_{31} = -8$ 的余子式是_____，代数余子式是_____.

3. 设 $A = \begin{pmatrix} 1 & 0 & 3 \\ 1 & 2 & 0 \end{pmatrix}$，$B = \begin{pmatrix} 1 & 1 \\ -1 & 1 \\ 2 & 0 \end{pmatrix}$，则 $AB = $_____.

4. 矩阵方程 $\begin{pmatrix} 2 & 1 \\ 1 & 2 \end{pmatrix} X = \begin{pmatrix} 1 & 2 \\ -1 & 4 \end{pmatrix}$ 的解是_____.

5. 当矩阵 A 的_____与矩阵 B 的_____相同时，A 与 B 的和 $A+B$ 才有意义.

6. 当矩阵 A 的_____与矩阵 B 的_____相同时，乘积 $C=AB$ 才有意义. 这时 C 的行数等于_____，C 的列数等于_____.

7. $3 \times \begin{pmatrix} 2 & 1 \\ 4 & 3 \end{pmatrix} = $ _____；$\begin{pmatrix} 3 & 2 \\ 0 & 4 \end{pmatrix} - \begin{pmatrix} 2 & -2 \\ 0 & 5 \end{pmatrix} = $ _____.

8. 设矩阵 $A = \begin{pmatrix} 1 & -4 & 1 \\ -2 & 0 & 3 \end{pmatrix}$，$B = \begin{pmatrix} -1 & 3 \\ 2 & 0 \\ 0 & -1 \end{pmatrix}$，则 $A+B^T = $ _____.

三、选择题

1. 在计算行列式时，下列变换中不改变行列式的值的变换是（　　）.

   A. 第 i 行与第 j 行互换

   B. 第 i 行的 k 倍与第 j 行相加，写入第 i 行

   C. 第 i 行加上第 j 行的 k 倍写入第 i 行

   D. 第 i 行的每一个元素同乘以一个数

2. 若 $D = \begin{vmatrix} a_{11} & a_{12} & a_{13} \\ a_{21} & a_{22} & a_{23} \\ a_{31} & a_{32} & a_{33} \end{vmatrix} = 1$，则 $D_1 = \begin{vmatrix} 3a_{11} & 3a_{11}-4a_{12} & a_{13} \\ 3a_{21} & 3a_{21}-4a_{22} & a_{23} \\ 3a_{31} & 3a_{31}-4a_{32} & a_{33} \end{vmatrix} = $（　　）.

   A. 9 　　　　　　　　　　　　B. -3

   C. -12 　　　　　　　　　　D. -36

3. $\begin{vmatrix} 0 & 0 & 0 & -1 \\ 0 & 0 & 2 & 0 \\ 0 & 3 & 0 & 0 \\ 2 & 0 & 0 & 0 \end{vmatrix} = $（　　）.

   A. 12 　　　　　　　　　　　B. 8

   C. -4 　　　　　　　　　　D. 4

4. 下列命题中正确的是（　　）.

   A. 行列式 D 等于它的任意一行（或列）中所有元素与它的各自的余子式乘积之和

   B. 行列式 D 中任意一行（或列）的元素与另一行（或列）对应元素

的代数余子式乘积之和等于零

C. 用克莱姆法则解线性方程组时，方程组的个数应大于或等于未知量的个数

D. 当线性方程组的系数行列式不等于零时，方程组只有唯一零解

5. 若有矩阵 $A_{3×2}$，$B_{2×3}$，$C_{3×3}$，下列可行的运算是（　　）.

A. AC　　　　　　　　　　　　B. ABC

C. CB　　　　　　　　　　　　D. $AB - AC$

6. 若有矩阵 $A_{m×n}, B_{n×m}(m \neq n)$，则下列运算结果为 n 阶方阵的是（　　）.

A. $(AB)^T$　　　　　　　　　　B. AB

C. $(BA)^T$　　　　　　　　　　D. $B^T A^T$

7. 4 阶行列式 a_{32} 的余子式为（　　）.

A. $\begin{vmatrix} a_{11} & a_{13} & a_{14} \\ a_{21} & a_{23} & a_{24} \\ a_{41} & a_{43} & a_{44} \end{vmatrix}$ 　　　　　B. $\begin{vmatrix} a_{11} & a_{12} & a_{14} \\ a_{21} & a_{22} & a_{24} \\ a_{41} & a_{42} & a_{44} \end{vmatrix}$

C. $\begin{vmatrix} a_{11} & a_{13} & a_{14} \\ a_{31} & a_{32} & a_{34} \\ a_{41} & a_{42} & a_{44} \end{vmatrix}$ 　　　　　D. $\begin{vmatrix} a_{11} & a_{13} & a_{14} \\ a_{21} & a_{23} & a_{24} \\ a_{41} & a_{43} & a_{44} \end{vmatrix}$

8. $A = \begin{pmatrix} 1 & 2 & -1 \\ 0 & 5 & -3 \\ -1 & 2 & 4 \end{pmatrix}$ 的伴随矩阵 A^* 应为（　　）.

A. $\begin{pmatrix} 1 & 0 & -1 \\ 2 & 5 & 2 \\ -1 & -3 & 4 \end{pmatrix}$ 　　　　　B. $\begin{pmatrix} 2 & 0 & -1 \\ -2 & -3 & 0 \\ 0 & -2 & -1 \end{pmatrix}$

C. $\begin{pmatrix} 26 & -10 & -1 \\ 3 & 3 & 3 \\ 5 & -4 & 5 \end{pmatrix}$ 　　　　D. $\begin{pmatrix} 26 & -10 & -1 \\ 1 & 1 & 1 \\ 5 & -4 & 5 \end{pmatrix}$

9. $\begin{pmatrix} 2 & 3 & 4 \\ 5 & -2 & 1 \\ 1 & 2 & 3 \end{pmatrix}$ 的逆矩阵是（　　）.

A. $\begin{pmatrix} 8 & 1 & -11 \\ 14 & -2 & -18 \\ -12 & 1 & 19 \end{pmatrix}$ 　　　　B. $\dfrac{1}{10}\begin{pmatrix} 8 & 1 & -11 \\ 14 & -2 & -18 \\ -12 & 1 & 19 \end{pmatrix}$

C. $\begin{pmatrix} \dfrac{4}{5} & \dfrac{1}{10} & \dfrac{11}{10} \\ \dfrac{7}{5} & \dfrac{1}{5} & \dfrac{9}{5} \\ \dfrac{6}{5} & \dfrac{1}{10} & \dfrac{19}{10} \end{pmatrix}$ 　　　　　D. $\begin{pmatrix} \dfrac{8}{10} & \dfrac{1}{10} & \dfrac{11}{10} \\ \dfrac{7}{5} & \dfrac{1}{5} & \dfrac{9}{5} \\ \dfrac{6}{5} & \dfrac{1}{5} & \dfrac{19}{5} \end{pmatrix}$

10. 已知：$\begin{pmatrix} 1 & -1 & -1 \\ 2 & -1 & -3 \\ -3 & -2 & 5 \end{pmatrix}\begin{pmatrix} x_1 \\ x_2 \\ x_3 \end{pmatrix} = \begin{pmatrix} 2 \\ 1 \\ 0 \end{pmatrix}$，矩阵 $\begin{pmatrix} x_1 \\ x_2 \\ x_3 \end{pmatrix}$ 的解是（　　）.

A. $\begin{pmatrix} 5 \\ 0 \\ 3 \end{pmatrix}$ 　　B. $\begin{pmatrix} 5 \\ 3 \\ 0 \end{pmatrix}$ 　　C. $\begin{pmatrix} 0 \\ 3 \\ 5 \end{pmatrix}$ 　　D. $\begin{pmatrix} 0 \\ 5 \\ 3 \end{pmatrix}$

四、计算题

1. 计算下列行列式：

（1）$\begin{vmatrix} x & y & x+y \\ y & x+y & x \\ x+y & x & y \end{vmatrix}$；

（2）$\begin{vmatrix} 1+a & 1 & 1 & 1 \\ 1 & 1-a & 1 & 1 \\ 1 & 1 & 1+b & 1 \\ 1 & 1 & 1 & 1-b \end{vmatrix}$；

（3）$\begin{vmatrix} 1 & 1 & 1 & 1 \\ 1 & 2 & 3 & 4 \\ 1 & 3 & 6 & 10 \\ 1 & 4 & 10 & 20 \end{vmatrix}$.

2. 求下列矩阵的逆阵：

（1）$\begin{pmatrix} 1 & 2 & 3 \\ 6 & 4 & 2 \\ 1 & 2 & 5 \end{pmatrix}$；

（2）$\begin{pmatrix} 2 & 1 & 0 & 0 \\ 0 & 2 & 1 & 0 \\ 0 & 0 & 2 & 1 \\ 0 & 0 & 0 & 2 \end{pmatrix}$.

3. 用逆矩阵求解线性方程组：

$$\begin{cases} 2x+2y+z=5 \\ 3x+y+5z=0 \\ 3x+2y+3z=0 \end{cases}.$$

扫码查答案

参考文献

[1]　应用数学．屈宏香．北京：中国铁道出版社，2001．

[2]　高等数学．黄晓津等．长沙：湖南教育出版社，2007．

[3]　高等数学（第六版）．同济大学数学教研室．北京：高等教育出版社，2007．

[4]　经济数学．郭欣红等．北京：人民邮电出版社，2010．